草地·家的附近·森林

森林　山地 P.94
草地　山地 P.48
树林边缘
森林　树林边缘 P.82 P.84 P.124
林道边
河岸
道路 线路 土堆
荒耕田和建筑用地
草地　荒地和空地 P.10 P.36 P.38 P.118
广场
草地　操场和广场 P.8 P.32
住宅用地和空地
家的附近　庭院和行道树 P.74
操场
草地　海边 P.44

野外
鸣虫图鉴

［日］濑长刚 著　金弘渊 译　三蝶纪 审校

文化发展出版社
Cultural Development Press

前言

为了寻找连在夏末的雾峰山也见不到、听不到的鸣虫，我来到了这里。这里周围是绵延起伏的草地，我一边走，一边寻觅着虫声。日本蓝盆花、毛果一枝黄花、野原蓟点点盛开，孔雀蛱蝶翩翩飞舞。这些都唤起了我昔日采蝶的记忆。这里到处都能听见日本深山伊螽的叫声，它们也曾出没在大菩萨山顶和山脊上。

在远处灌木丛生的草丛里，隐隐约约地传出断断续续的虫声——这是日本深山伊螽。不过它们的鸣叫方式有所不同。我小心地靠近，发现是只小个子。它比平时常见的东方螽斯小得多，边上还有一只雌虫。

将此时眼前的风景浓缩一下，便成了这本书的封面。此画以从夏天到秋天，能在的草地环境中能见到的鸣虫为主，以在山地草丛中栖息的鸣虫为主题作成。其中描绘了4种鸣虫，共8只。它们混杂在草丛枝叶中，大概并不太容易被发现。

在各种各样的昆虫里，有一类包含了蝗虫、蟋蟀和螽斯的大家族，它们被称为直翅目。其中能发出特别响亮与复杂的声音的蟋蟀和螽斯，自古以来就以“鸣虫”的身份而为大家所熟知。

我之所以会为鸣虫的魅力所吸引，是因为11年前参加了一次志愿者活动。当时因观音崎自然博物馆的展出需要，我绘制了几张鸣虫的画。一边观察活生生的虫子，一边作画，我就发现它们在行动和姿态上有着其他昆虫所不具备的趣味和魅力，这多少吸引到了我。

有成年了也仅仅只有6毫米长，却能发出美妙、响亮叫声的蟋蟀；也有鸣叫得抑扬顿挫，仿佛能让你觉得它一定坠入了爱河的蟋蟀；还有会用后腿把自己粪便蹬飞，以及常常为了保持清洁，像是在舔自己的触角和腿脚一样认真地整理自己行头的螽斯。真是百看不厌呐。

想聆听各种各样的虫鸣、想见识更多不认识的鸣虫，我画着画着，这样的念头不断地强烈起来。于是我在调查、采集和饲养昆虫的同时，开始积攒昆虫的画作。

调查和采集工作主要在夜间进行，而夜间的草地和树林是与白天完全不同的世界。白天平凡无奇的草地，在满月的夜里化身为洒满银色月光的美丽仙境。在这样的空间里，此起彼伏的云斑金蟋或长瓣树蟋此起彼伏的鸣叫声，能让你忘却时间的流逝。在黑暗的森林里，我借助手电的光仔细地在树干和树叶上寻找鸣虫。这让我听到了在白天听不见的、各种各样的声音。

在这样的调查和采集过程中，我遇见了一次神秘鸣叫声，这是什么声音呢？在一个分外晴好的秋日傍晚，我留意到一片农家的竹篱笆，从那里传出了唾嘴一样的声音。竹子

不仅长得又高又密，竹叶被风吹过的声音也不绝于耳。根本无法辨别声音的真面目。我下定决心，向农家解释清楚原委，请他们允许我绕到篱笆后面探个究竟。可惜最终却一无所获。我试着去查询资料，结果显示在我所居住的三浦半岛并没有这种鸣虫的记录，只勉强地在神奈川县找到了少数几例记载。虽然我知道它是一种栖息在竹林中，名为瓢草切古猛螽的螽斯，但却找不到证据。第二年，它虽然依旧在那儿鸣叫，可我仍空手而归。直到第三年，我终于在农家附近的川竹林里找到了它！就是瓢草切古猛螽，螽斯的一种，头上有像歌舞伎演员一样的绿色脸谱。像这样偶然得以一见的生灵，在且仅在这看似平常却又不多的某片竹林中繁衍生息。不仅仅在竹林中，蟋蟀和螽斯的同类也会适应并栖息在令你匪夷所思的环境中。此外，它们与蝴蝶和甲虫还不一样。绝大多数种类体色近似土地、绿叶或枯叶的颜色，栖息在草丛中、灌木里、石头下。要是伸手去捉，它们就会一蹬长腿，跳着开溜了。它们巧用“遁走、隐匿、欺诈”的伎俩，让你只闻其声，不见其形。实在是难以被人发现的昆虫呐。

将那些难以寻觅的昆虫的生存状态，连同其周边的风景一起画下来，我觉得这应该会很有趣。于是我画了这些带有生境的画，在博物馆里举办了名为“观音崎的鸣虫”的画展。在作画的过程中，我将自己带入画作中，就好像在草丛或是森林里寻找鸣虫一样，作画的过程也渐渐愉快起来。我会考虑某只鸣虫栖息地的季节，或是生境所处的白天黑夜，然后将脑海中的这些画面构图描绘下来。自那之后过了10年，我完成了种种鸣虫与栖息地的画作。

本书包括了鸣虫与其栖息地的27幅画，介绍了自其中登场的普通鸣虫，以及分布在局部地区的稀有品种。在以我所居住的关东地区为中心的广阔地域里，本书以图鉴的形式网罗了97种被观察到的鸣虫。

从冲绳岛到北海道，日本南北走向细长。这里有着各种各样的风土气候和环境，也栖息着各种各样的生物。而这本书所描绘的鸣虫和其栖息环境，仅仅是其中的一小部分。这其中包括冲绳的照叶林、红树林，北海道的海岸草地等，还有各种各样的栖息地与只生活在那里的鸣虫种类。在这之后，我想我还会像现在这样踏上探觅鸣虫的道路，将那些栖息地一一描绘下来。

在欣赏插画的同时，请细细品味那种对捕虫充满期待的紧张感和愉快的心情，以及搜寻画中鸣虫的快乐。愿本书能成为你开始聆听鸣虫之声的契机，帮助你领略鸣虫的趣味所在，带领你感受大自然精妙绝伦的多样性。

2010年8月　濑长刚

封面的画中描绘的鸣虫

❶ 瓢草切古猛螽♂
❷ 瓢草切古猛螽♀
❸ 布氏螽斯♂
❹ 瓢草切古猛螽♂
❺ 瓢草切古猛螽♀
❻ 长瓣树蟋♂

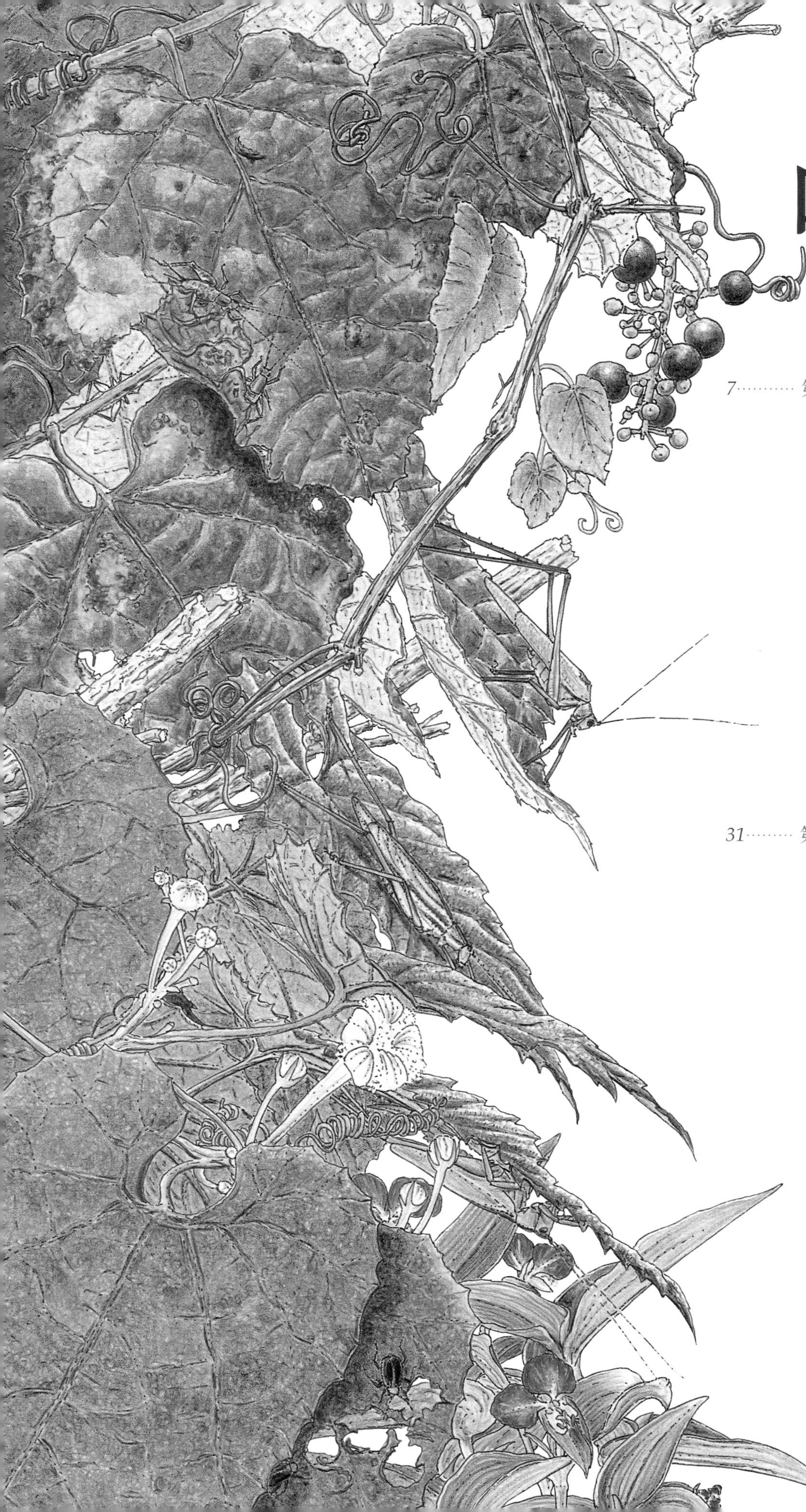

野外

鸣虫图鉴

目录

本书的构成

本书通过介绍特定时节、特定环境中的特定昆虫而编撰而成，语言通俗易懂。在描绘栖息地与鸣虫的插画之后，解说图运用黑白剪影的形式，介绍画中隐藏的昆虫名称和环境特征。针对不同季节和环境，进一步以图鉴的形式介绍各个种类的鸣虫的特征与分布等。

此外，画中呈现的鸣虫，并非能在同一时间段观察到。就算栖息地分布并不重合的种类，也会因栖息地十分相似而被表现在同一幅画中。

拟声词的运用，是作者根据自己的实感而创作的。对声音的实感因人而异。即使是同一种类的昆虫，其叫声也会因为气温的变化而变化。

环境

环境分为“草地”“家的附近”“森林”和“特殊的环境”四部分。前环衬上绘制了“草地”“家的附近”和“森林”，后环衬上绘制了“特殊的环境”。这些都是一看便知是怎样的环境的插图。

季节

季节分为“自春天到夏天”“从夏天到秋天”“越冬”三部分。

种类

本书各章的后半部分，以图鉴的形式解说在各个季节、环境里能观察到的鸣虫。在介绍其中一些种类时，会同时介绍幼虫及卵。

雌雄鸣虫身体的构成

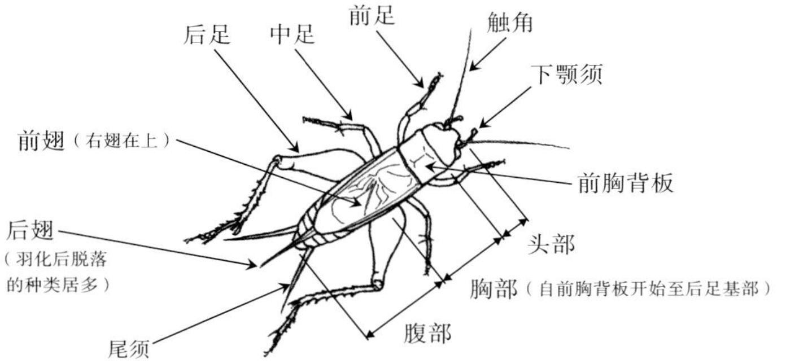

蟋蟀的同类♂
（黄脸油葫芦♂）

*长翅型的后翅长而发达，飞行时将翅撑开使用
*雌虫的尾端有突出的产卵管

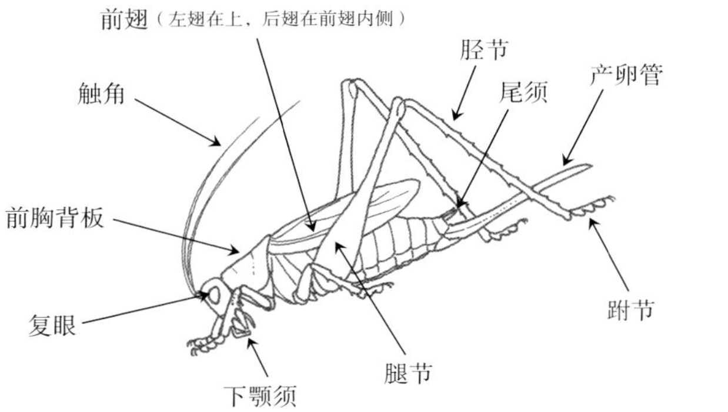

*雄虫没有产卵管

螽斯的同类♀
（布氏螽斯♀）

体型大小的测量部位

（黄脸油葫芦♂）

（布氏螽斯♂）

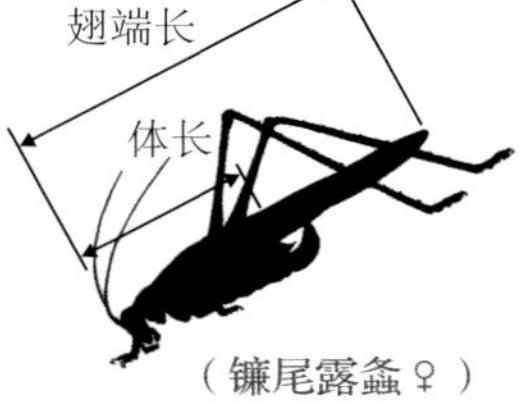

（镰尾露螽♀）

*翅长超过腹部末端的种类，以及长翅型的昆虫以翅端长来表示个体的大小
*雌虫的情况不包括产卵管

- 鸣虫因雌雄个体的体型相异，于成虫的图画中插入了♂（雄），♀（雌）的记号。
- 俗名，学名，分布，体长，翅端长的数据以《蝗虫、蟋蟀、螽斯大图鉴》为依据。但书中没有记载冲绳与离岛的分布情况。此外，体长、翅端长是由作者实际采集、测量加算后计入的数据。
- 成虫出现期以作者居住的神奈川县东部为准。神奈川县东部以外分布的种类，以其所分布地域的出现期为准。
- 图鉴篇中所描绘的鸣虫，除短翅灶蟋外，其余的 96 种均由作者采集饲养过的个体描绘而成。

第 1 章

从春天到初夏的草地

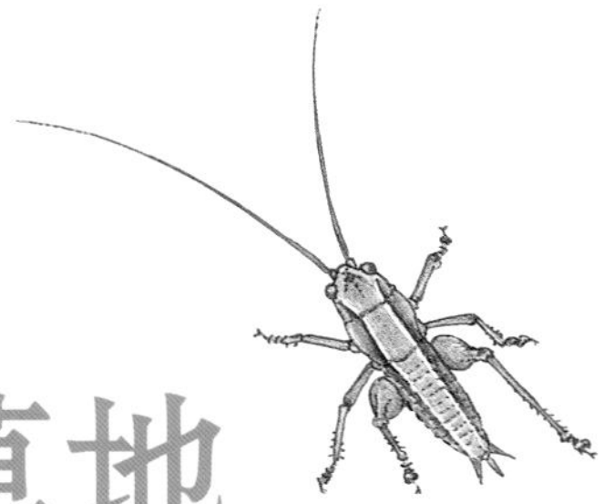

暖风几度吹拂，虫醒了。

昨夜杂色优草螽的叫声宣告了虫季的开始。

在那边向阳的土堤上，东方螽斯的若虫应该出没在花丛中了。

说不定也有迷卡蝈螽，明天过去瞧瞧。

操场和广场

第1章　从春天到初夏的草地

蒲公英凋谢了。绶草和庭菖蒲拉开了初夏的序幕。

黄脸油葫芦、多伊棺头蟋……一片乐土即将从荒野中诞生。

昨夜，杂色优草螽也唱了起来。是时候定下日子去捉虫子了。

有8种鸣虫，共10只。

荒地与空地

第1章　从春天到初夏的草地

暗绿绣眼鸟叽叽喳喳地叫个不停。黄尖襟粉蝶飞了过去，像是在寻找什么。
荒野上蒸腾起热气与泥土的味道，草的嫩芽开始萌动。
螽斯们则一只又一只地，温柔地独据在花朵上。

鸣虫有8种11只。

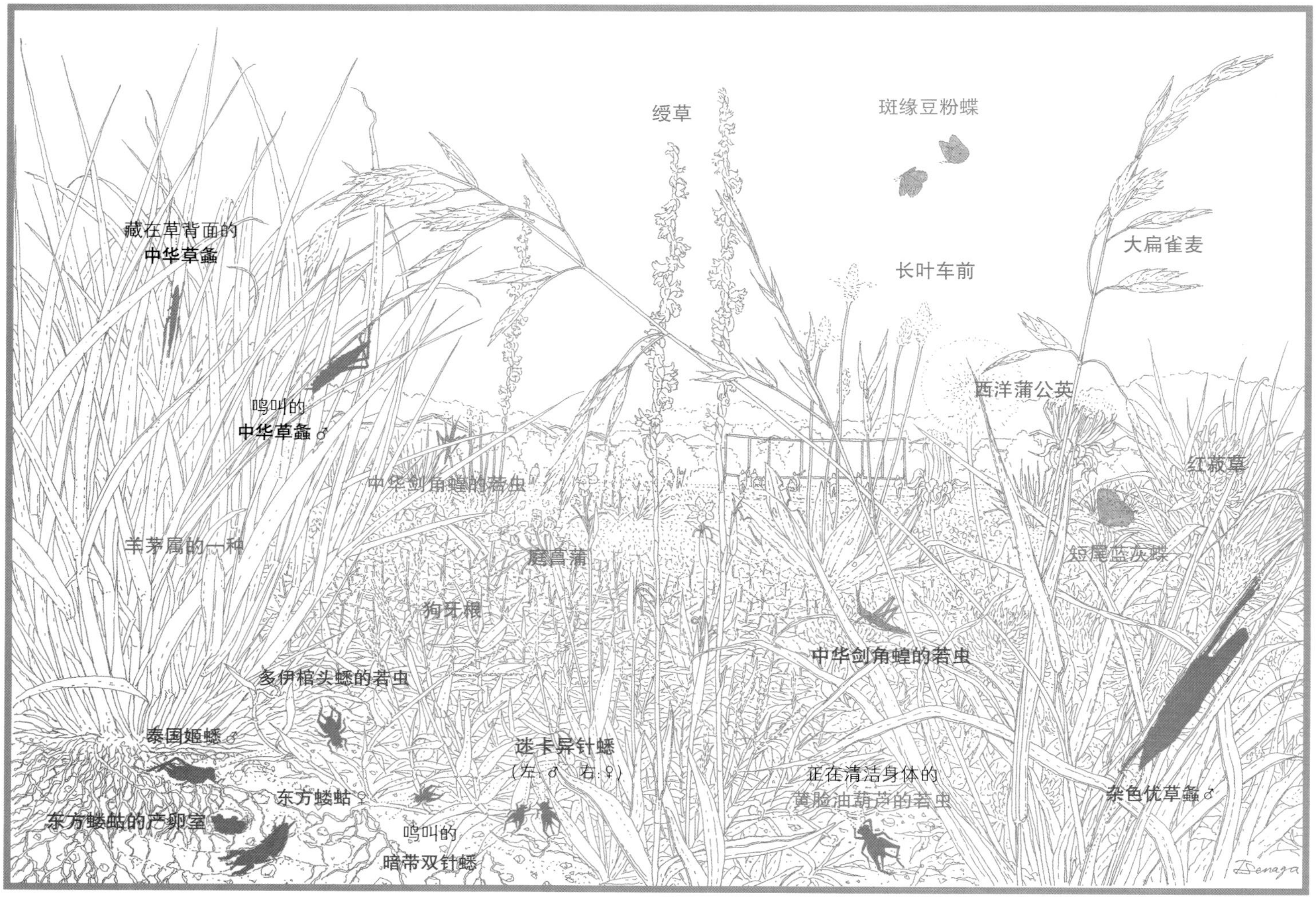

操场和广场

因为定期修剪，所以像操场或者公园中的草地属于草势低矮的草地。

四月温煦的夜间，以成虫越冬的杂色优草螽开始鸣叫。

到了5月，以若虫越冬的泰国姬蟋悉数登场；

6月，以卵越冬的中华草螽和暗带双针蟋纷纷开始鸣叫。

过不了多久，背部有白线的黑色黄脸油葫芦的若虫便会出现，

头部黄色、触角黑白两色的多伊棺头蟋的若虫也都开始孵化。

到了夜晚，蝼蛄在柔软的土地里鸣叫。它们将洞穴的一部分作为产卵室，以此来保护卵。

在这样的草地上，昆虫们成长为成虫或足够大的若虫后，都会躲藏起来，

到安全的地方产卵。而这时也就到了集中修剪草坪的时期。

当夏天到来，草木再次繁盛之时，我们就能听见那些顺利发育为成虫的个体，以及第二代[1]成虫的鸣叫声了。

① 第二代——成虫若在一年中多次出现，那么当年最初羽化的称为第一（世）代，之后的称为第二（世）代，再下一代称为第三（世）代，以此类推。——译者注

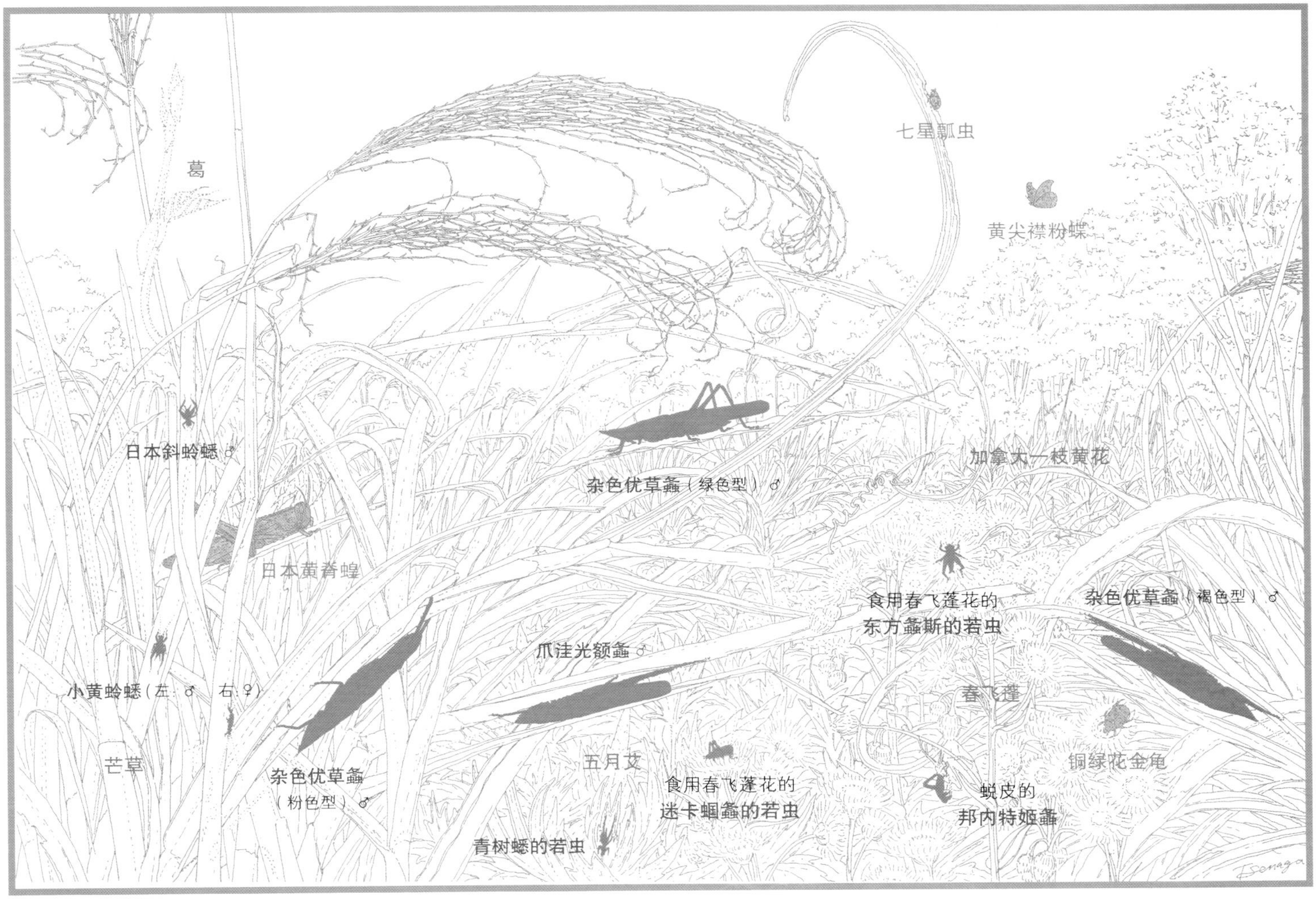

荒地与空地

在诸如河槽用地、长时间闲置的人工填埋地、建筑用地等荒地或者空地上，
生长着芦苇、艾草、加拿大一枝黄花这些草势高大的草本植物，以及葛这样的藤本植物。
当冬天凋谢的茅草在春天又发出新芽时，最先鸣叫的便是以成虫越冬的杂色优草螽。
大多数螽斯的体色都为绿色或者黄褐色。
而杂色优草螽却还有粉红色的个体，报纸上还刊登过对“红色蟋蟀”的热议。
稍暖一些后，以成虫越冬的爪洼光额螽或是小黄蛉蟋便开始鸣叫了。
在蒲公英的花朵上，迷卡蝈螽、东方螽斯、邦内特姬螽与刚孵化的螽斯科若虫聚在一起享用花朵。
其中，迷卡蝈螽并不太移动，一直生活在原来的生境中。
随着各自的成长，邦内特姬螽开始往树林边缘迁移，东方螽斯则开始在树上生活。

第1章 水边

从春天到初夏的草地

蝌蚪带起了水纹。青蛙吵嚷着，蜻蜓繁忙地来回飞舞。
互比高低的芦苇随风飘摆，茅草的穗子闪着光芒。
松浦氏小黄蛉蟋的鸣声如银铃一般。恩氏伊螽的出现宣告着夏天的来临。

鸣虫有7种13只。

水田与旱田的周围

第1章 从春天到初夏的草地

对面的山丘上长满了等待收割的麦子。燕子飞舞：远远近近，高高低低。

利特音蟋的鸣叫声回荡在那片土堆上。

初夏，独自聆听蟋蟀的欢鸣。天空地旷，唯吾一人。

鸣虫有10种14只。

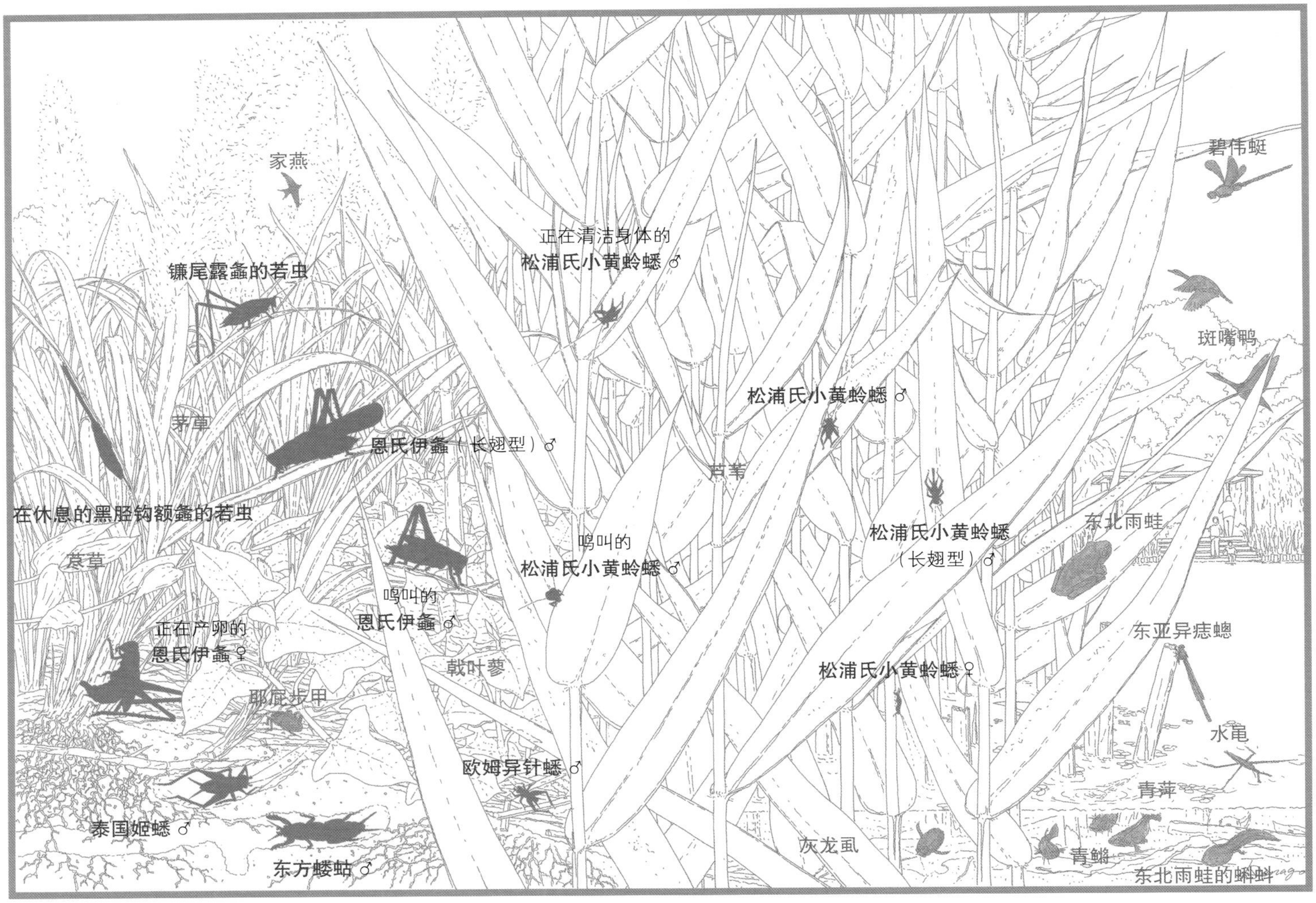

水边

在池塘周围、湿地草丛、芦苇荡以及休耕田里，生活着喜欢栖息在水岸边的鸣虫。
那里拥有许多湿生植物群落：如草势较高的芦苇和香蒲，以及草势较低的白茅与戟叶蓼。
在芦苇和香蒲的茎叶上，生活着主要以若虫越冬、鲜少以成虫越冬的松浦氏小黄蛉蟋，
它们从初春开始发出铃铛般美妙的“哩——哩、哩、哩、哩、哩——”的叫声。
生活在地面上的泰国姬蟋也以若虫越冬，
它们在初夏发育为成虫，发出东北雨蛙般的“杰、杰、杰……”的叫声
螽斯类中最偏好潮湿环境的，就要数恩氏伊螽了。它们以卵越冬，4月中旬孵化出若虫，
6月便开始发出“咻噜噜噜噜噜”的叫声。
东方蝼蛄以若虫或成虫越冬。从早春开始，成虫就在地下发出“坡——”的叫声——
古时候的人们以为这是蚯蚓的叫声。

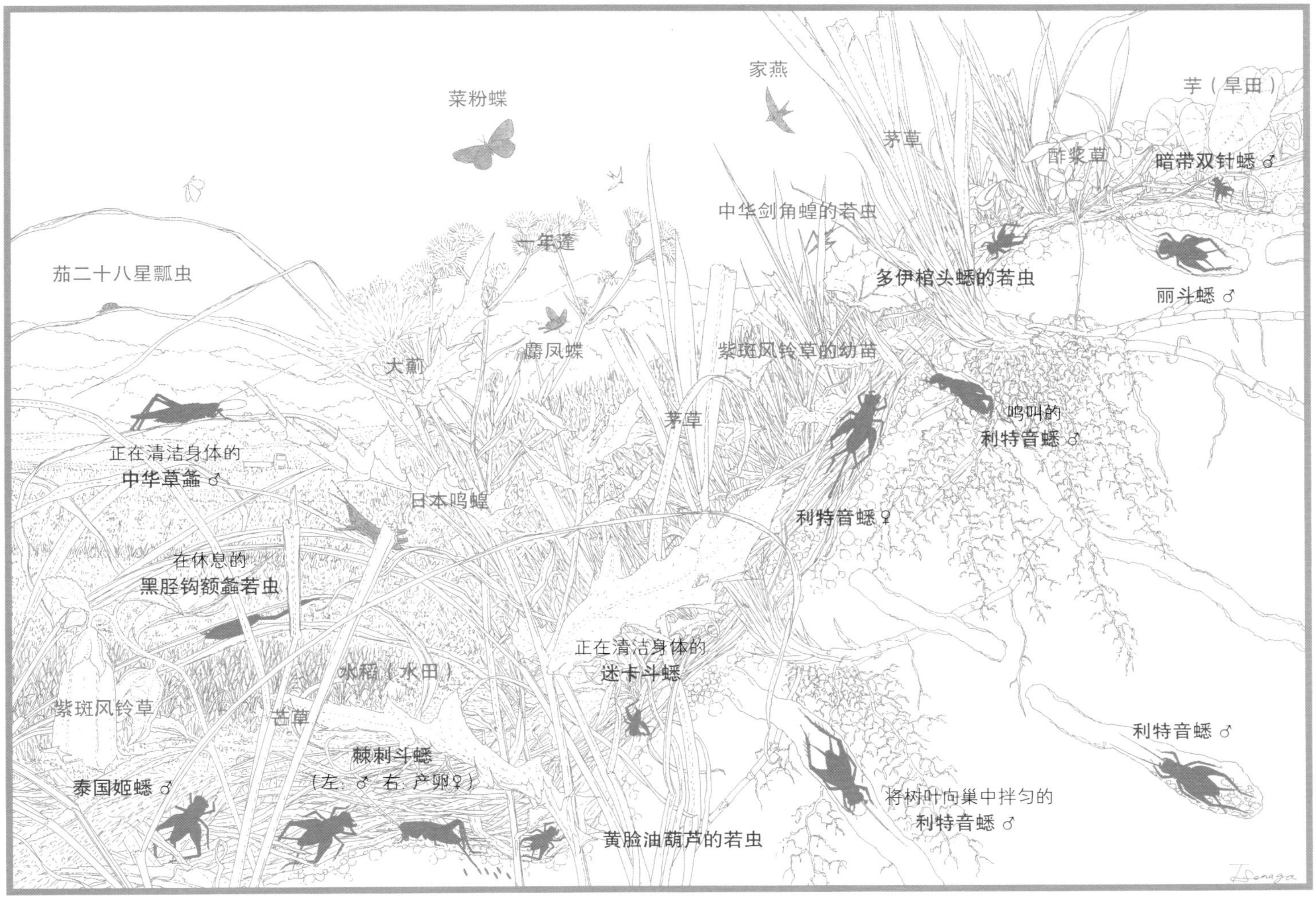

水田与旱田的周围

即使是从春天到初夏，这里也栖息着精力充沛、丝毫不输给秋季鸣虫的蟋蟀。

在丘陵斜坡上的水田或旱田里，利特音蟋与棘刺斗蟋生活在其中的田埂上。

它们以若虫越冬，春季羽化为成虫。

利特音蟋就如同它的名字[1]一样，是一种黑色的中型蟋蟀。

它们在朝南的田埂中挖掘深洞并居住其中，

还会把食物连同田埂上的草一并咬下，再搬运到洞穴中享用。

雄虫站在洞口，从白天开始便连续地发出响亮的“恰其、恰其……”的鸣叫声。

棘刺斗蟋与秋季的鸣虫迷卡斗蟋在形态与鸣叫声上非常相似，区别在于羽化为成虫的时期不同。

因为两者之间存在生殖隔离，所以被定义为两个物种。

虽然人们经常为水田和旱田的田埂清扫和除草，但却妨碍不到鸣虫的生活。

可若是为了避免经常除草而砌上砖石的话，我们恐怕就难觅这些鸣虫的身影了。

① 日语名称直译为黑艳蟋蟀。——译者注

从春天到初夏的草地的鸣虫图鉴

东方螽斯的若虫

Tettigonia orientalis

出现在立春后第一次强南风吹过草地与树林时。该虫的特征是其背上有焦茶色的粗线。为了吸食花蜜，若虫多栖息在蒲公英或春一年蓬的花朵上。其肉食性会随着虫龄的增长而增强，能够捕食一些小昆虫。这时，其栖境也从树林边的草丛中转移到了树上。就如其名字一样[①]，这正是栖息在灌木丛中的螽斯。

螽斯科
◆成虫出现期：7月—10月（年1代）
◆分布：本州（茨城县—濑户内海沿岸）、四国
☆成虫→p.52、p.77、p.98 卵→p.128

迷卡蝈螽的若虫

Gampsocleis mikado

与东方螽斯一同出现在春季的草地上。与东方螽斯相比，其背上两条白线所衍生出的配色显得更加优雅。为了进食花朵，若虫多慵懒地栖息在花朵上。随着虫龄的增长，它会变得更加敏捷。眼看能抓住它时，它就跑进了草根里，消失得无影无踪。

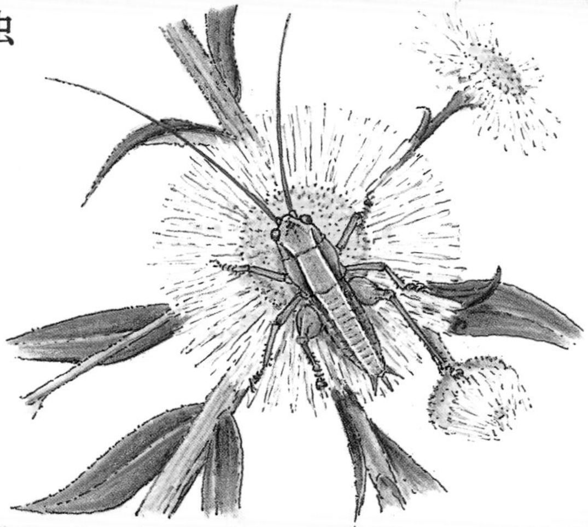

螽斯科
◆成虫出现期：7月—10月（年1代）
◆分布：本州（青森县—冈山县）
☆成虫→p.53 卵→p.128

① 日语名称直译为灌木螽斯。——译者注

恩氏姬螽

Eobiana engelhardti subtropical

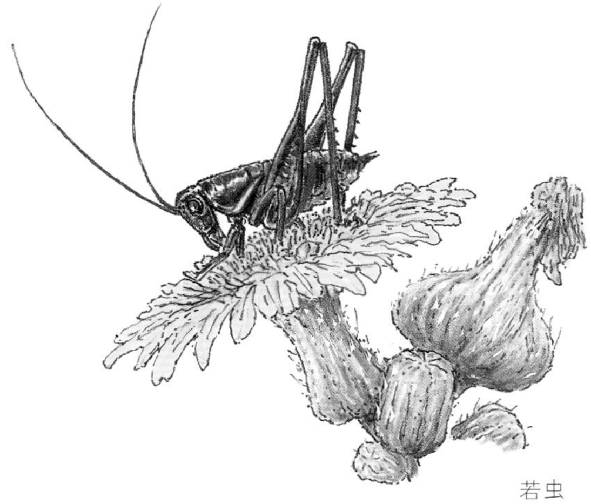

若虫

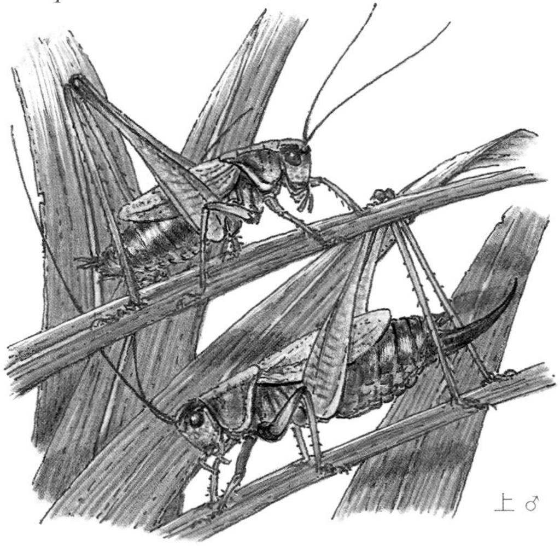

上♂　下♀

栖息在休耕地、池沼周围等湿润的草地上。多群居。在这些草地荒芜后，接二连三跳出来的黑色螽斯便是它了。雄性会反复地发出“咻噜噜噜噜、咻噜噜噜噜”的鸣叫声。能听见这样的叫声，就意味着真正的夏季已经不远了。若虫背部呈奶油般的黑褐色，在春季仍显枯黄的草地上显得非常显眼。若虫吸食花蜜，多栖息在蒲公英的花朵上。

螽斯科
◆体长：♂ 17.5mm—25.5mm ♀ 17.0mm—27.0mm
◆成虫出现期：6月—10月（年1代）
◆分布：北海道、本州、四国、九州
☆成虫→p.54 卵→p.129

邦内特姬螽的若虫

Chizuella bonneti

形似恩氏伊螽的若虫，但区别在于这种螽斯喜欢干燥的草地，并且腹部下端为淡黄色。与其他的螽斯一样，若虫为了吸食花蜜，多会悠闲地任风吹摆触角。常栖息在蒲公英或一年蓬上。随着虫龄的增长，它会迁移到树林边的草地上或光照充足的树林里的灌木上。

螽斯科
◆成虫出现期：7月—10月（年1代）
◆分布：北海道、本州、四国、九州
☆成虫→p.55、p.99 卵→p.129

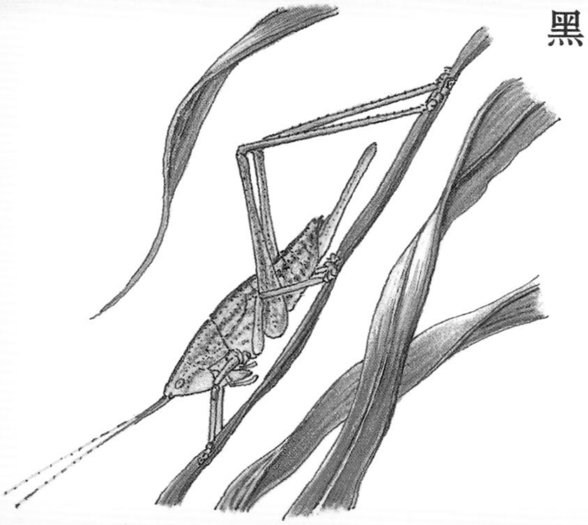

黑胫钩额螽的若虫

Ruspolia lineosa

在初夏还听不见杂色优草螽的越冬成虫的鸣叫时，填补这一空且鸣叫声与其相似的若虫便是这种了。多出现在水田或旱田等禾本科植物居多的低矮草丛中。白天静静地潜伏在禾本科植物的根附近，一眼看去甚至都不能将其与茎叶区分开来。夜间活动，主要食用马塘等禾本科植物的种子。

螽斯科
◆成虫出现期：8月—11月（年1代）
◆分布：本州（新潟·宫城县以西）、四国、九州
☆成虫→p.57 卵→p.130

爪洼光额螽

Xestophrys javanicus

与杂色优草螽相似的淡褐色光额螽 。其特征是因口器周围呈黑色而显得滑稽的脸，以及短小的后腿。生活在以茂密的芒草为主的草地上以及芦苇丛中，但是种群数量并不大。夜间活动，食用芒草的茎或者扁穗雀麦的种子。开始鸣叫的时期比杂色优草螽稍晚一些。发出“呷——”的声音，很像杂色优草螽的鸣叫，但是更为低沉与粗犷。

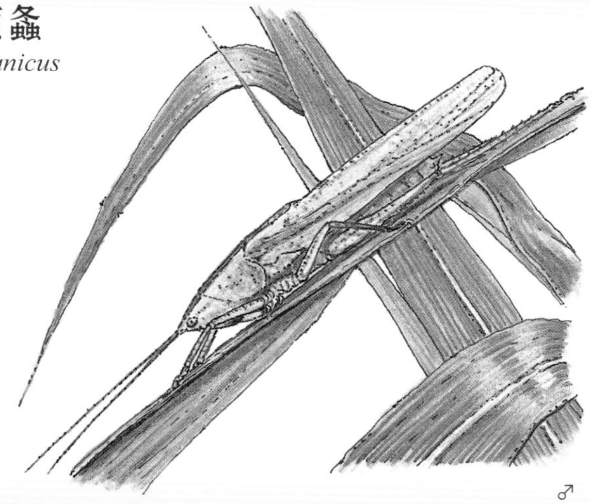

♂

螽斯科
◆翅端长：♂ 36.0mm—48.0mm
◆成虫出现期：10月—6月（年1代，成虫越冬）
◆分布：本州（福岛县以西的太平洋岸）、四国、九州 ☆成虫→p. 130

杂色优草螽

Euconocephalus varius

♂（绿色型）

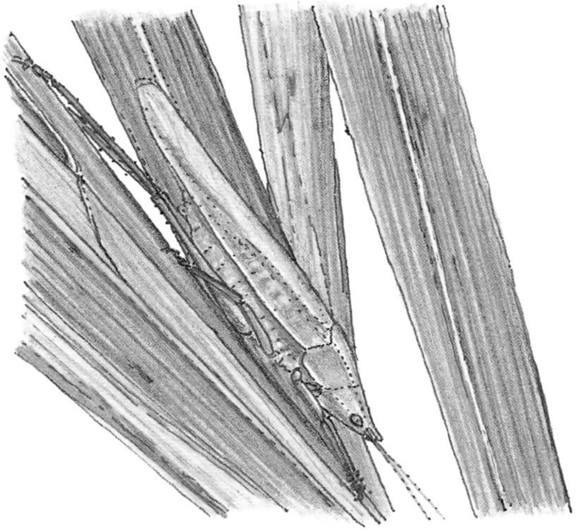

♂（粉色型）

一种形态苗条的昆虫，立春后的第一次强南风过后，在樱花凋落后的温煦夜晚，不知道从哪里发出了单调的“叽——”叫声。叫声可以持续到6月底左右。主要生活在以芒草或茅草为主的草地上，在空地或河边土坡等草丛仍然茂密的住宅地附近，也多能听见它们的鸣叫。这种螽斯的体色十分多样，除了绿色、深褐色、浅褐色之外，还有深粉红色的个体。在绿色的草地中发现粉色个体时，无论多少次都会受到分外新奇的触动。

螽斯科
- ◆翅端长：♂ 50.0mm—57.0mm
- ◆成虫出现期：10月—6月（年1代，成虫越冬）
- ◆分布：北海道、本州、四国、九州　☆成虫→p.130　若虫→p.58

中华草螽

Conocephalus chinensis

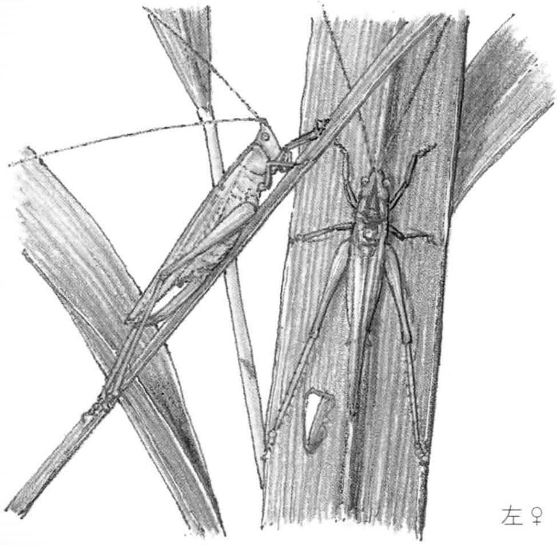

左♀　右♂

形态与斑翅草螽类似，但是翅上没有黑褐色的条纹，身体细长且体色较淡。多出没在水田周围以及较为开阔的湿地中。当觉察到危险时，它们会根据对方的行动快速地横向移动到茎叶的背面把身体隐藏起来；走投无路时会跳着或者飞着逃跑。雄虫会反复地发出“淅沥淅沥淅沥、淅沥淅沥淅沥”的干燥金属般的叫声。

螽斯科
- ◆翅端长：♂ 31.0mm左右 ♀ 28.0mm—33.0mm
- ◆成虫出现期：6月—7月，9月—11月（年2代，寒冷地区年1代）
- ◆分布：北海道、本州、四国、九州　☆成虫→p.59 卵→p.131

镰尾露螽的若虫

Phaneroptera falcata

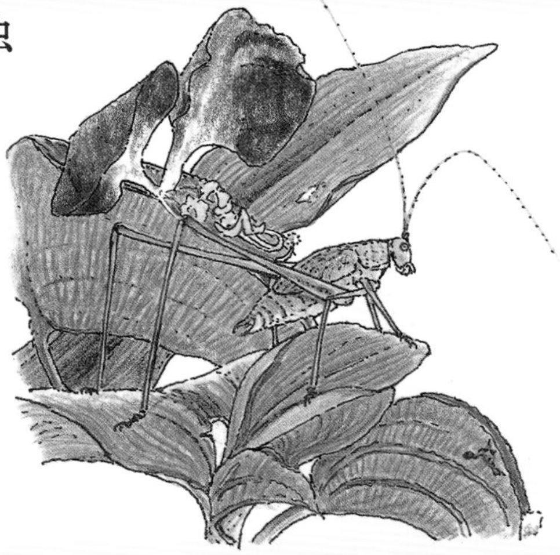

出没在开阔的荒地或空地上，多见于草势较高的草丛中，以及水边的草丛里。虽然以上环境中的个体数量较少，但相对而言还算常见。白天潜伏在草丛中，夜间活动。食用鸭跖草、春一年蓬和苦苣菜等草本植物的花和叶。行动缓慢，长长的腿爬行起来优雅且稳重大方。

露螽科
◆成虫出现期：6月—7月，9月—11月（年2代，寒冷地区年1代）
◆分布：北海道、本州、四国、九州
☆成虫→p.62 卵→p.133

利特音蟋

Phonarellus ritsemai

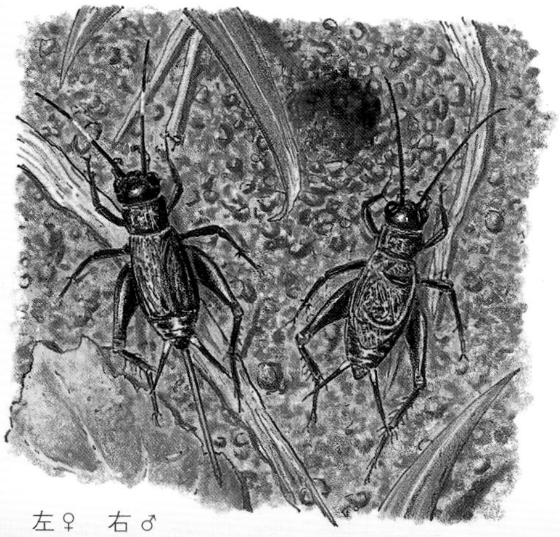

左♀ 右♂

一种有着黑色光泽的中型蟋蟀。雌、雄虫尾须的根部以及雌虫触角的一部分均为白色，非常显眼。它们生活在非常深邃的洞穴里常位于定期除草或是朝南的土坡中。雄虫会守在洞口，午后大声地发出“恰其、恰其……”的叫声。在梅雨季节的晴天听到它们的鸣叫时，能从中感受到一种透着活力的爽快感。

蟋蟀科
◆体长：♂ 18.4mm—20.0mm ♀ 20.0mm—27.3mm
◆成虫出现期：5月—7月（年1代，若虫越冬）
◆分布：本州（茨城县以西）、四国、九州

黄脸油葫芦的若虫

Teleogryllus emma

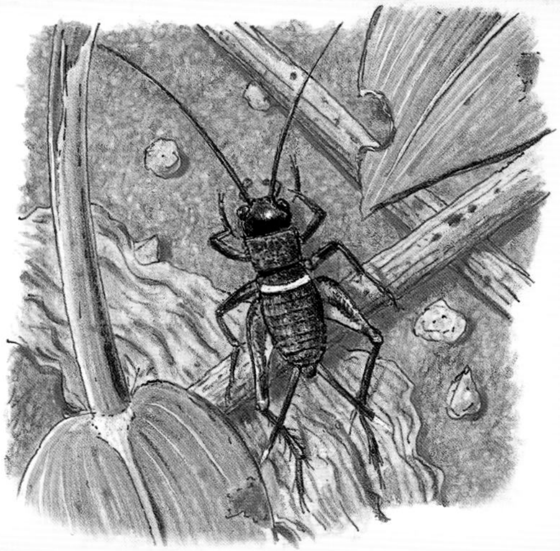

与其他蟋蟀类若虫不同，该若虫黑色躯体中间横贯的白色细线非常显眼。白线出现在一龄若虫上，至若虫中期就会变得粗而清晰，随后渐渐变淡，最终于末龄若虫时期消失。在野地或者水田边上，若是将切割后堆叠起来的草垛翻开，必定会看到它们慌张地从里面跳出来。这是为我们所熟知的一种蟋蟀。

蟋蟀科
◆成虫出现期：8月—10月（年1代）
◆分布：北海道、本州、四国、九州
☆成虫→p.62、p.78 卵→p.134

黑脸油葫芦

Teleogryllus occipitalis

♂

居住在气候温暖地区的蟋蟀，与黄脸油葫芦相比，其面部的眉状纹更宽。生活在河滩、空地或是耕地的草地上。叫声柔和、单调，会发出间隔的“喱－喱－喱－”声。虽然没有黄脸油葫芦那种华丽的叫声，但是作为能在初夏听到的柔和虫鸣而言，这种叫声令人心生难以舍弃的美好。

蟋蟀科
◆体长：♂ 23.0mm—30.7mm
◆成虫出现期：5月—7月，9—10月（年2代，若虫越冬）
◆分布：本州（三重县以西）、四国、九州
☆成虫→p.63

泰国姬蟋

Modicogryllus siamensis

栖息在水田的田埂或周围较为低矮的草丛中。常潜伏它们自己在挖出来的浅洞中。特别是在夜间，雄虫会反复地发出长区间的“杰、杰……”的叫声，与东北雨蛙的鸣叫声混合在一起，为初夏的夜晚谱上一曲优美的歌谣。偶尔会出现长翅型，从水田中飞出来的个体会在草地上孤零零地鸣叫。

蟋蟀科
◆体长：♂ 15.2mm—17.0mm
◆翅端长（长翅型）：♀ 28.0mm
◆成虫出现期：5月—7 月（年1代，若虫越冬）
◆分布：本州、四国、九州
☆若虫→p.134

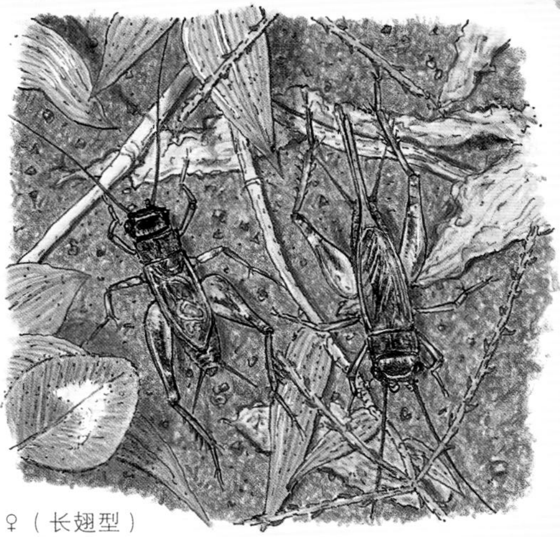
左♂　右♀（长翅型）

多伊棺头蟋的若虫

Loxoblemmus doenizi

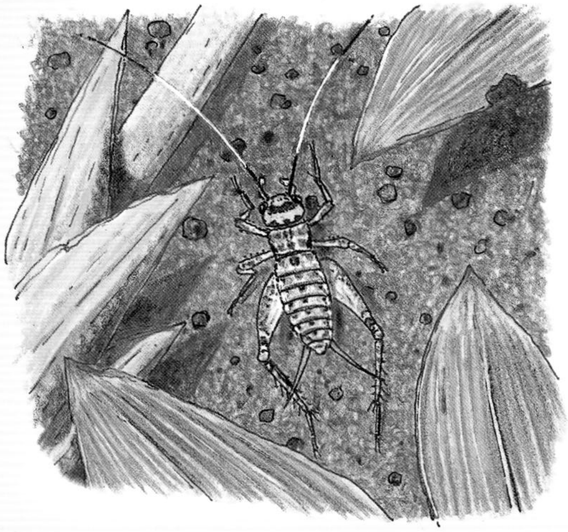

与其他蟋蟀的若虫完全不同，其特征是黄色的头部和白色的触角。这个特征会随虫龄的增长而消失。雄性若虫头两侧的角状突起是其名字的由来，但这一特征直到成虫期才会出现。生活在橘树园等果园中，或是田地周围空地上干燥且较为低矮的草丛中。

蟋蟀科
◆成虫出现期：8月—10月
◆分布：本州、四国、九州
☆成虫→p.64

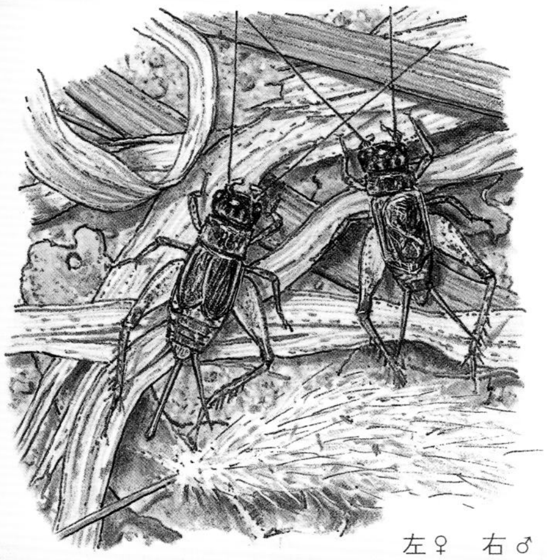

左♀ 右♂

棘刺斗蟋

Velarifictorus grylloides

一种姿态和叫声都与迷卡斗蟋非常相似的热带蟋蟀。出现在夏季与秋季。与以卵越冬的迷卡斗蟋不同，这种蟋蟀以若虫越冬，来年成长为成虫。在水田或旱田周围的低矮草丛中生活。习性也与迷卡斗蟋一样，夜间活动。长时间、连续地发出“哩、哩、哩……”有明确间隔的鸣叫，常在清晨鸣叫。

蟋蟀科
◆体长：♂ 15.0mm—18.0mm ♀ 18.1mm—19.5mm
◆成虫出现期：5月—7月（年1代，若虫越冬）
◆分布：本州（关东沿岸以西）、四国、九州

丽斗蟋

Velarifictorus ornatus

与迷卡斗蟋相似，但是体型略小。栖息在果园或田边醒目且干燥低矮的草丛中。潜伏在挖掘好的浅洞中。自傍晚开始活动，雄虫会发出低沉且冷淡的“哔——”声，不用心听的话非常难以辨别。以若虫越冬，于次年初夏长为成虫。在气候温暖的地区，即使秋天很短，也能观察到第二代的成虫。

蟋蟀科
◆体长：♂ 15.0mm左右 ♀ 15.0mm—16.0mm
◆成虫出现期：5月—7月（年1代，若虫越冬）
◆分布：本州（茨城县以西）、四国、九州

左♂ 右♀

♂

青树蟋

Oecanthus euryelytra

形态与长瓣树蟋相似，但是雄性的翅膀更宽。生活在海岸或废弃的建筑用地上，常居于草势高且茂密的草丛中，如葛或五月艾。翅呈绿色，拥有玻璃工艺品一般薄而通透的质地，近乎垂直地立着。它会持续地发出低沉的“噜——噜——噜——噜——”的声音。成群鸣叫时，错落有致的鸣叫声相互交迭，带来一种如梦如幻的感受。

蛞蟋科（现分类为蟋蟀科树蟋亚科）
◆体长：♂ 12.5mm—14.9mm
◆成虫出现期：6月—7月，9月—10月（年2代）
◆分布：本州、四国、九州
☆成虫→p.69、p.79 若虫→p.69 卵→p.137

小黄蛉蟋

Natula pallidula

一种敏捷的金黄色小型蟋蟀。栖息在沿海以及河堤等芒草或萱草繁茂的草地上，从傍晚开始缓缓地发出“唧哩——唧哩——”的叫声。在成群的鸣叫声中，若是寻着其中的拍子去听，便能感受到一番独特的美妙。也常常会在白天单独鸣叫，发出像其他鸣虫一样快节奏的“唧——唧——唧”的叫声。

蛉蟋科
◆体长：♂ 6.8mm—7.6mm
◆成虫出现期：4月—7月（年1—2代，若虫越冬，部分成虫越冬）
◆分布：本州（千叶县以西）、四国、九州
☆成虫，若虫→p.138

松浦氏小黄蛉蟋

Natula matsuurai

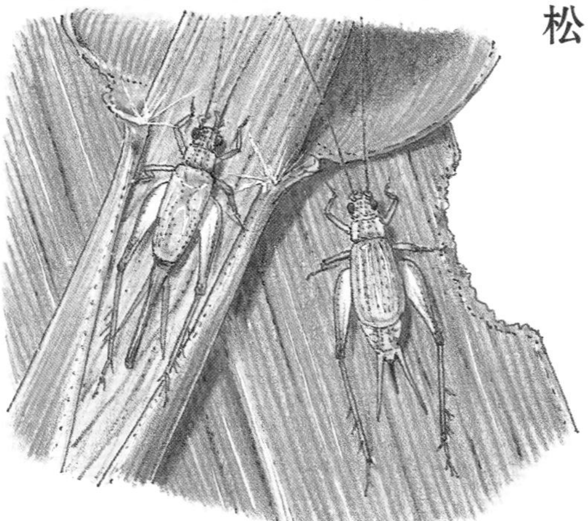

左♂（长翅型） 右♀

与小黄蛉蟋体型相似的一种金黄色蟋蟀。栖息在水分充足、茂密并且高大的芦苇或香蒲丛中。雄虫从傍晚开始发出轻轻的“呖——呖、呖、呖、呖、呖”的叫声，并且会多次重复这段旋律。在活动最频繁的时期，它们的叫声和萤火虫的荧光一起，为田园增添不少的自然趣味。在气温仍然偏低的早春，它们的叫声和缓而优美，值得驻足倾听。

蛉蟋科
◆翅端长（长翅型）：♂ 12.00mm
◆体长：♀ 4.9mm—7.5mm
◆成虫出现期：4月—7月（年1—2代，若虫越冬，部分成虫越冬）
◆分布：本州（栃木•茨城县以西）、四国、九州 ☆若虫→p.139

日本斜蛉蟋

Trigonidium japonicum

上♂ 下♀

一种身体呈黑色、足呈淡黄色的小型蟋蟀。栖息在芒草和茅草混杂的开阔草地上。雄虫的翅上没有发音器，因此不能鸣叫。但是它们能振动身体，进而通过植物茎叶的震动来进行交流。和成虫完全不同，若虫直到末龄都呈亮褐色，而且它们与栖息在同样环境中的小黄蛉蟋的若虫很相似。

蛉蟋科
◆体长：♂ 5.4mm—6.0mm，♀ 6.1mm—6.5mm
◆成虫出现期：4月—7月（年1代，若虫越冬）
◆分布：北海道、本州、四国、九州

北海道异针蟋

Pteronemobius yezoensis

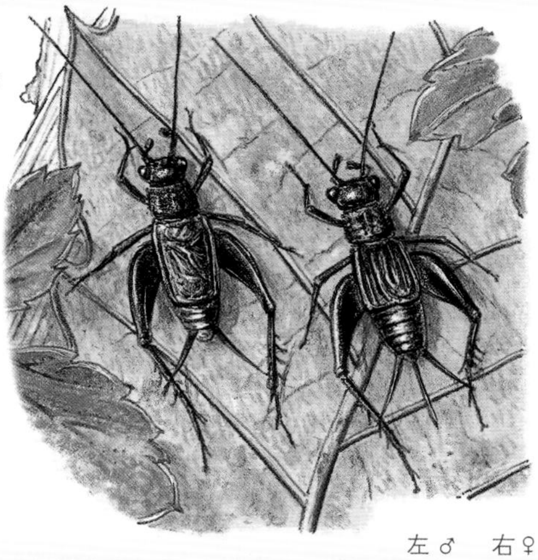

左♂ 右♀

生活在山地以及寒冷地带的休耕田中，或是池沼周围湿润的草地上。一种通体全黑的小型蟋蟀，在春天仍旧枯黄的草地中非常显眼。昼夜均活动，雄性白天持续地发出单调而冗长的“唧——唧——”的叫声。与拥有相同鸣叫方式的暗带双针蟋或迷卡异针蟋相比，它拥有变化多样的鸣叫方式，甚至会发出清晰的求偶鸣声。

蛉蟋科
◆体长：♂ 8.8mm—9.0mm，♀ 8.5mm—9.0mm
◆成虫出现期：5月—7月（年1代，若虫越冬）
◆分布：北海道、本州、四国、九州

欧姆异针蟋

Pteronemobius ohmachii

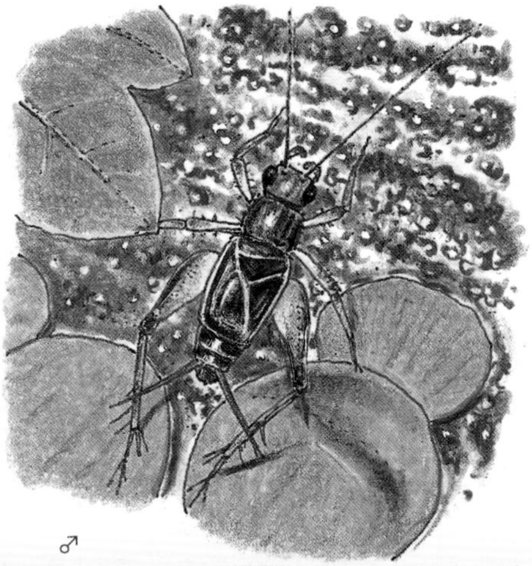

♂

一种略带黑色光泽的米黄色小型蟋蟀，尽管后腿腿节上的青白色小点很不起眼，但倒也显得非常时尚。它生活在水田的田埂上，以及池沼周围等草势较低的草地上（谷底）。白天反复地发出“唧——咦”的单音节叫声。越到后面，其声调越高且越响亮。

蛉蟋科
◆体长：♂ 6.2mm—8.5mm
◆成虫出现期：6月—7月，9月—11月（年2代，寒冷地区年1代）
◆分布：北海道、本州、四国、九州
☆成虫→p.69 若虫→p.139

暗带双针蟋

Dianemobius nigrofasciatus

左♂ 右♀

小型蟋蟀，后腿的黑白斑纹非常显眼。和迷卡异针蟋一同生活在最靠近人类居所的地区，包括公园和后院的草坪，或是空地上草势较低矮的草丛。昼夜均活动，雄性会发出单调的“唧——唧——”或是“噗唧——噗唧——”的叫声。在任何地方都能不经意地听到这样的鸣叫声。

蛉蟋科
◆体长：♂ 6.2mm—7.7mm，♀ 6.4mm—7.5mm
◆成虫出现期：6月—7月，9月—11月（年2代，寒冷地区年1代）
◆分布：北海道、本州、四国、九州
☆成虫→p.70、p.79

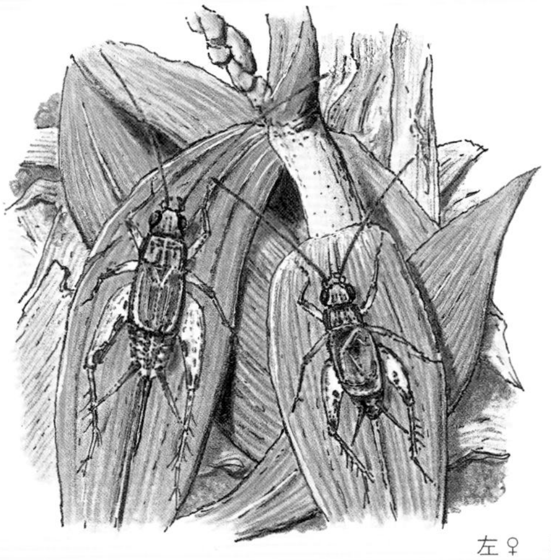

左♀　右♂

迷卡灰针蟋

Polionemobius mikado

与其名字一样[1]，生活在公园和后院的草坪上，以及草势低矮的草地里。淡黄色的小型蟋蟀。与暗带双针蟋一同栖息在人类居所附近，但只有在草丛较为密集的地方才能发现它们。昼夜均活动，雄虫会发出不规则且单调的“唧——唧唧——唧——”声。我们总能不经意地听到这样的鸣叫声。

蛉蟋科
◆体长：♂ 6.0mm—6.1mm，♀ 6.6mm—7.0mm
◆成虫出现期：6月—7月，9月—11月（年2代，寒冷地区年1代）
◆分布：北海道、本州、四国、九州
☆成虫→p.70、p.80 若虫→p.140

东方蝼蛄

Gryllotalpa orientalis

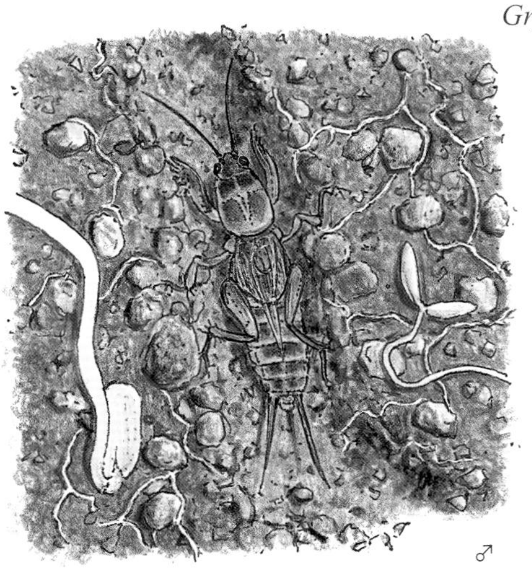

♂

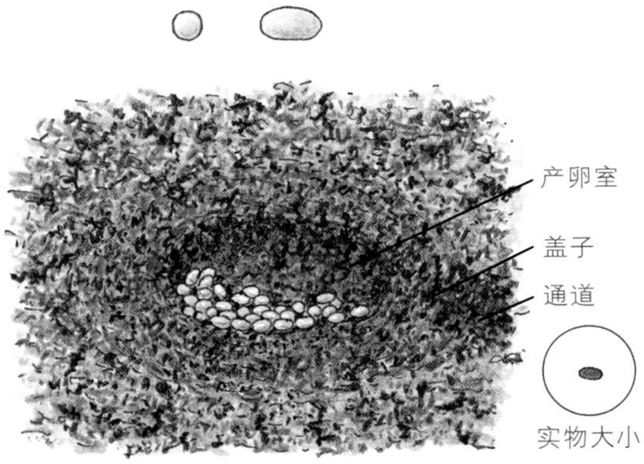

产卵室

常居于水田的田埂或潮湿的草地上，在松软的泥土中挖掘洞穴筑巢。形态像鼹鼠，特别是像手套一般的前足。雄虫会于夜间发出低沉、冗长的“坡——”叫声，能传得特别远。雌虫会小声地发出断断续续的“咻噜噜，咻噜噜”的声音。从春季到秋季，雌虫会将洞穴的一部分作为产卵室，产下20—40粒卵并保护它们。产卵室呈椭圆形，长轴约为28.0mm，短轴约为15.0mm，周围用唾液加固。卵的长轴约为2.5mm，短轴约为1.2mm，呈圆柱形。颜色为略带黄色光泽的白色。产卵后2—3周左右孵化。

蝼蛄科
◆体长：♂ 29.0mm—35.0mm
◆成虫出现期：全年（年1代，若虫或成虫越冬）
◆分布：北海道、本州、四国、九州
☆成虫→p.141 若虫→p.71

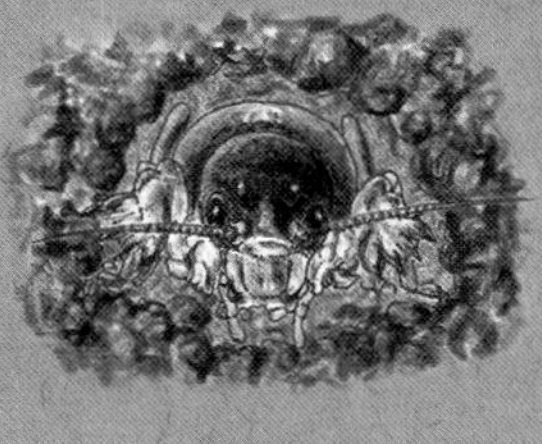

① 日语名称直译为草地铃。——译者注

蟋蟀和螽斯的同类

蟋蟀和螽斯与蚱蜢一同被囊括在直翅目的大分类体系中，
一般称它们为直翅类昆虫。
直翅目分为螽亚目和蝗亚目两大支。
螽亚目包括蟋蟀以及螽斯等为我们所熟知的鸣虫，以及许多其他能发出响亮且复杂声音的昆虫种类。

直翅目

螽亚目

鸣虫种类

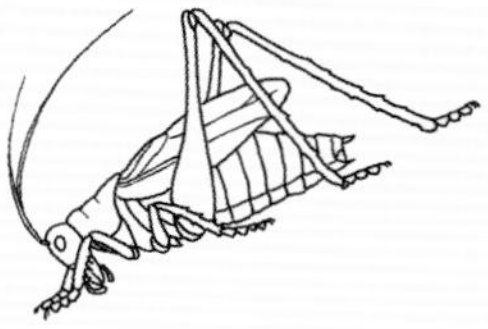

螽斯的同类

螽斯科、蛩螽科、纺织娘科、拟叶螽科、露螽科
触角长。身体细长，左右两侧较扁。
雌虫有产卵器。

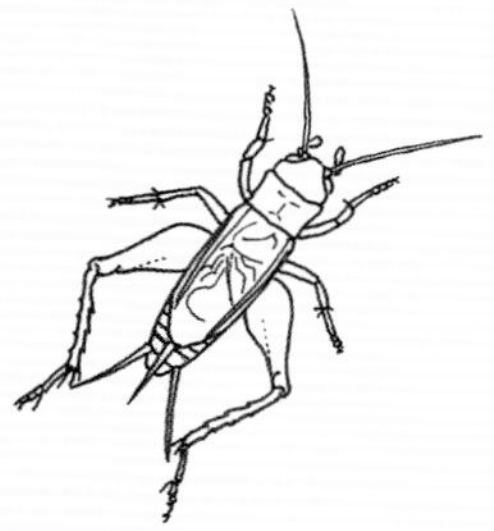

蟋蟀的同类

蟋蟀科、蛣蟋科、蛉蟋科
触角长。身体上下侧扁平。
雌虫有产卵器。

鳞蟋的同类

鳞蟋科
触角长，身体上下侧扁平。身体覆有鳞片，翅短，雌虫无翅。
雌虫有产卵器。

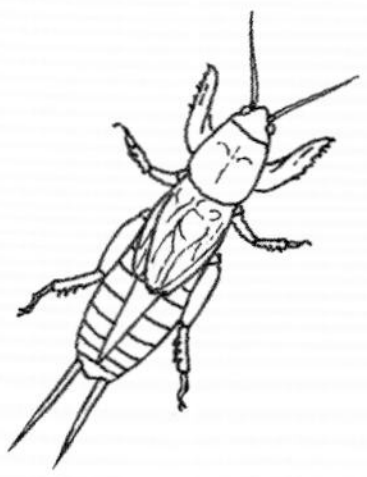

蝼蛄的同类

蝼蛄科
在地下生活，前足呈棒球手套一样的形状。雌虫没有产卵器，且雌雄虫形态相近。

蟋螽的同类

蟋螽科
触角长，形态介于蟋蟀与螽斯之间。从口中吐丝织成巢穴。有翅却没有发音器。

蚁蟋的同类

蚁蟋科
体型非常小，无翅。生活在蚂蚁的巢穴中。

驼螽的同类

驼螽科
触角长，无翅，且胸部向上呈圆形隆起。

蝗亚目

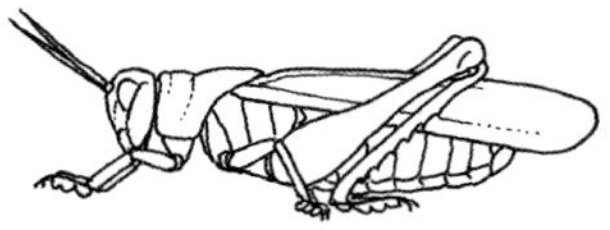

蝗的同类

蝗科
触角短，全身长而呈筒形。静止时，后足的胫节与腿节贴合在一起，仿佛连接在一起。

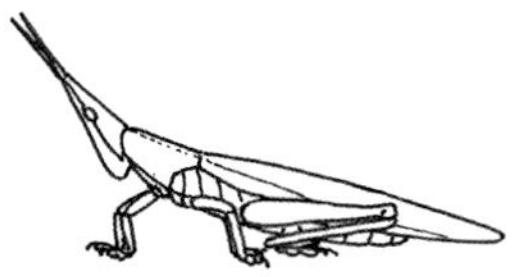

锥头蝗的同类

锥头蝗科
触角短，头部细长。体型小巧的雄性多乘在雌虫的背上。

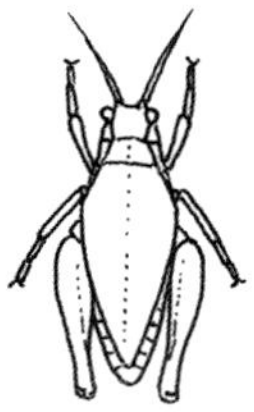

菱蝗（蚱）的同类

菱蝗科
体型小巧，触角短，背侧呈菱形。在地面生活。

蚤蝼的同类

蚤蝼科
体型小，黑色。足的形态特异，有强大的跳跃能力。生活在裸露的地面。

第2章

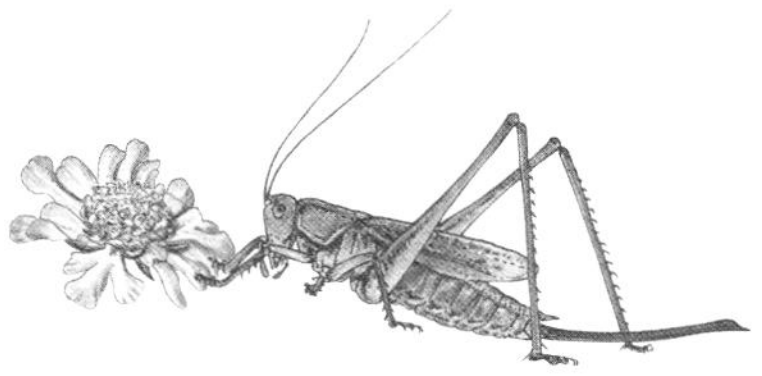

从夏天到秋天的草地

那边空地上的草丛中有黄脸油葫芦。

土堤上有日本钟蟋出没。海边的草丛里藏有云斑金蟋。

到了长瓣树蟋也开始鸣叫的时节了。

下一次满月的夜晚，一起去听云斑金蟋的鸣叫吧。

操场和广场

第2章 从夏天到秋天的草地

金黄色的云变成了柿子一般的颜色。起风了。
灰椋鸟飞上归巢的旅途，蝴蝶在寻找栖身之所。
蟋蟀们醒过来了，开始各自的生活。

鸣虫有7种17只。

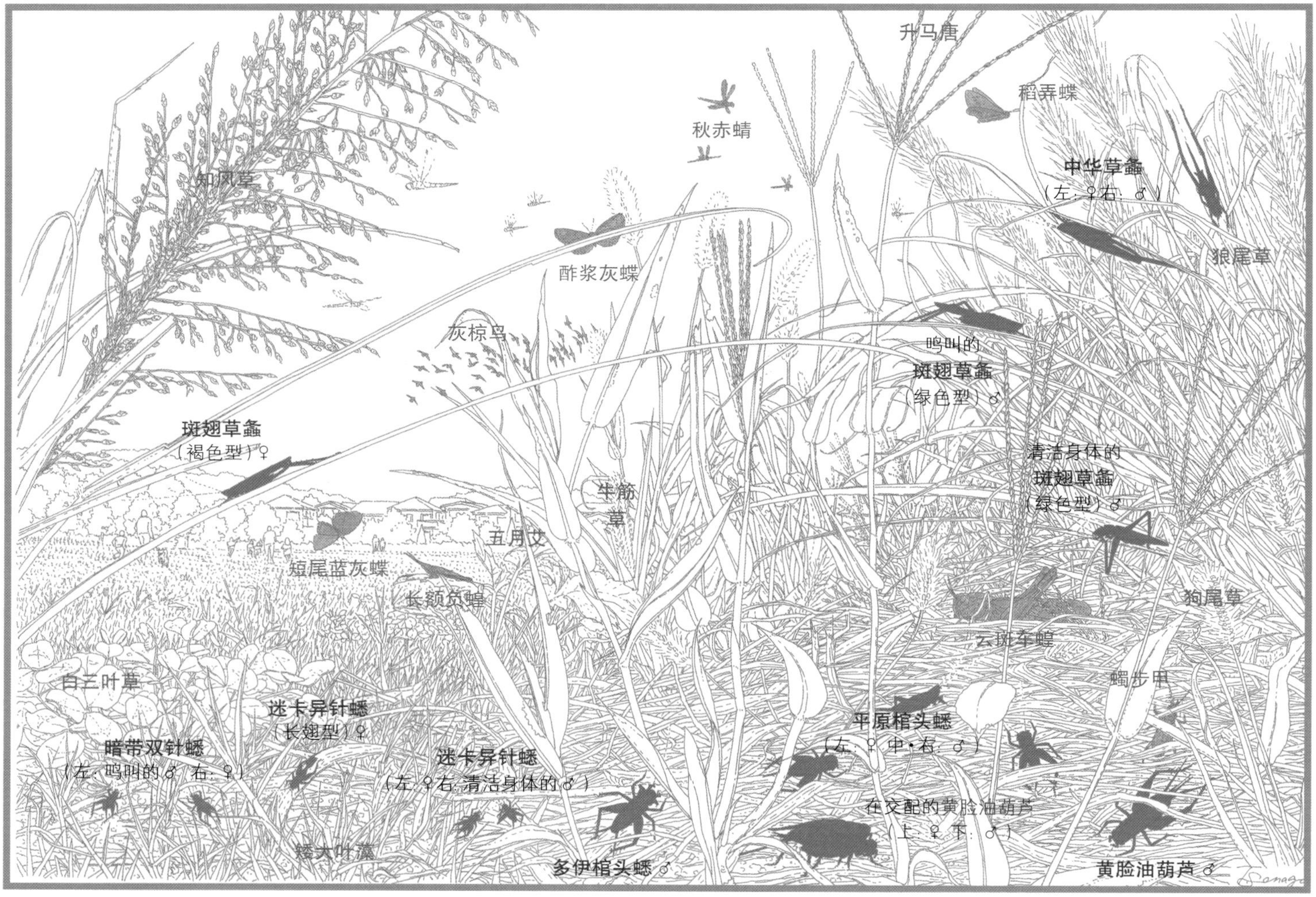

操场和广场

从夏天到秋天，操场及公园空地上的草丛草势较低，白天会变得非常炎热。

白天，蟋蟀们会躲在草的根部或枯草下，

傍晚，它们一同开始活动和鸣叫。

黄脸油葫芦会发出“口喽口喽口喽、哩——”的叫声，而平原棺头蟋则会发出“哩哩哩哩、哩哩哩哩”的叫声，

不同种类的鸣虫，叫声的特征都不相同。

蟋蟀类的鸣叫声可以分为三种，高亢如歌唱一般的“呼叫声”，向雌虫求爱时强弱不定的“求偶声”，

以及雄虫之间相互竞争时短促强力的“竞争声”。

“呼叫声”是鸣虫的特征，是最常听到的一类鸣叫声。

黄脸油葫芦的三种叫声最为清晰可辨。

螽斯类鸣虫的叫声则没有这样清晰的区别。

鸣叫的机理

不论是蟋蟀还是螽斯，鸣叫基本是由雄虫构造复杂的左右前翅通过相互摩擦来发声的过程。
雌虫的翅，以及有翅却不发声的雄虫的翅，其结构都较为简单。除了利用翅来发声，
也有利用后足敲击茎杆发声的种类，还有利用腹部等来敲击、震动从而发声的家伙。
它们的听觉器官则在胫节上部，分布在内侧或外侧，因种类不同而不尽相同。

蟋蟀类（日本钟蟋♂）

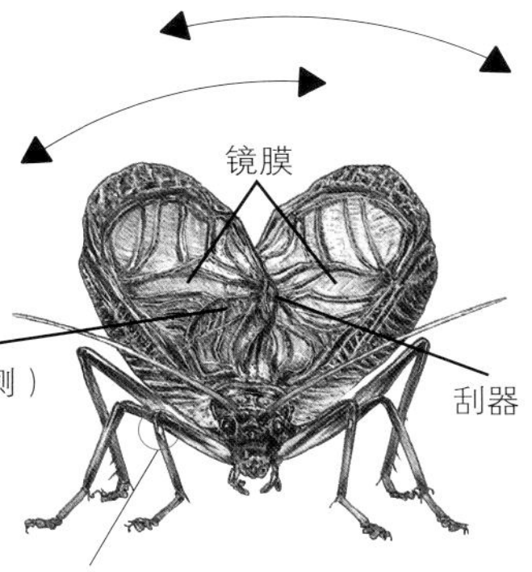

右前翅（上方的翅）内侧有声锉，左前翅（下方的翅）外侧有刮器。两者相互摩擦，经过共鸣膜将震动放大为声音。因为发声器是整片翅，因此能比螽斯类发出更响的声音。此外，因为翅呈倾斜或直立状态，和腹部背侧之间的区域够成一定的空间，所以可以通过镜膜再次将声音放大。

螽斯类（晴山似织螽♂）

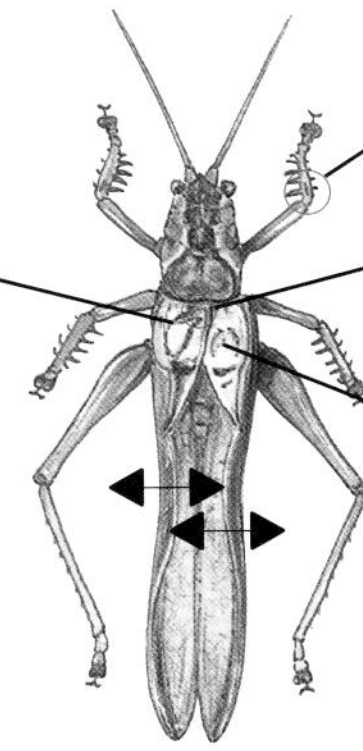

右前翅（上方的翅）内侧有声锉，左前翅（下方的翅）外侧有刮器。两者相互摩擦，经过镜膜将震动放大为声音。与蟋蟀类相比，其左右翅的振幅更小。

在同为直翅目的蝗虫等昆虫中，也有会鸣叫的种类。
虽然只是通过翅与足相互摩擦而简单地发声，但有的种类却能发出比蟋蟀和螽斯更加复杂的旋律和声程。

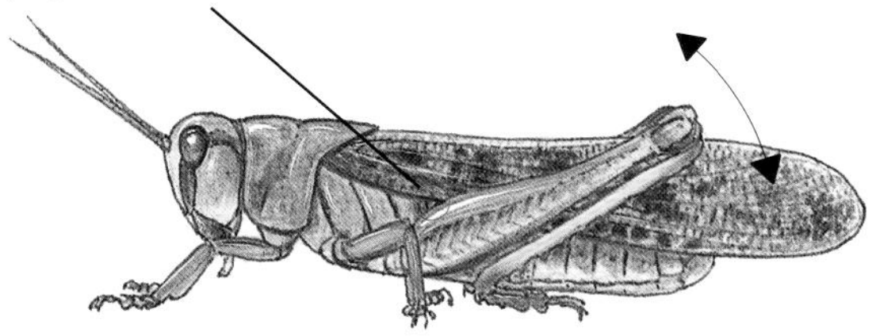

（东亚飞蝗♂）

一般为雄虫鸣叫，后腿以腿节与胫节并在一起的状态像杠杆运动一般，利用腿节与前翅相互摩擦来发声。发声的音锉位于腿节或是前翅，依种类而异。此外，也有些种类通过如后足胫节踢击前翅这样的方式来发声。

鸣声醒目的蝗虫

日本鸣蝗 *Mongolotettix japonicus*

生活在芒草等草势较高且光线充足的草丛中，小型蝗虫。初夏鸣叫。

蝗科 ◆体长：♂ 19.0mm—22.0mm
◆成虫出现期：6月—9月
◆鸣叫声：呷咔、呷咔、呷咔……

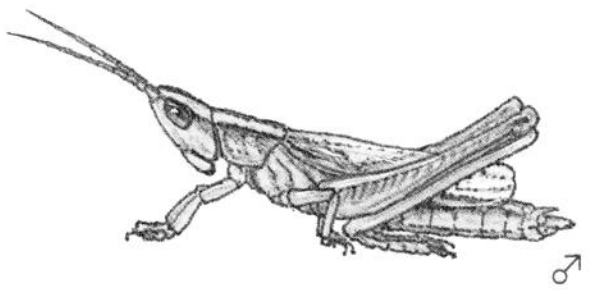
♂

烟色草地蝗 *Stenobothrus fumatus*

生活在位于低矮山地树林边缘的草势低矮的草丛中。一种有着复杂鸣叫声的小型蝗虫。

蝗科 ◆翅端长：♂ 23.0mm—28.0mm
◆成虫出现期：7月—11月
◆鸣叫声：咻噜噜噜，咻噜，咻噜，咻噜噜噜

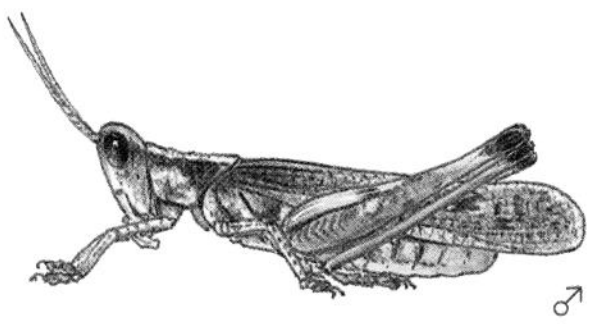
♂

荒地和空地（昼）

这是鼓噪着热气的长瓣草螽的鸣叫声。螽斯沉浸其中。
到处都在呼唤「这里，这里」。芒草遮住了前方，葛阻挡了道路。
只有虫鸣。昆虫们在这里逃窜、藏匿、欺骗。

鸣虫有11种19只。

荒地和空地（夜）

第2章　从夏天到秋天的草地

寂寞开最晚，待宵始散香。
螽喧休于此，天蛉续音响。
百鸣皆有律，非凡夜更长。

鸣虫有11种21只。

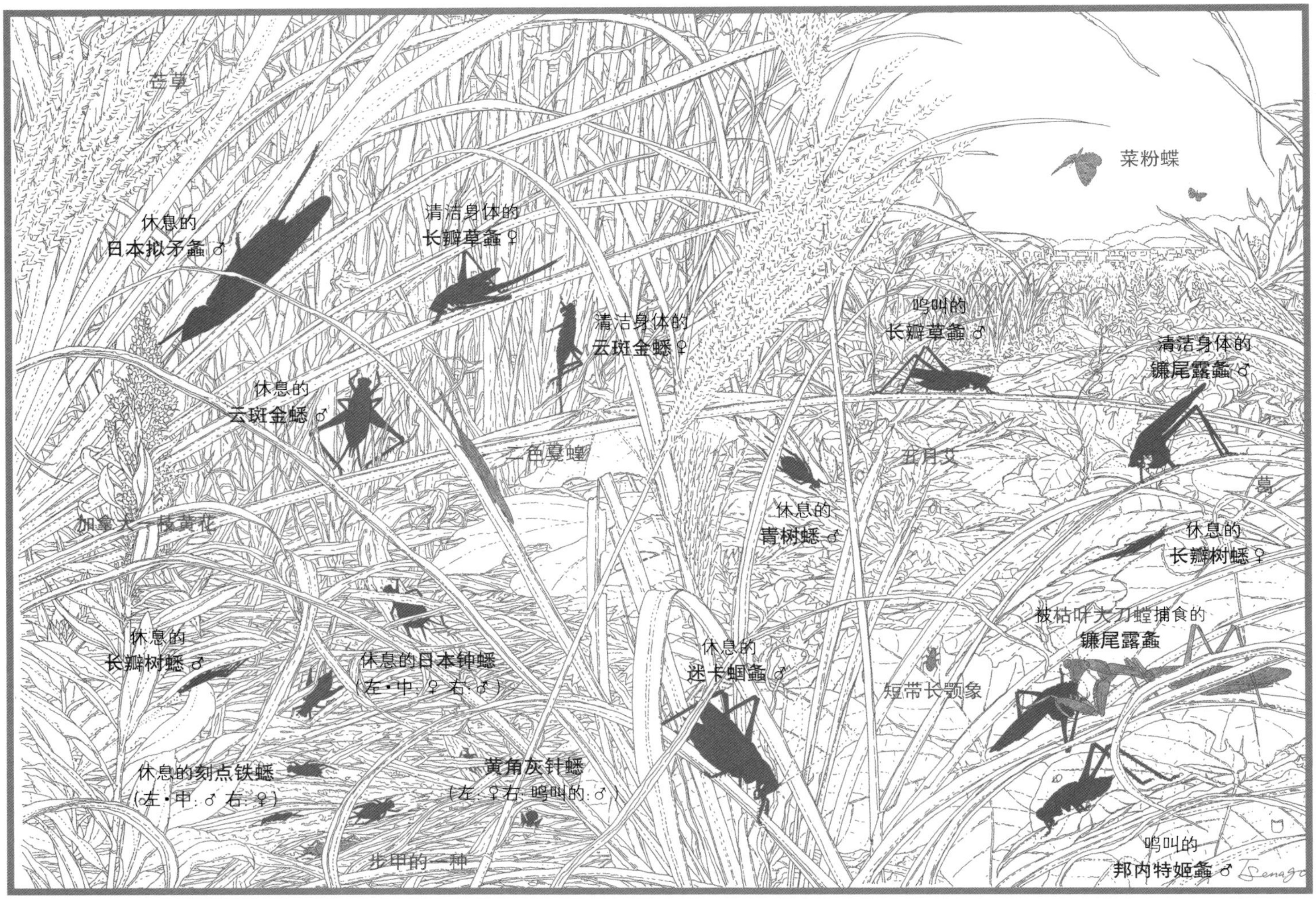

荒地和空地（昼）

从夏天到秋天，因为茂盛的芒草和葛，荒地和空地上的草势葳蕤。

这里有螽斯、树蟋以及蛞蟋等在草木上层生活的昆虫，

也有在被青草覆盖或是枯草堆积的地表生活的日本钟蟋、黄角灰针蟋等。

特别是在草势高大的芒草原野上，日本最大的螽斯——日本拟矛螽栖息其中。

另外，在茅草与葛混生的茂密草丛中还生活着长瓣树蟋和青树蟋。

除了东方螽斯、长瓣草螽、黄角灰针蟋等部分种类之外，多数鸣虫都在夜间活动。

白天，日本拟矛螽在芒草的茎上以头向下的姿势停栖，长瓣树蟋则贴在葛等植物的较大叶片上停栖；

它们纷纷混迹于绿色的茎干或叶片之上，隐然不动。

在地表生活的日本钟蟋或是刻点铁蟋混迹于枯草中，

云斑金蟋则在芒草根部枯萎的地方停栖。

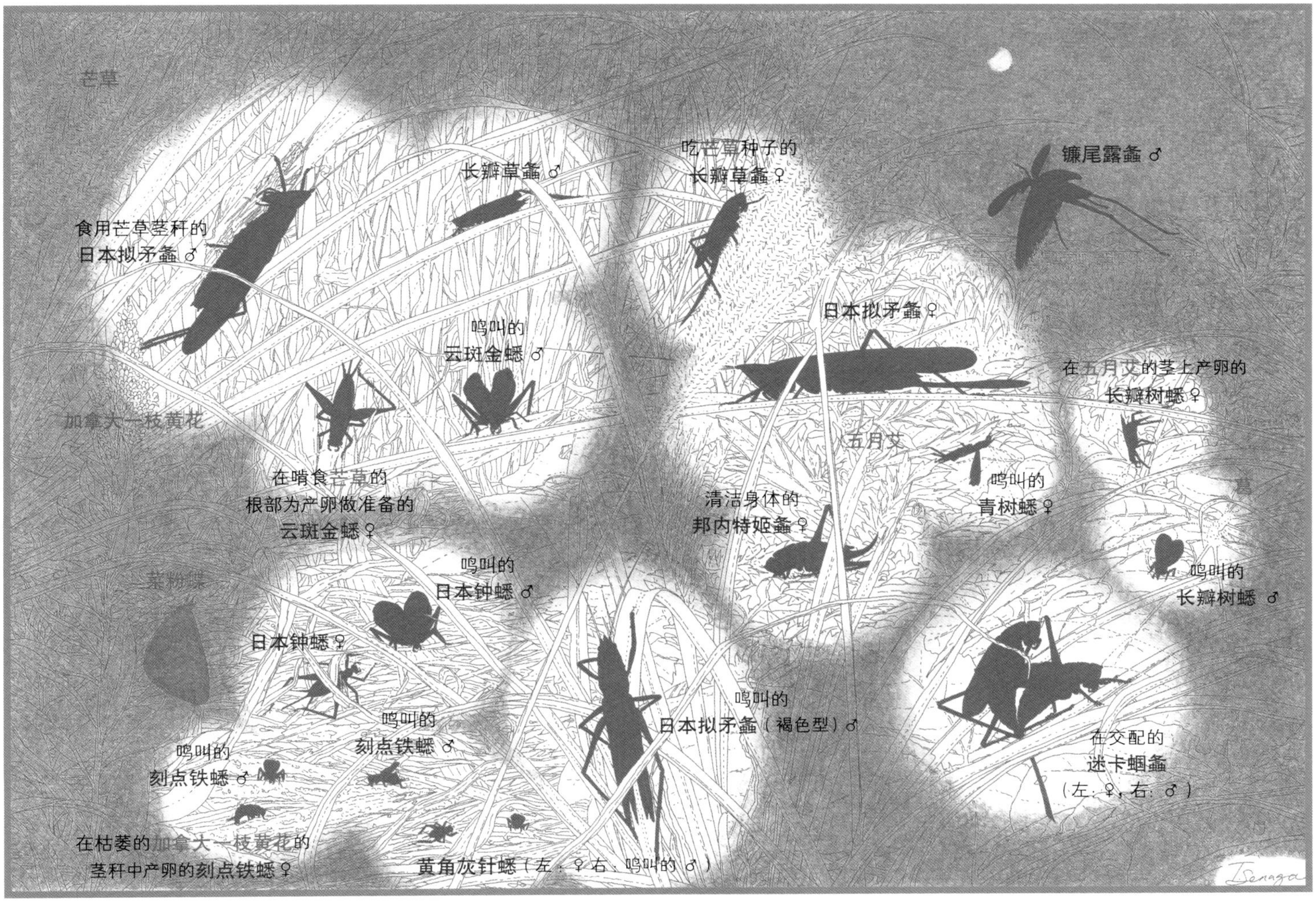

荒地和空地（夜）

夜晚的荒地与空地很热闹。

白天，只有长瓣草螽以及黄角灰针蟋在此鸣叫；而到了夕阳薄暮之时，日本拟矛螽会发出特别响亮的鸣叫声；天色渐暗，云斑金蟋、长瓣树蟋以及日本钟蟋也开始鸣叫了。

鸣虫中有只在夜晚鸣叫的，也有常在夜晚鸣叫的，还有常在白天鸣叫的，以及昼夜均会鸣叫的等，其鸣叫的时间段也依种类而定。

日本拟矛螽、青树蟋、日本钟蟋、云斑金蟋只在夜晚鸣叫，黄角灰针蟋、邦内特姬螽则昼夜均鸣叫，螽斯常在白天鸣叫。

鸣虫夜晚也摄食、交尾以及产卵，都是在为繁衍后代做准备。

而摄食以及繁衍活动也依种类不同而不同。

水田的附近

第2章　从夏天到秋天的草地

前往谷地的田间小道。每一脚踩下去都会惊飞起稻弄蝶和日本黄脊蝗。

黄脸油葫芦、平原棺头蟋……蟋蟀们接连不断地唱着歌。

突然跳出了日本林蛙。但蟋蟀们的歌声也并没有因此而停止。

鸣虫有11种15只。

海边

第2章 从夏天到秋天的草地

云的影子飞快地移动。蝴蝶乘着风。随风起伏的草叶泛着暗烁交替的微光。

像是记起来了什么，螽斯忧愁地鸣叫着。

在断断续续的海潮声中，双斑奥蟋的慌乱鸣叫催促夏季离去。

鸣虫有8种14只。

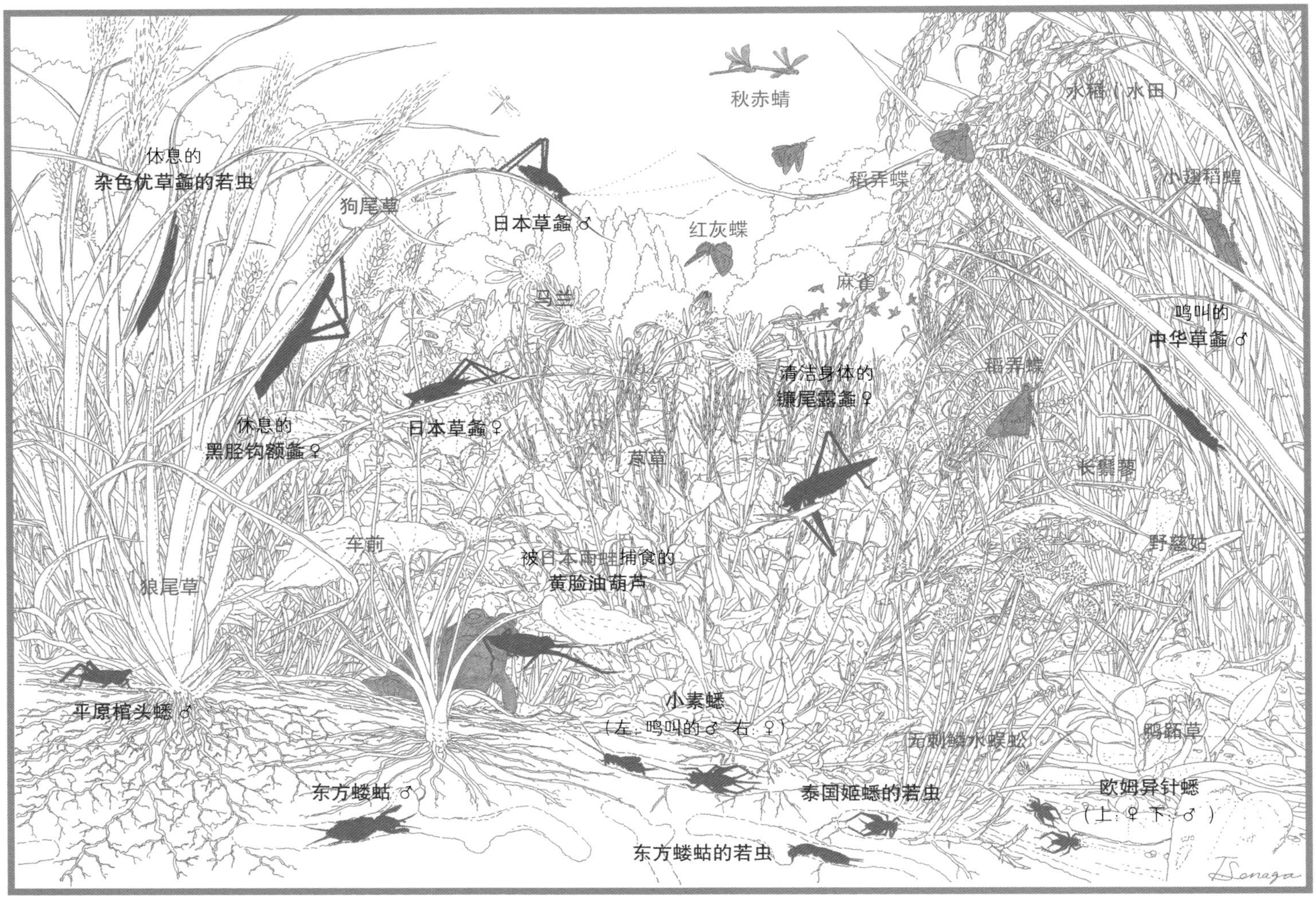

水田的附近

这里是田边的草地。定期清理的田埂上有着草势较低矮的湿润草地。
特别喜好湿润草丛的小素蟋、泰国姬蟋以及欧姆异针蟋等蟋蟀，
会在草的根部或是地表挖掘较浅的洞穴，并躲藏在其中；东方蝼蛄则在地下挖掘通道状的洞穴；
黑胫钩额螽、杂色优草螽、日本草螽、中华草螽、镰尾露螽等螽斯则混迹草丛中。
不过，这些草丛中还生活着许多以这些昆虫为食的青蛙。
蝼蛄虽然为了挖掘洞穴演化出了形似鼹鼠的前足，
但它也有在水中游泳、在夜晚向着光亮的地方飞行的能力；
它们在通道洞穴中的“产卵室”产卵，
因为其1龄若虫能像蟋蟀那样跳跃，所以我们认为它们是一种特化了的直翅目昆虫。

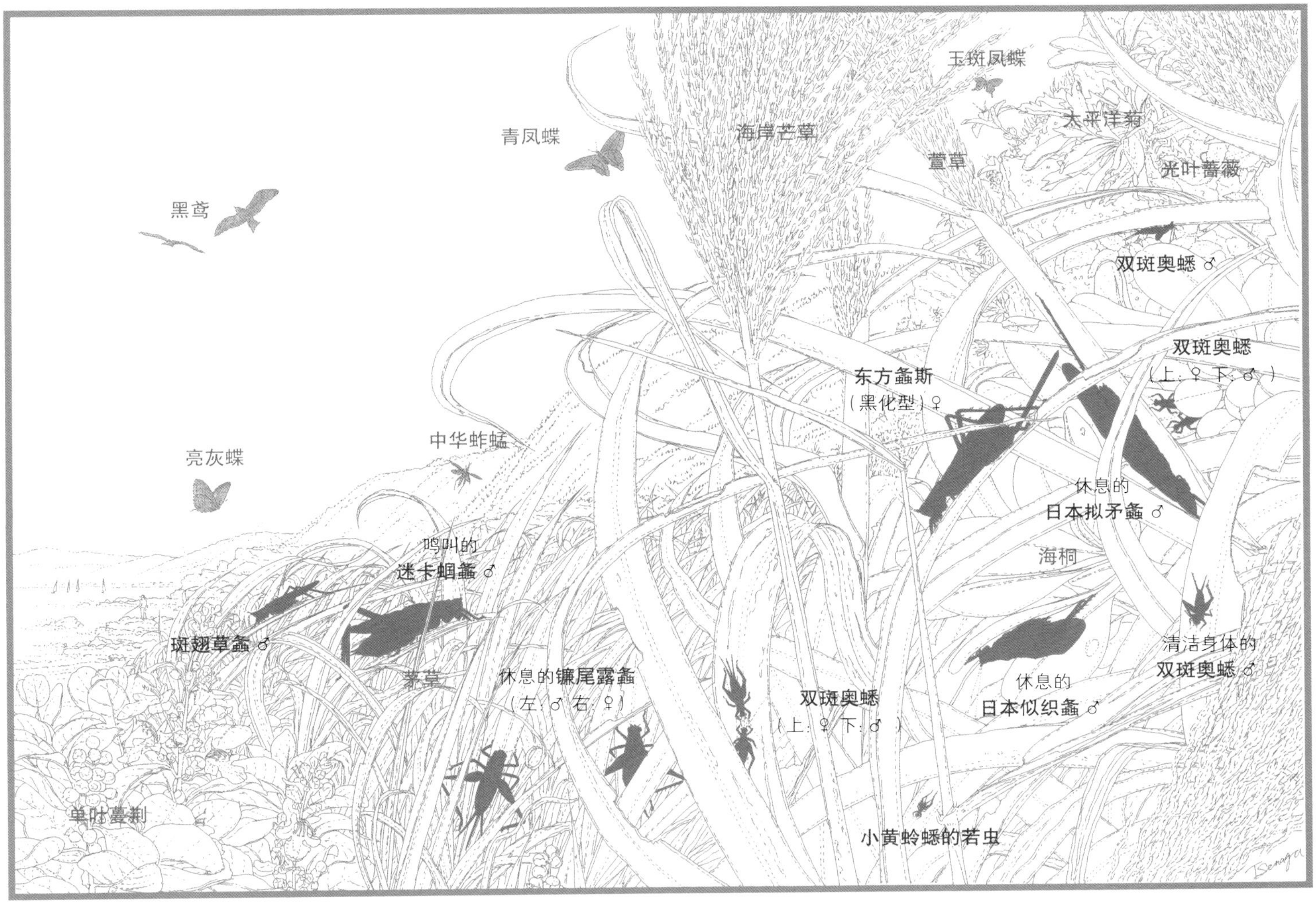

海边

面向海岸的草地，全年受海风吹拂，非常干燥，而且阳光直射强烈，夏热冬冷。
即使在这样的环境中，也有适应于此并在其中生活的蟋蟀或螽斯。
礁石滩的斜坡上长有海岸性的大型芒草，
以及鳞蟋科的双斑奥蟋。
发出“七叽七叽七叽……”的鸣叫声，若是稍离开海岸一些距离，它们就会消失得无影无踪。
在渐渐远离海浪拍打的沙滩上，从以茅草或单叶蔓荆为主的草势较低矮的草地，
到混生着海桐等小乔木的芒草丛，都能见到喜欢干燥地带的蟋蟀，
如云斑金蟋，以及东方螽斯、斑翅草螽、日本似织螽等螽斯的身影。
较高处的芒草丛中生活着小型蟋蟀——小黄蛉蟋，还有
日本拟矛螽、东方螽斯等螽斯。

山地

第2章 从夏天到秋天的草地

清爽的空气绷得紧紧的。一片寂静。
山顶的草地上有星星点点的日本蓝盆花和毛果一枝黄花，还有孔雀蛱蝶。
在色彩斑斓的山顶上，深山螽斯为这片土地点缀上小小的音色。

鸣虫有5种8只。

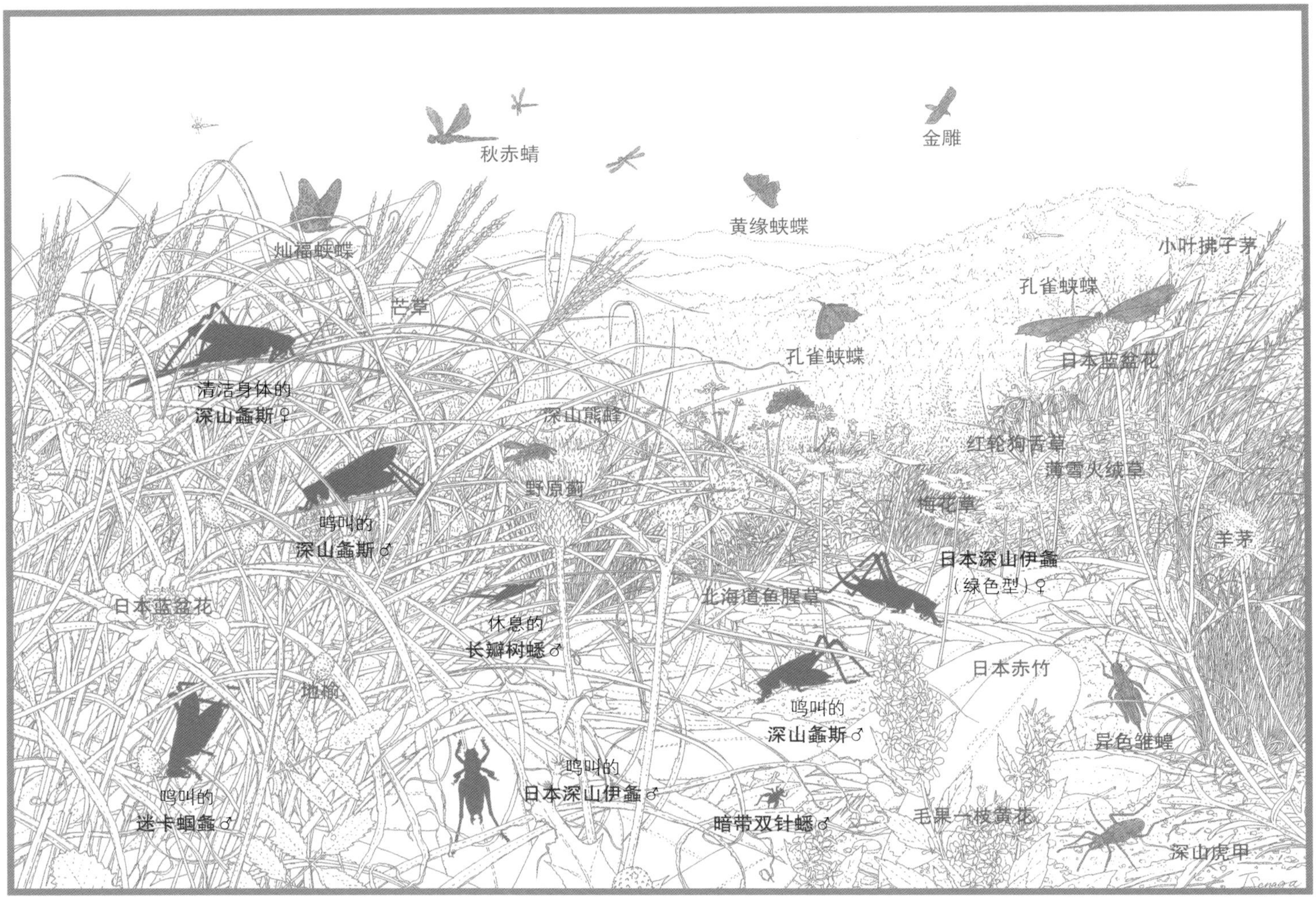

山地

在高山等风力较强的地区，山脊上的树木并不能很好地生长。在此处的草地上，或是森林砍伐后留下的草地上，
盛开着如日本蓝盆花、北海道鱼腥草、蓟属植物等各种各样的山地花卉，
另外还有孔雀蛱蝶、小豹蛱蝶类，以及深山虎甲等昆虫，
都是与山下截然不同的种类。
还有属于直翅目的耐寒的螽斯，蟋蟀则基本见不到。
从夏天到秋天，在日本中部地区海拔1 000米以上的草原上，
生活着山地性的螽斯，如深山螽斯和日本深山伊螽。
蟋蟀的同类与螽斯都生活在海拔1 500米左右的草原上；
在那里，我们可以听到暗带双针蟋和长瓣树蟋的叫声。
一种普通的暗带双针蟋常在平地出没，但据记载，它们曾在海拔高至1 670米左右的区域出现过。

从卵发育至成虫

蟋蟀及螽斯等直翅目昆虫，因为从自卵到成虫的发育阶段缺少蛹期，所以属于不完全变态昆虫。

若虫会经历从卵到孵化的过程，根据种类不同，经过5—7次的反复蜕皮后发育为成虫。

从卵孵化出来的若虫称为1龄若虫，此后经过蜕皮的若虫为2龄若虫，往后每经过一次蜕皮便加一龄，以此类推，分别为3龄若虫、4龄若虫等。

此外，1、2龄期的若虫称为低龄若虫，3、4龄期的若虫称为中龄若虫，发育至成虫之前的若虫称为终龄若虫。

也可以把终龄若虫之前的若虫叫做亚终龄若虫。最终，终龄若虫经过蜕皮发育为成虫，这个过程称为羽化。

初夏，若虫从卵中孵化，对在夏季到秋季发育为成虫的种类而言，它们大约需要两个月的时间来发育为成虫。

纺织娘♂的卵至成虫（实物大小）

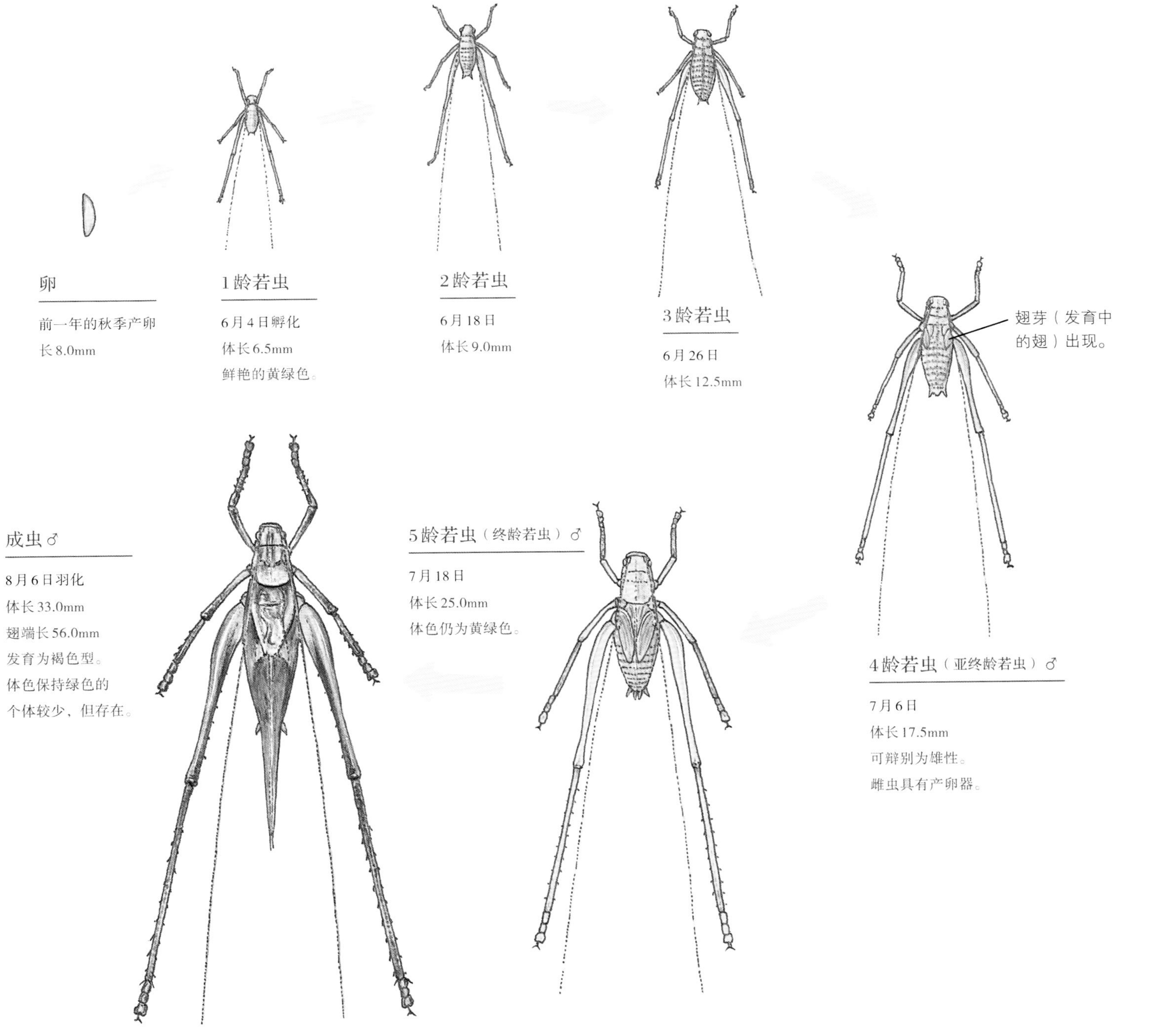

卵
前一年的秋季产卵
长8.0mm
1龄若虫
6月4日孵化
体长6.5mm
鲜艳的黄绿色。
2龄若虫
6月18日
体长9.0mm
3龄若虫
6月26日
体长12.5mm

4龄若虫（亚终龄若虫）♂
7月6日
体长17.5mm
可辩别为雄性。
雌虫具有产卵器。
5龄若虫（终龄若虫）♂
7月18日
体长25.0mm
体色仍为黄绿色。
成虫♂
8月6日羽化
体长33.0mm
翅端长56.0mm
发育为褐色型。
体色保持绿色的
个体较少，但存在。

从夏天到秋天的草地的鸣虫图鉴

东方螽斯
Tettigonia orientalis

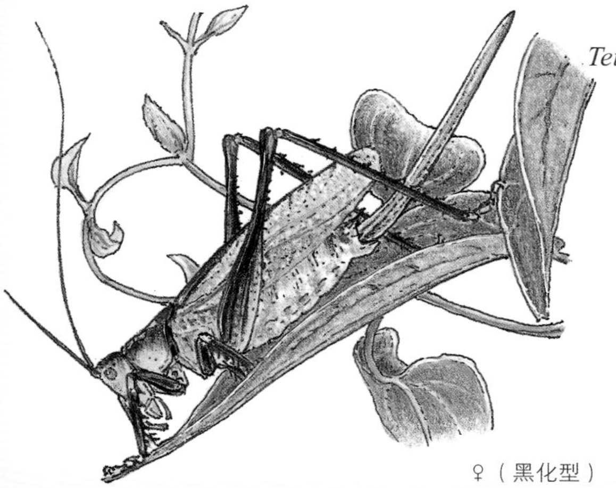

♀（黑化型）

在林边、灌木丛以及乔木林中生活，也常栖息在海岸边等草势较高的芒草丛中，是一种只需要绿色植物、对生存环境不太挑剔的生命力旺盛的昆虫。普通的个体全身绿色，也有部分个体的腿呈黑色，给人一种精悍的感觉。只有在目送它在草丛中跳着逃跑时，才会有一种它并不是东方螽斯的错觉。

螽斯科科
◆翅端长：♀ 47.0mm —58.0mm
◆成虫出现期：7月—10月（年1代）
◆分布：本州（茨城县—濑户内海沿岸）、四国
☆成虫→p.77、p.98 若虫→p.20 卵→p.128

山地螽斯
Tettigonia yama

外表基本和东方螽斯一样，但是体型略小。生活在山地中，常出没于林道沿线、田地周围、滑雪场等拥有开阔草地以及低矮灌木的地区。在乔木的树冠高处难以探见它们的身影。与东方螽斯“唧哩哩哩哩——”这样拖长了的鸣叫声相比，它的叫声短且有区间，会连续地发出“唧哩、唧哩、唧哩……”的叫声。只有通过比较两者的鸣叫，才能将它们区分开来。

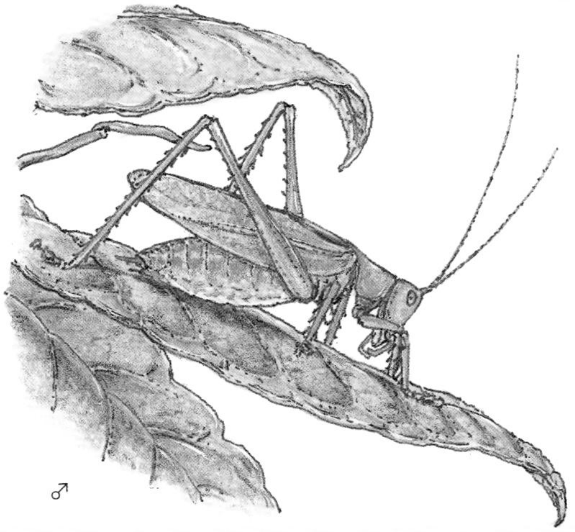

♂

螽斯科
◆翅端长：♂ 33.0mm—40.0mm
◆成虫出现期：7月—9月（年1代）
◆分布：本州（关东地区，中部—中国）

深山螽斯

Tettigonia sp.

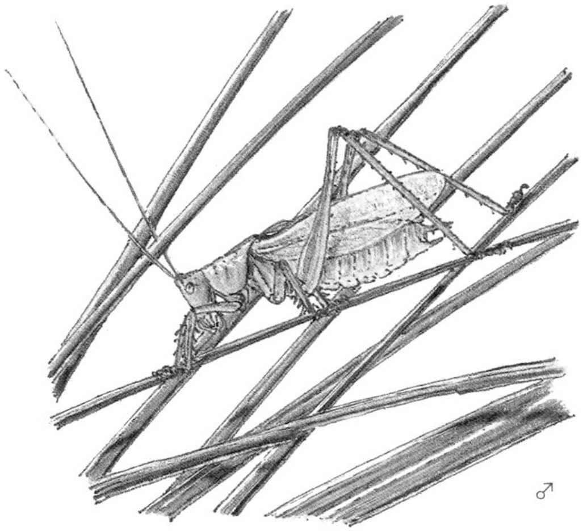

♂

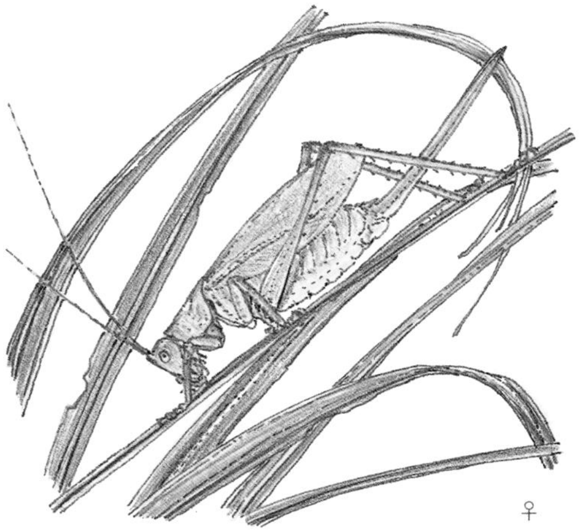

♀

也叫做雾峰螽斯。如其名字，主要出没在深山（海拔1 000m以上）之中，分布在本州中部的长野县雾峰山断层块至群马县。是螽斯属中最小的一种，因此没有给人以东方螽斯特有的凶猛感。栖息在混杂着灌木的茅草地中。雄虫不分昼夜地长时间地发出“淅哩哩哩……”或者“KiQiKiQiKiQi”的鸣叫声。在雾气缭绕的深山中听到这样的叫声，倍感寂寥。

螽斯科

◆翅端长：♂ ♀ 33.0mm—41.0mm

◆成虫出现期：8月—10月（年1代）

◆分布：本州（长野县—群马县的山区）

迷卡蝈螽

Gampsocleis mikado

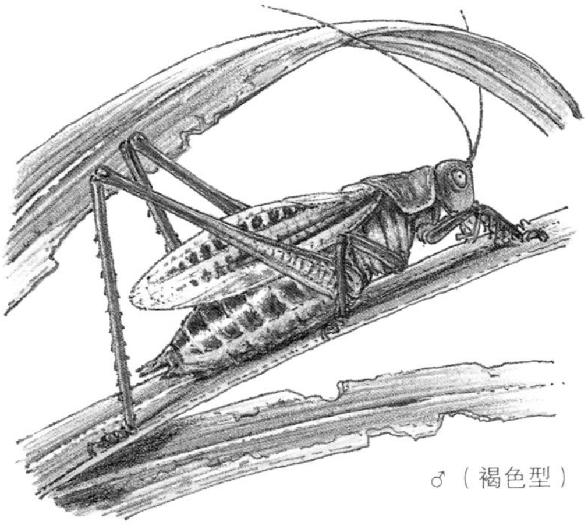

♂（褐色型）

♀（绿色型）

夏季鸣虫的代表，生活在以茅草为主的海岸边、河川的堤岸，以及耕地周围草势较高的草丛中。仿佛在享受夏季野地草丛中蒸腾而起的热气，它反复地发出我们熟悉的那种“琼、叽——嘶”的鸣叫声，让人感受到一股热烘烘的倦怠感，也让我们感慨那种捕虫少年般的乡愁。最近，以本州的兵库县、冈山县附近为界，迷卡蝈螽被分为了东日本的东部迷卡蝈螽和西日本的西部迷卡蝈螽，两者在鸣叫声以及翅的长度上有微妙的差别。

螽斯科　◆翅端长：♂ 39mm 左右　♀32.5mm左右　◆成虫出现期：7月—10月（年1代）　◆分布：本州（青森县—冈山县）　☆若虫→p.20 卵→p.128

恩氏伊螽
Eobiana engelhardti

一种黑褐色的螽斯。生活在休耕田、池沼周围的湿地中，以及山区的竹林或草地间。通常其翅不会超过腹部末端，但偶尔会出现帅气的长翅型，一眼看去会以为是东亚飞蝗的变种。以群居为主，在短翅型的群体中突然发现长翅型，总能让人觉得新奇。

螽斯科
◆翅端长：♂ 42.0mm 左右
◆成虫出现期：6月—10月（年1代）
◆分布：北海道、本州、四国、九州
☆成虫，若虫→p.21；卵→p.129

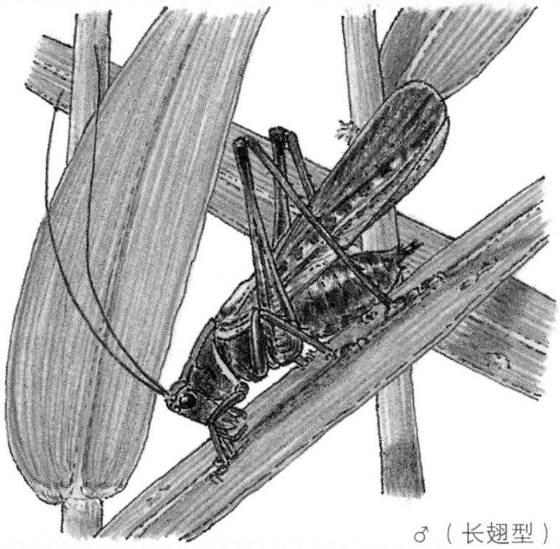

♂（长翅型）

日本伊螽
Eobiana japonica

♂

一种黑褐色的螽斯。生活在本州中部以北、靠日本海一侧的山地里，出没于茅草丛等野草繁茂的草丛中。与恩氏伊螽共生在相同的栖境中。区别在于其小声且持续地发出“叽、叽、叽……”的鸣叫声，翅端圆形，翅的颜色呈近似于橙色的深褐色。

螽斯科
◆体长：♂ 19.0mm—28.5mm
◆成虫出现期：7月—9月（年1代）
◆分布：北海道、本州（中部以北的日本海侧）

绿腹伊螽
Eobiana nagashimai

一种黑褐色的山地性螽斯，腹部底部呈现出鲜亮的黄绿色，令人印象深刻。主要生活在因雪崩而形成的斜坡上，生境以草地为主；类似地，也会出没在道路边的泥浆斜坡上。当你去捕捉它们的时候，它们像从斜坡上跌落下来一样地逃跑。雄虫会持续小声地发出“叽哩、叽哩”或“叽、叽”的叫声。

螽斯科
◆体长：♂ 19.5mm—30.0mm，♀ 21.0mm—32.0mm
◆成虫出现期：7月—9月（年1代）
◆分布：本州（山形·新潟·福岛·群马县的山区）

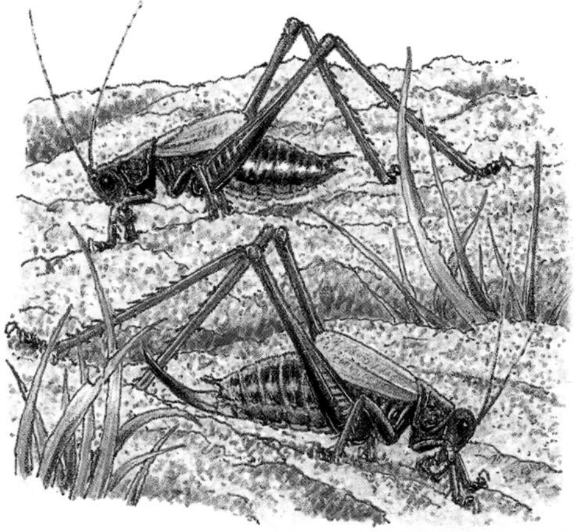

上♂　下♀

日本深山伊螽

Eobiana nippomontana

一种黑褐色的山地性螽斯，生活在海拔高度接近2 000米的山脊上，栖境为草地。雄虫会小声且连续地发出“叽哩、叽哩、叽哩……”的叫声，偶尔也发出“咻噜噜噜——”的叫声。在长有日本蓝盆花以及毛果一枝黄花的高原花田中，若是听见日本深山伊螽轻微的叫声，即使那只是单纯的鸣叫声，也会因为高原上鸣虫不多，一不小心便沉醉其中。

螽斯科
◆体长：♂ 16.5mm—22.0mm，♀ 20.0mm—29.0mm
◆成虫出现期：8月—10月（年1代）
◆分布：本州（东北—中部的内陆山区）

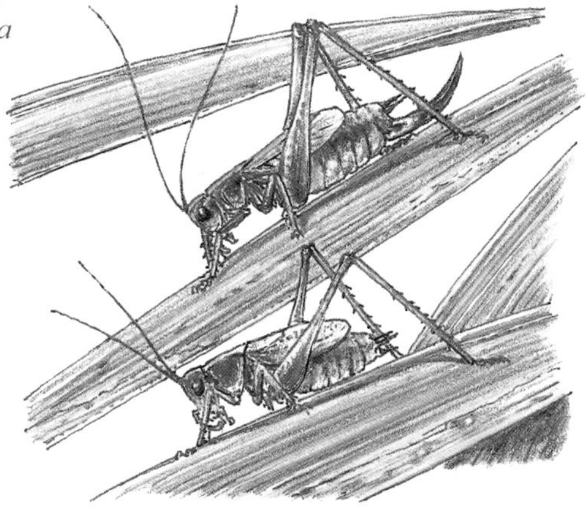

上♀（绿色型）　下♂（褐色形）

邦内特姬螽

Chizuella bonneti

♂

一种黑褐色的螽斯，翅很短，乍一看以为是若虫。栖息在开阔的草地以及光线充足的树林边，但常常被发现在草根附近鸣叫。持续地发出很轻的“嘁哩、嘁哩、嘁哩……”的鸣叫声，不易被听到。当许多个体以不同节拍一起鸣叫时，那种抑扬顿挫的感觉令人印象深刻。

螽斯科
◆体长：♂ 15.0mm—27.0mm
◆成虫出现期：6月—9月（年1代）
◆分布：北海道、本州、四国、九州
☆成虫→p.99 若虫→p.21 卵→p.129

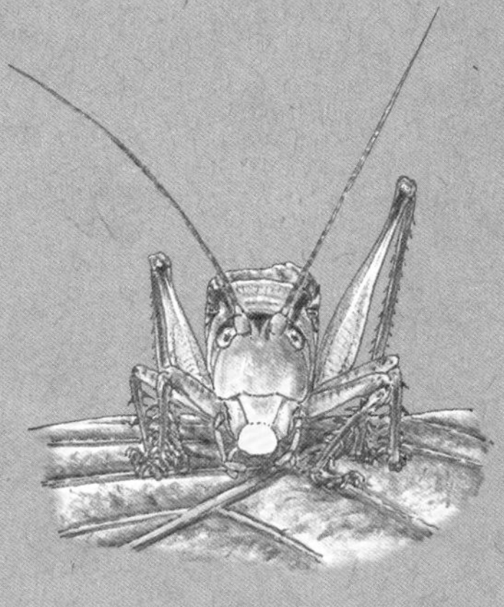

日本拟矛螽

Pseudorhynchus japonicus

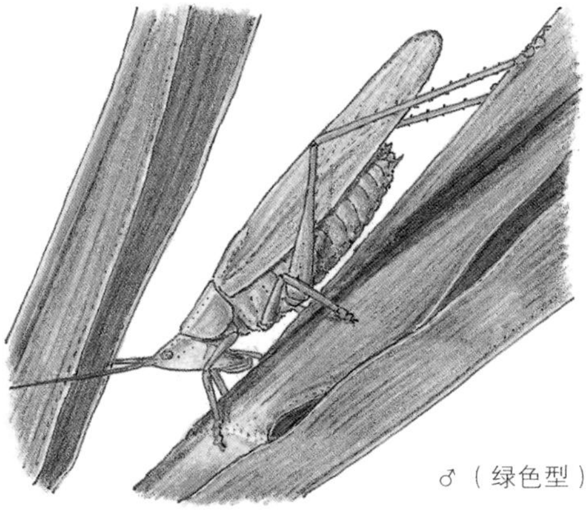

♂（绿色型）

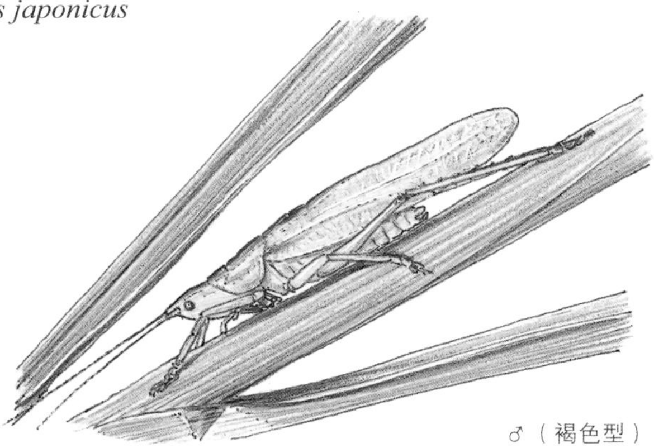

♂（褐色型）

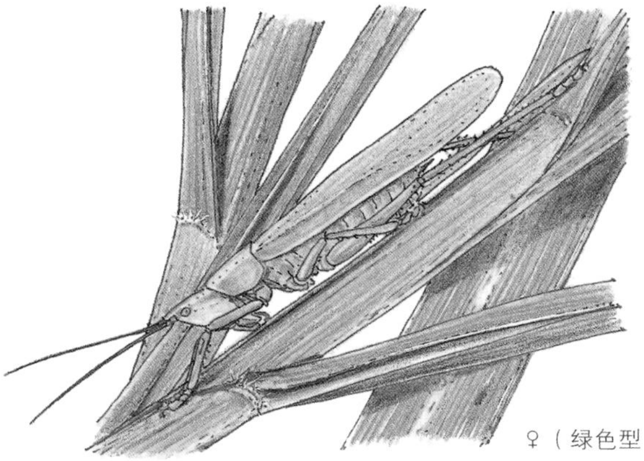

♀（绿色型）

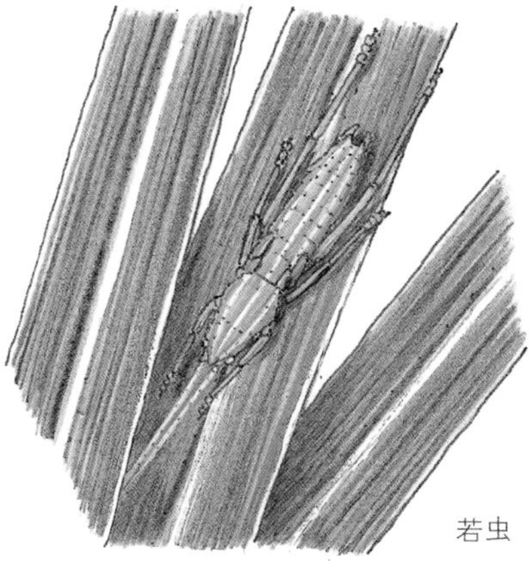

若虫

全日本最声势浩大的鸣虫。栖息在海岸边以及河堤上茂密的茅草或芦苇丛中。从傍晚开始活动，雄虫经常一边鸣叫一边到处活动。鸣叫声也极为响亮，会持续地发出单调的“加——”的叫声。若是站在边上听它叫唤，会感到头皮发麻。就算抓住了它，有些个体仍然不会停止鸣叫。若虫阶段就非常强势，从1龄若虫开始就给人十分威严的感觉。与其他的拟矛螽相比，其后足更短，体型更胖，背部的三条白线非常显眼。

螽斯科

◆翅端长：♂ 60.0mm—67.0mm，♀ 63.0mm—77.0mm

◆成虫出现期：7月—9月（年1代）

◆分布：北海道、本州（新潟•茨城县以西）、四国、九州

☆卵→p.129

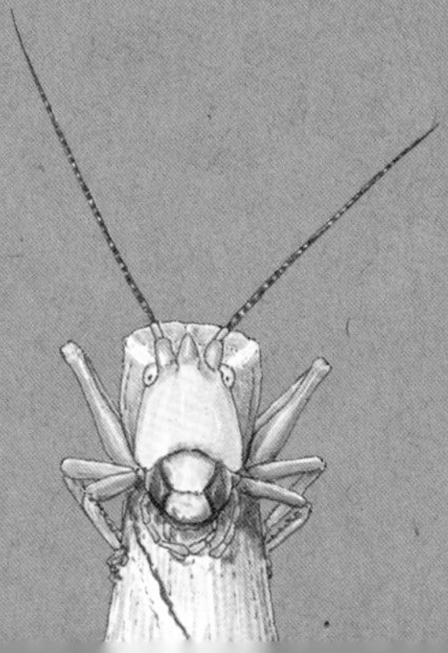

黑胫钩额螽

Ruspolia lineosa

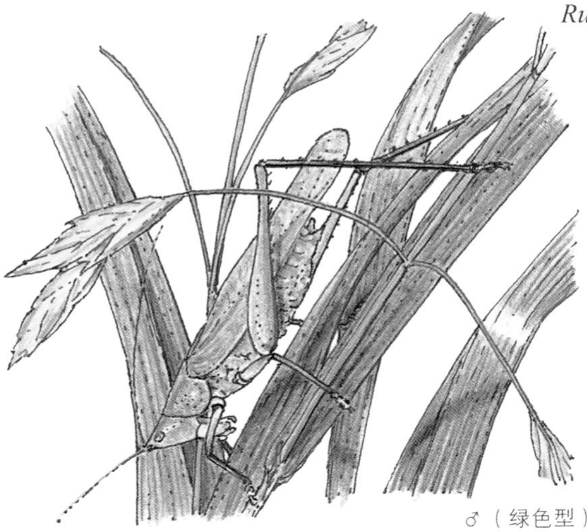

♂（绿色型）

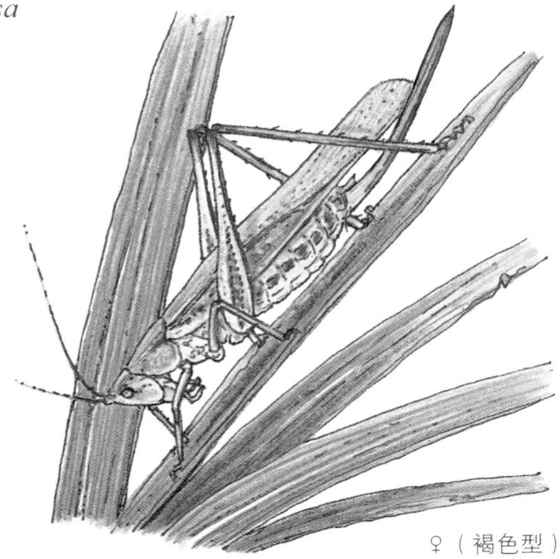

♀（褐色型）

生活在水田或旱田等草势较低、禾本科植物较多的草地上。外形与杂色优草螽很像，但是头部前端并非呈尖锐的形状，而带有圆弧。在杂色优草螽已经完全消失的夏天它们出现了。与杂色优草螽一样，这种有绿色型、淡褐色型和深褐色型，还有介于绿色以及褐色之间的橄榄绿色个体。有一种冲动驱使着我，想将它们都收集排列起来，去感受这富有变化的自然之美。它们夜间活动，雄虫会持续地发出“叽——”的叫声，单调得让你不知道是从哪里发出的声音。

螽斯科

◆翅端长：♂ 37.0mm—45.0mm，♀ 46.0mm—47.0mm

◆成虫出现期：8月—11月（年1代）

◆分布：本州（新潟•宫城县以西）、四国、九州

☆若虫→p.22 卵→p.130

疑钩额螽

Ruspolia dubia

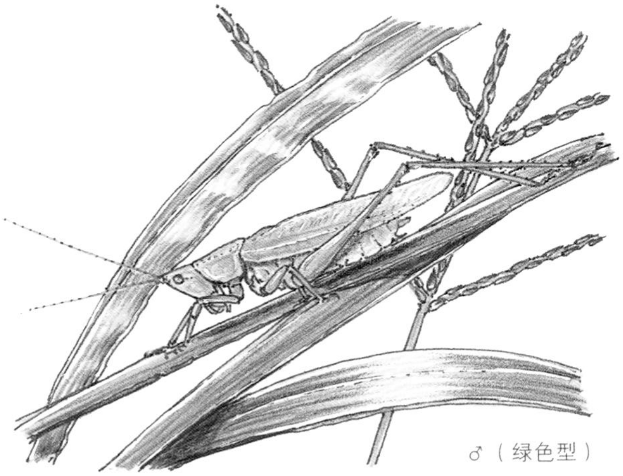

♂（绿色型）

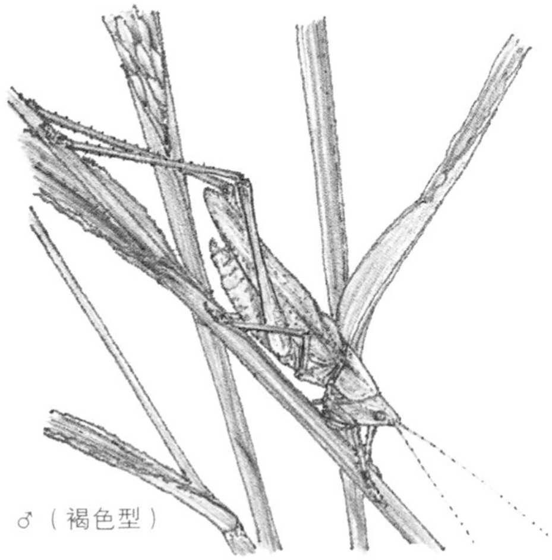

♂（褐色型）

与黑胫钩额螽非常相似，仅凭翅端尖锐的形状这一微小的差异来区分。与黑胫钩额螽一样，有绿色型和褐色型，也有介于两者之间的中间体色个体。分布在西日本的山区和东日本，寒冷地区的个体数量居多。生活在水旱田的周围与林道的斜坡面等禾本科植物较多的草地上。夜间活动，和黑胫钩额螽一样持续地发出单调的“叽——”或者“嘁——”的叫声，但声音稍弱于黑胫钩额螽。同样也很难发现其鸣叫时所处的位置。

螽斯科

◆翅端长：♂ 32.0mm—42.0mm

◆成虫出现期：8月—11月（年1代）

◆分布：北海道、本州、四国、九州

大钩额螽

Ruspolia sp.

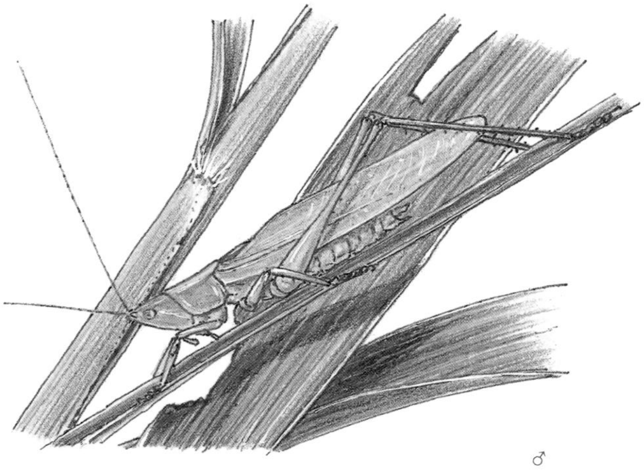

♂

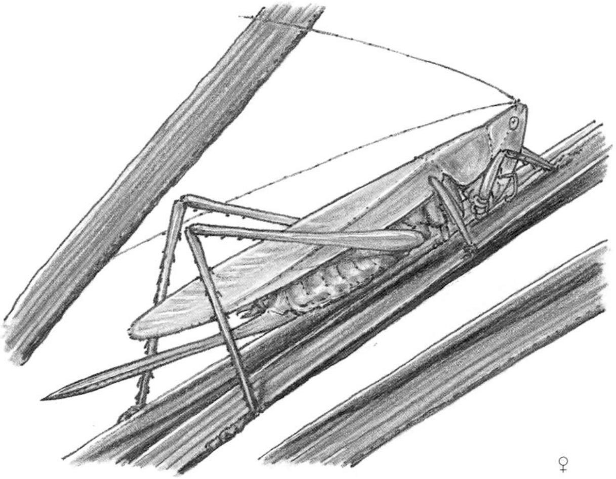

♀

这种螽斯仅分布在日本的局部地区，如关东地区利根川的河岸或霞浦湖周边的芦苇荡、千叶县东部的水田地区、新潟县的平野部和九州北部。外观与黑胫钩额螽相似，但整体个头更大。有绿色型与褐色型。夜间活动，雄虫的叫声分为“咻噜噜噜噜……”“切嘁切嘁”或者“Piu、Piu……”三种。对无论如何都只发出单调叫声的钩额螽属而言，它的鸣叫声可算得上是优美动听了。但若是把它们饲养起来，再去聆听其鸣叫的话，就会觉得比较吵闹了。

螽斯科
◆翅端长：♂ 38.0mm—53.0mm，♀ 47.0mm—62.0mm
◆成虫出现期：8月—9月（年1代）
◆分布：本州（新潟县、关东地方）、九州（北部）

杂色优草螽的若虫

Euconocephalus varius

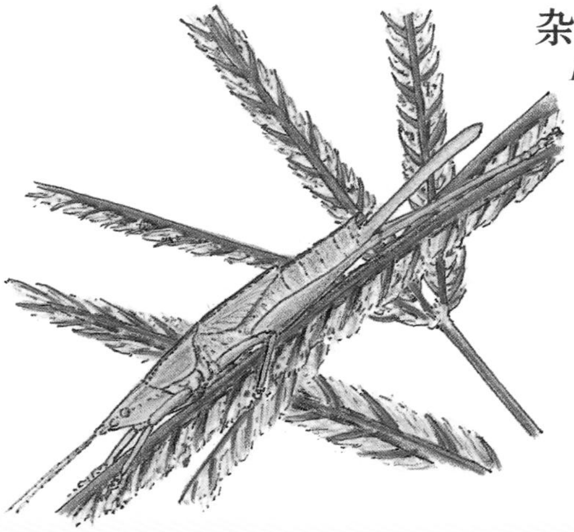

从春天到初夏活动的成虫产下了卵，若虫会于夏天孵化出来。虽然和黑胫钩额螽很类似，但钩额螽在夏天和秋天为成虫，而此时的黑胫钩额螽则以若虫形态出现，可以以此来分辨。在黑胫钩额螽的个体数量越来越少的时候，杂色优草螽会成长为成虫，并以此越冬。越冬后，一般于春天开始鸣叫，但偶尔也会出现在深秋鸣叫的个体。

螽斯科
◆成虫出现期：10月—6月（年1代，成虫越冬）
◆分布：北海道、本州、四国、九州
☆成虫→p.23、p.130

斑翅草螽

Conocephalus maculatus

上♂（绿色型） 下♀（褐色型）

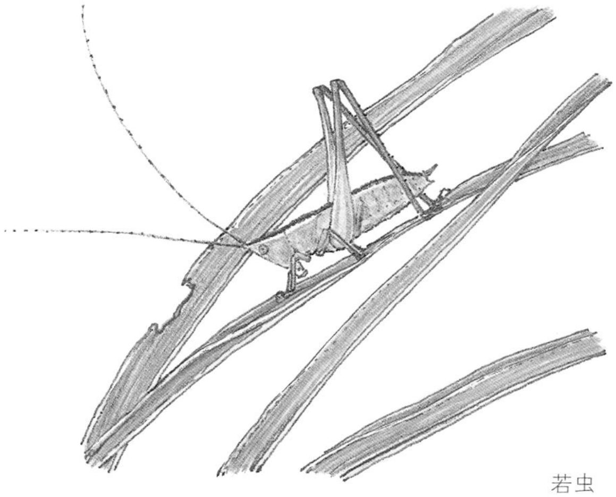

若虫

虽然很像中华草螽，但是其粗壮的翅上排列着黑褐色的斑纹。生活在公园的草坪广场、操场的角落以及空地等禾本科植物较多且草木高度及膝的干燥草地上。这些草地荒芜之后，与长额负蝗和中华剑角蝗一同从草丛中跳出来的小型螽斯，就是斑翅草螽与中华草螽。雄虫发出带有金属质感的“嘻哩哩哩嘻哩哩哩”的叫声，但是声音细小，并不引人注意。若虫孵化时体色为绿色，发育为成虫后体色多转为褐色。

螽斯科

◆翅端长：♂ 21.0mm—27.0mm，♀ 16.0mm—27.0mm

◆成虫出现期：8月—11月（年1代，西日本地区年2代）

◆分布：本州、四国、九州

☆卵→p.131

中华草螽

Conocephalus chinensis

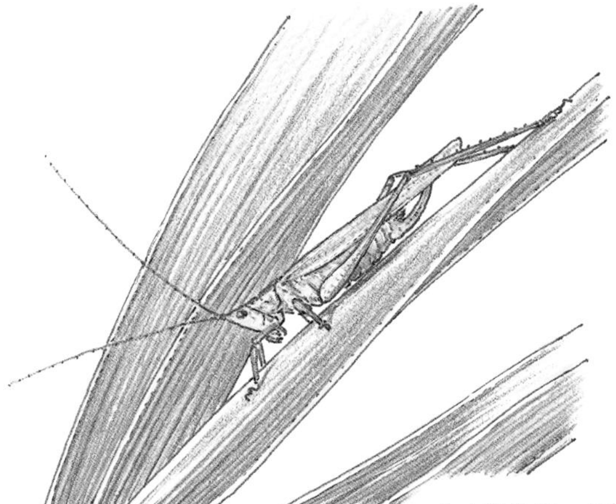

♀（褐色型，长翅型）

虽然有绿色型和褐色型两种，但与相似的斑翅草螽来比，其褐色型个体非常少见。此外还有长翅型个体。在密集的饲养环境下，长翅型个体比较容易出现。通过对中华草螽的研究，人们首次了解到草螽属中存在绿色型和褐色型的分别，以及翅长多变的种类。雌虫会将产卵器插入升马塘等禾本科植物的叶鞘中产卵。

螽斯科

◆翅端长：♀ 28.0mm—34.0mm

◆成虫出现期：6月—7月，9月—11月（年2代，寒冷地区年1代）

◆分布：北海道、本州、四国、九州　☆成虫→p.23 卵→p.131

长瓣草螽

Conocephalus gladiatus

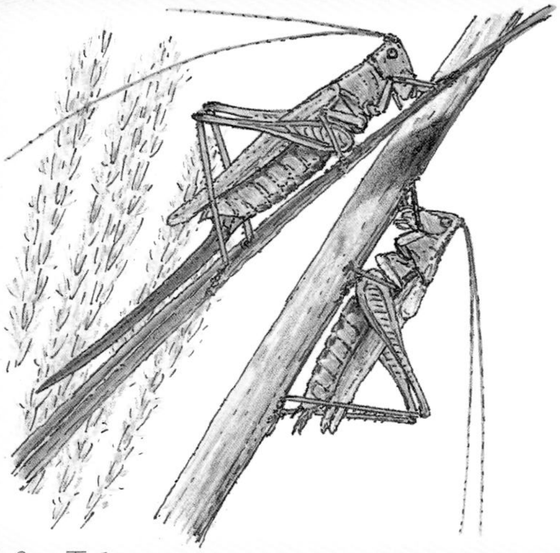

上♀　下♂

与草螽属的其他种类相比，长瓣草螽的体型大而健壮。逃跑时并非敏捷地飞走，而是窘迫地跌进草丛底部逃跑。生活在草势略高的白茅或芒草丛中。雄虫鼓动燥热的空气，发出单调而持续的“叽哩、叽哩……”的叫声。就像是为了让人们想象出她产卵时的帅气形象，雌虫有着醒目的红色超长产卵器。

螽斯科
- ◆翅端长：♂ 20.0mm—26.0mm ♀ 24.0mm—30.0mm
- ◆成虫出现期：8月—10月（年1代）
- ◆分布：本州、四国、九州
- ☆卵→p.131

日本草螽

Conocephalus japonicus

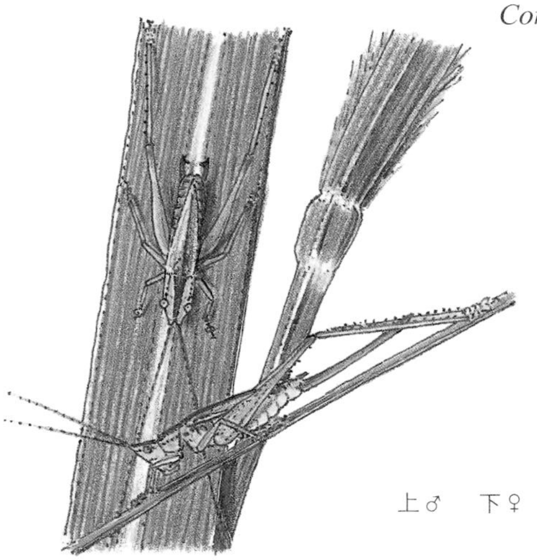

上♂　下♀

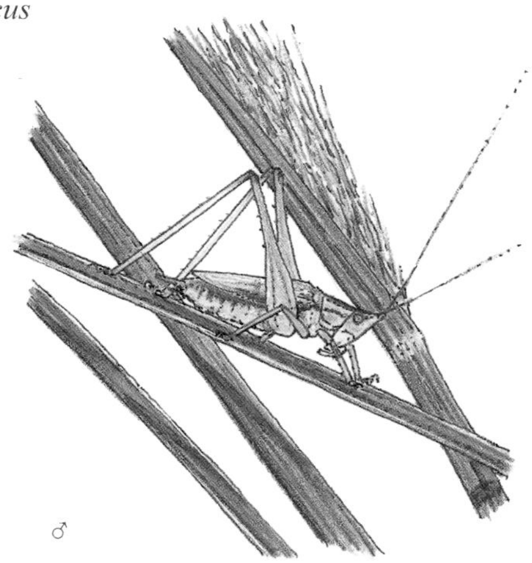

♂

这种螽斯的形态与中华草螽相似，但腹部末端呈橙黄色。如其名字一样[1]，翅短，不超过腹部末端。生活在芦苇丛或水田周围的湿地中。雄虫间隔地发出“淅哩哩、淅哩哩……”的鸣叫声，与中华草螽相比声音更小，因此也不引人注意。雌虫的产卵器很长，与长瓣草螽的相似。偶尔会出现长翅型，容易与中华草螽混淆。秋末，能听到从收割完的稻田田埂上传来的弱弱的鸣叫声，不禁感慨，万物繁茂的季节就要过去了。

螽斯科
- ◆体长：♂ ♀ 13.0mm—20.0mm
- ◆翅端长（长翅型）：♂ 25.0mm
- ◆成虫出现期：8月—11月（年1代）
- ◆分布：北海道、本州、四国、九州

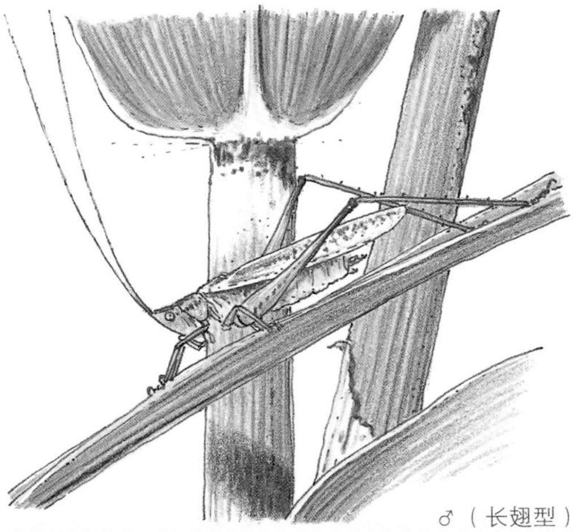

♂（长翅型）

① 日语直译名称为短翅草螽。——译者注

日本似织螽

Hexacentrus japonicus

与晴山似织螽非常相似。但是有三点明显的不同：①其生境分布在沿海岸的草地、广阔田地的田埂或土堤等开阔的草地上；②其鸣叫声为“呷、巧呷、巧呷、巧”；③其鸣叫的节奏较快。夜间活动，白天静静地潜伏在叶子的背面。与东方螽斯一样，是凶猛的肉食性昆虫，能够捕食小型昆虫。

螽斯科
◆翅端长：♂ 50.0mm 左右
◆成虫出现期：8月—10月（年1代）
◆分布：本州（山形县以西）、四国、九州

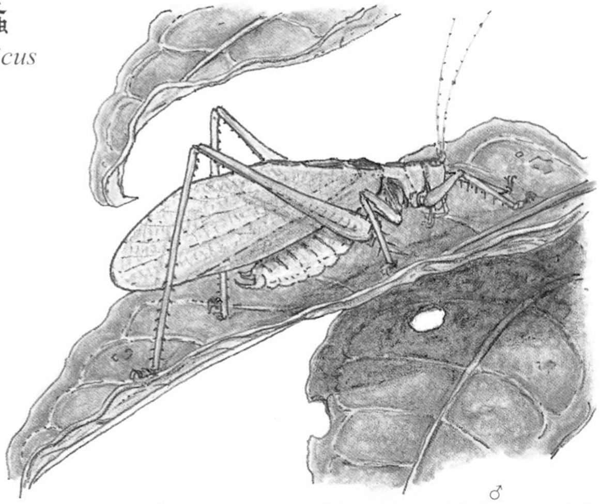

♂

纺织娘

Mecopoda elongata

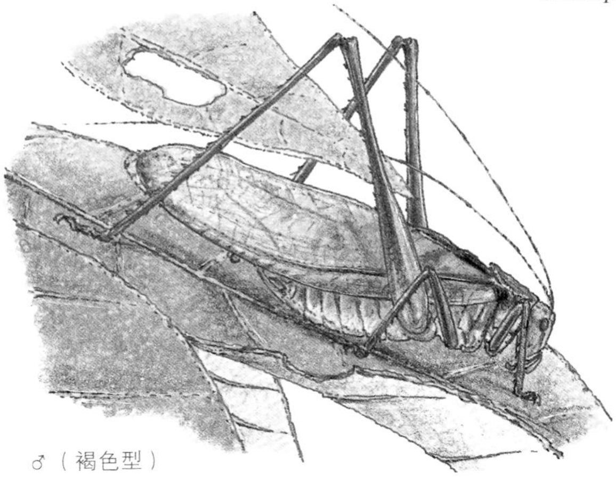

♂（褐色型）

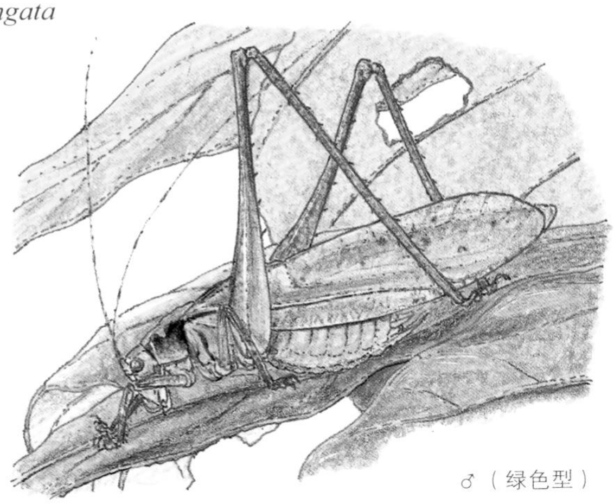

♂（绿色型）

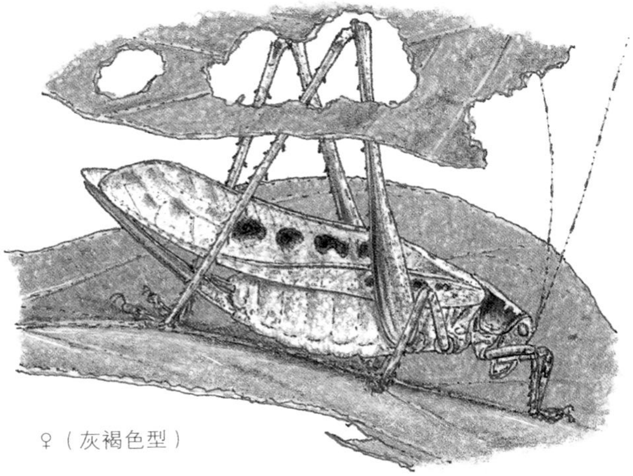

♀（灰褐色型）

一种翅细长、体型苗条的中型螽斯。生活在海岸附近以葛草为主的繁茂草地上。雄虫的鸣叫，一开始就像是上紧了的发条，发出“叽——叽——叽——”的声音，之后又像是渐渐松开的发条，发出“啾噜噜噜——叽——”的鸣叫声。虽然这样像蚜虫的声音有些吵，但若在涌来的音浪中听到许多交叠在一起的鸣叫声，就会有一种痛快淋漓的感觉。当纺织娘属昆虫开始鸣叫后，它们对于外界的刺激会比较迟钝，但这种纺织娘却相对敏感，会立即停止鸣叫，飞着逃走。

螽斯科
◆翅端长：♂ 50.0mm—75.0mm
◆成虫出现期：8月—10月（年1代）
◆分布：本州（静冈县以西的太平洋沿岸）、四国、九州

镰尾露螽

Phaneroptera falcata

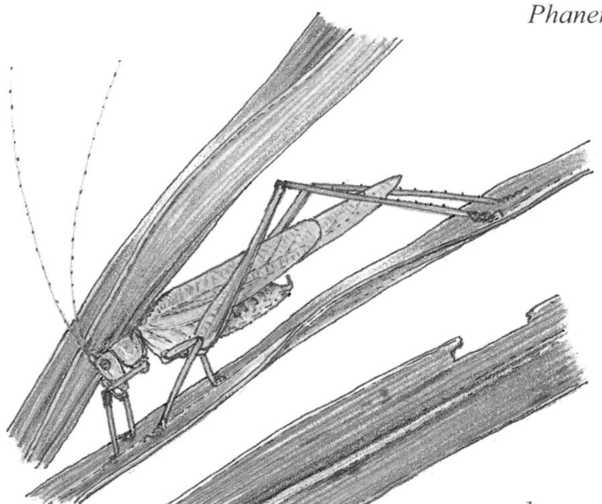

♂

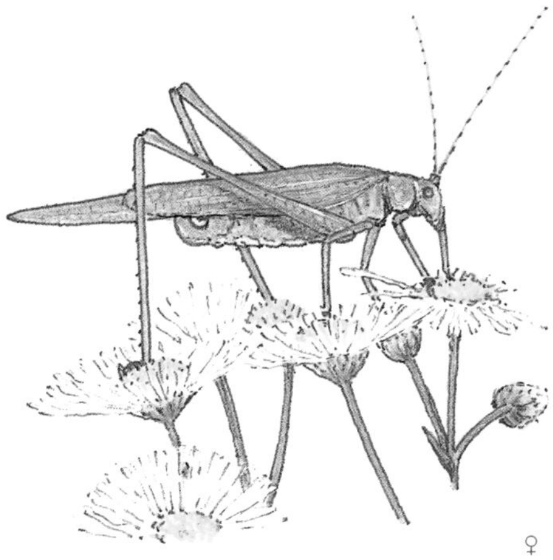

♀

露螽属中体型最苗条的，给人以柔弱的印象。在开阔的荒地或空地等草势较高的草地上或水边的草地上生活。白天静静地趴在草上，感到危险时却只能勉强地飞到不远处。夜间活动，食用各种草本的花与叶。会优雅从容地迈着长腿移动，也会以飞代走。雄虫的鸣叫声很轻弱，开始时会发出“噗次嗯、噗次嗯……”的声音，随后渐强，变成“唧唧唧……”的复杂叫声。不用心去听的话很难加以辨别。

螽斯科
◆体长：♂ ♀ 29.0mm—37.0mm
◆成虫出现期：6月—7月，9月—11月（年2代，寒冷地区年1代）
◆分布：北海道、本州、四国、九州
☆卵→p.24 卵→p.133

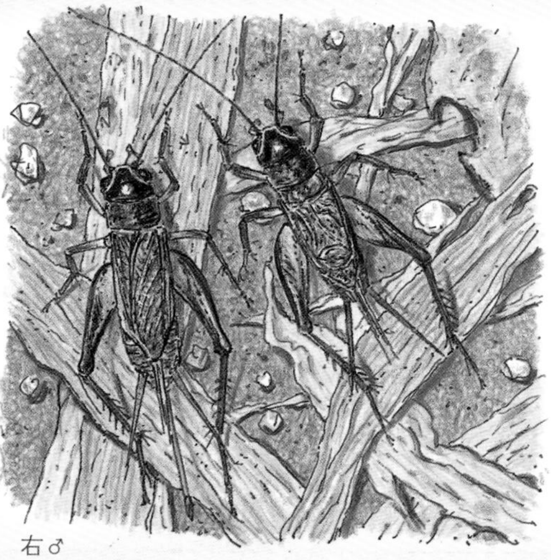

左♀　右♂

黄脸油葫芦

Teleogryllus emma

生活在水旱田周围，以及野地等草势较低的草地上。大型蟋蟀。雄虫昼夜都鸣叫，唱着“空咯空咯、空咯空咯、哩——”的小曲儿，顺畅地流淌出来，不绝于耳。在蟋蟀和螽斯中，它的叫声最有特点，是一种富有美妙情绪的鸣叫声，是田园天籁中不可缺少的虫音。

蟋蟀科
◆体长：♂ 29.6mm—34.2mm ♀ 29.0mm—34.4mm
◆成虫出现期：8月—10月（年1代）
◆分布：北海道、本州、四国、九州
☆成虫→p.78 若虫→p.24 卵→p.134

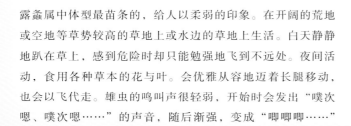

黑脸油葫芦

Teleogryllus occipitalis

最北分布至三重县的志摩半岛，沿海分布的热带型油葫芦。近年开始向大阪湾北部扩散，也曾出没在大阪南部填埋地的草地上。与黄脸油葫芦之间存在地理隔离的倾向。因为鸣叫时所处的环境很逼仄，所以常令人觉得诧异。在预感到危险的时候并不用跳，而是会飞着逃跑。

蟋蟀科

◆体长：♀ 27.2mm—30.9mm

◆成虫出现期：5月—7月，9月—10月（年2代，若虫越冬）

◆分布：本州（三重县以西）、四国、九州

☆成虫→p.25

♀

小素蟋

Mitius minor

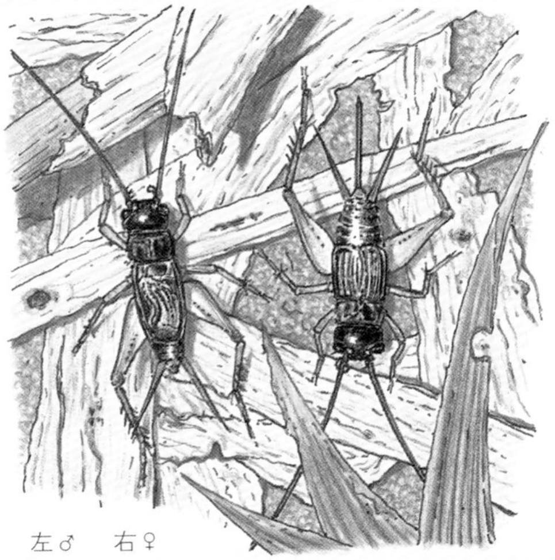

左♂　右♀

一种拥有醒目的橙色足的中型蟋蟀。生活在水田的田埂或湿地等地区，潜伏在草的根部，或在地表挖掘的浅穴中。夜间活动，雄虫会持续地发出有间隔的“啾哩、啾哩、啾哩……”的叫声。虽然叫声并不醒目而且容易漏听，但当许多个体同时交替鸣叫的时候，也能像叽叽喳喳的麻雀那样热闹。

蟋蟀科

◆体长：♂ 11.6mm—12.0mm ♀ 12.2mm—13.0mm

◆成虫出现期：8月—10月（年1代）

◆分布：本州、四国、九州

☆卵→p.134

日本松岭蟋的若虫

Comidoblemmus nipponensis

体型大小介于平原棺头蟋那样的中型蟋蟀与暗带双针蟋那样的小型蟋蟀之间。发育为成虫的雄性个体的头部较小，翅近似梯形，是一种非常迷人的蟋蟀。生活在林边或者河边土堤等草丛茂密的草地上。潜伏在草的根部或于地表挖掘的浅洞里。若虫全身有浓淡相间的条纹，与蟋蟀属的其他若虫相比，其特征独一无二。

蟋蟀科

◆成虫出现期：8月—10月（年1代）

◆分布：本州、四国、九州

☆成虫→p.111

平原棺头蟋

Loxoblemmus campestris

一种面部呈独特扁平状的中型蟋蟀。与森林棺头蟋和小棺头蟋相似，通过翅型的差异等细节来区分。生活在田地周围等开阔的、草势较低的草地上。缓缓地发出四声“哩、哩、哩、哩”，或者五声一小节的“哩、哩、哩、哩、哩”声。在晚秋的傍晚听到这样的声音，倍感寂寥。

蟋蟀科
◆体长：♂ 14.8mm—15.5mm
◆成虫出现期：8月—10月（年1代）
◆分布：北海道、本州、四国、九州
☆卵→p.135

小棺头蟋

Loxoblemmus aomoriensis

此种与森林棺头蟋和平原棺头蟋非常相似，可以通过它略小的个头、偏黑的体色与翅的形状等细节来区分，只有小棺头蟋雄虫的面部呈扁平状；而这三种的雌虫则非常难以辨别。小棺头蟋习性偏山地性，生活在草势低矮的湿地中。鸣叫声也与平原棺头蟋及森林棺头蟋相似，但较为缓慢。

蟋蟀科
◆体长：♂ 11.9mm—13.1mm
◆成虫出现期：8月—10月（年1代）
◆分布：北海道、本州、四国、九州

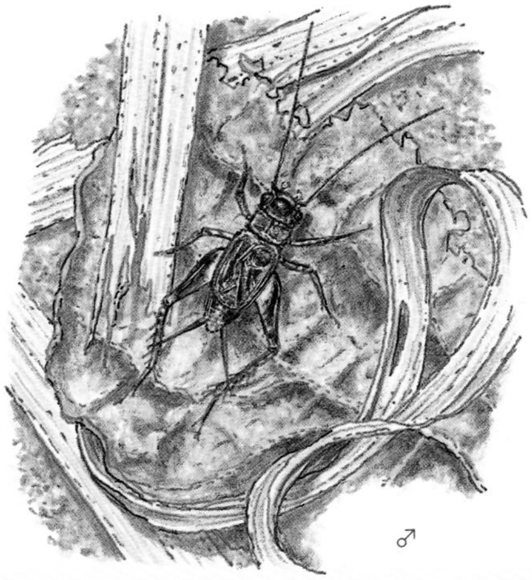

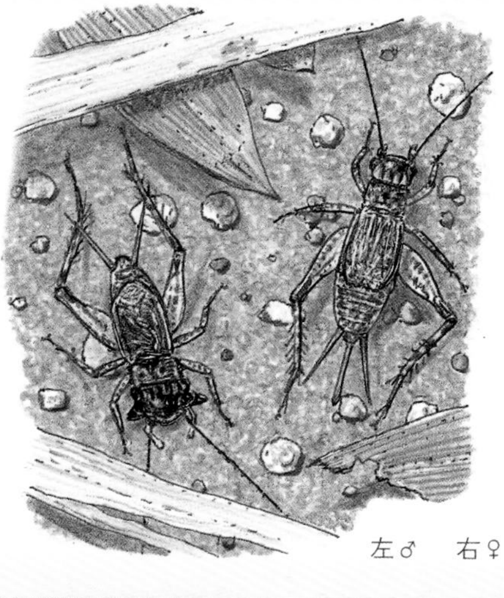

多伊棺头蟋

Loxoblemmus doenitzi

这种蟋蟀的雄虫头上像长了角一样，是一种姿态独特的中型蟋蟀。在柑橘等果园以及田地周围非常醒目，生活在干燥且草势较低的草地上。雄虫主要在夜晚鸣叫，发出“叽、叽、叽、叽、叽……”或者“嘁、嘁、嘁、嘁、嘁”的叫声。每小节6、7声，会用强拍持续鸣叫。雌虫的形态与平原棺头蟋相似，但是体型更大。

左♂　右♀

蟋蟀科
◆体长：♂ 18.4mm—20.1mm，♀ 16.1mm—22.0mm
◆成虫出现期：8月—10月（年1代）
◆分布：本州、四国、九州
☆若虫→p.25

大平原棺头蟋

Loxoblemmus magnatus

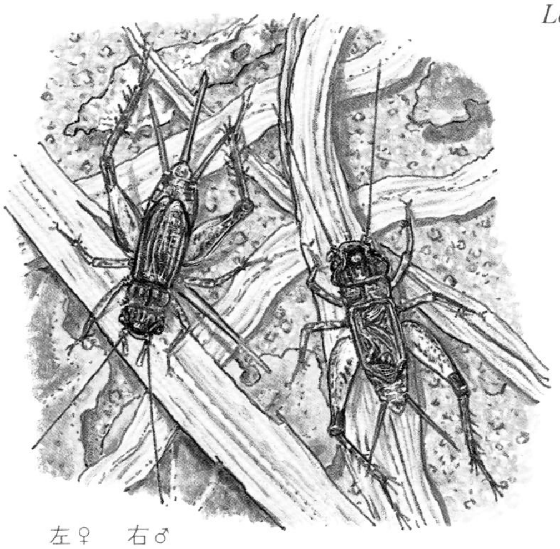

左♀　右♂

♂（长翅型）

一种大型的平原棺头蟋，分布在日本国内的局部地区。生活在田地周围干燥且草势较低的草地上，并且其栖息地只限在狭小的范围内。雄虫发出“噜、噜、噜、噜、噜”的鸣叫声，虽然与多伊棺头蟋的叫声相似，但声音更低沉、圆润以及沉着。在一定距离外，当许多个体同时交替着鸣叫起来时，鸣叫声高高低低，仿佛施氏树蛙的合唱。有时也被认为是稀有种，它们的鸣叫声有着让你沉浸其中的魅力。雌虫与多伊棺头蟋相似，但产卵器相对较长。

蟋蟀科

◆体长：♂ 17.5mm—20.7mm，♀ 17.5mm—20.0mm
◆翅端长（长翅型）：♂ 27.0mm
◆成虫出现期：8月—10月（年1代）
◆分布：本州、四国、九州

长颚斗蟋

Velarifictorus asperses

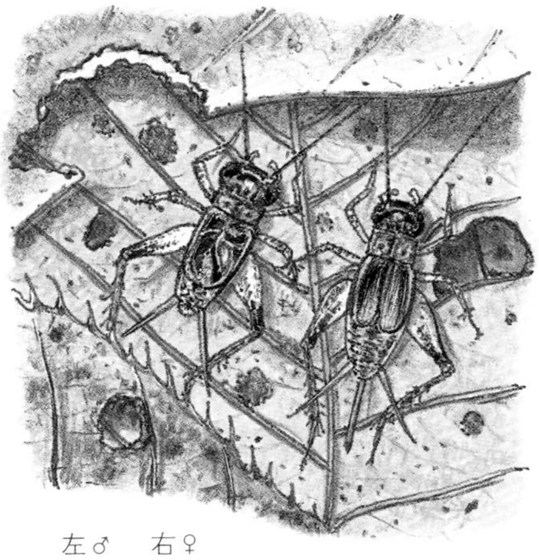

左♂　右♀

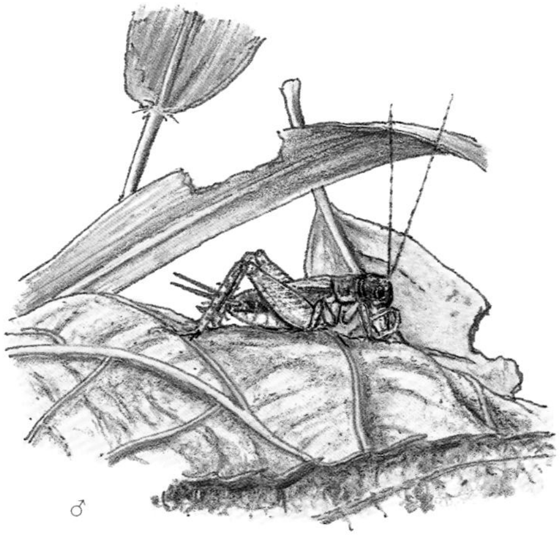

♂

一种与迷卡斗蟋相似的中型蟋蟀。雄虫的头部巨大，下颚如其名字一样，纵向生长而且巨大。分布地为静冈县的浜松市附近，直到西日本丘陵地带的局部地区。生活在草势低矮的草地或是路边的草地中。主要夜间活动，雄虫的鸣叫不同于其他蟋蟀“哩、哩、哩”的叫声，而是较为柔和、缓慢的“喊哩、喊哩、喊哩、喊哩”的叫声，十分温柔。雌虫与多伊棺头蟋相似，但产卵器相对较短。

蟋蟀科

◆体长：♂ 17.0mm左右，♀ 18.2mm—19.0mm
◆成虫出现期：8月—10月（年1代）
◆分布：本州（静冈县以西）、四国、九州

迷卡斗蟋

Velarigictorus micado

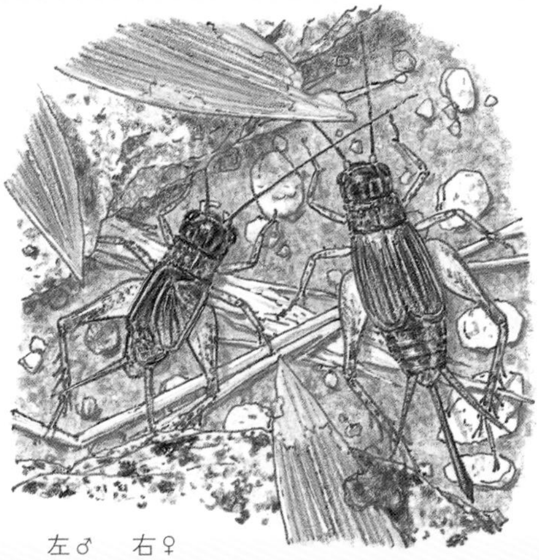

左♂　右♀

多出没于耕地周围、住宅的院子里、空地等人类生活区域附近。特别喜好在能使鸣叫声发出回响的地方活动，因此也会进到建筑物内部。雄虫于夜间长时间、持续地发出有明确间隔的“哩、哩、哩、哩……”的叫声。白天若是和雌虫在一起，雄虫多会反复、小声地发出“吸叽、啾——”的叫声，能让人感受到秋天的时光正在平静而安详地流逝。

蟋蟀科

◆体长：♂ 15.5mm—20.0mm，♀ 16.2mm—25.0mm

◆成虫出现期：8月—11月（年1代）

◆分布：北海道（有温泉的地区）、本州、四国、九州

☆成虫→p.78 卵→p.135

刻点铁蟋

Sclerogryllus punctatus

左♀　右♂

生活在田地周围的草地以及树林边的草丛中。特征是触角的一部分呈白色，足呈橙色。夜间活动，雄虫首先缓慢地发出“咻咻咻……”的叫声，紧接着，短暂地发出“溜——”的叫声，然后戛然而止。虽然音调很高，但其美妙的声音不会让你感到烦躁。当许多个体此起彼伏地鸣叫时，好似幻想曲一般。

蟋蟀科

◆体长：♂ 11.0mm—12.1mm，♀ 11.8mm

◆成虫出现期：8月—10月（年1代）

◆分布：本州、四国、九州

☆卵→p.135

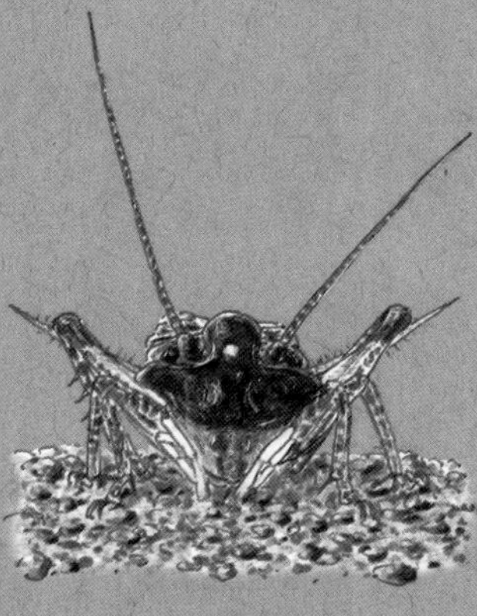

云斑金蟋

Xenogryllus marmoratus

♂

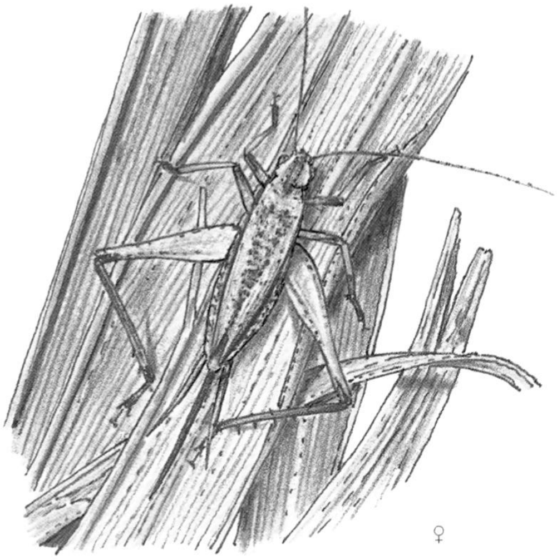

♀

生活在河川的土堤、沿海岸边等地，主要喜好芒草或茅草茂密、草势低矮并且干燥的草地。白天静静地趴在茎叶上，夜间活动。以昆虫的尸体、葛以及鸭跖草等草本植物的叶为食。动作虽然缓慢，但是跳跃非常有力，觉察到危险时就会猛地向上跳。雄虫的鸣叫声对我们来说非常熟悉，可以听见诸如“喊、喊哩——喊、喊哩——喊、喊哩”的叫声。这种声音在野外听起来很爽快，若是在室内饲养的话，那种持续高亢而尖锐的鸣叫就会显得有点儿吵闹了。

蛞蟋科
◆体长：♂ 21.3mm—24.0mm，♀ 18.5mm—22.0mm
◆成虫出现期：8月—10月（年1代）
◆分布：本州、四国、九州
☆卵→p.136

日本纤蟋

Euscyrtus japonicus

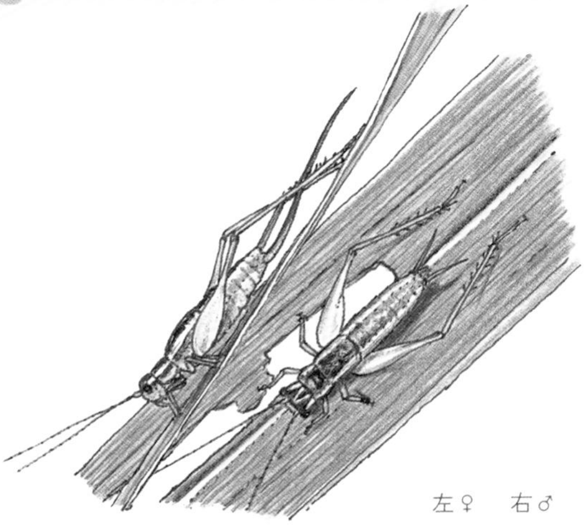

左♀　右♂

生活在耕地周围、茅草或马塘等草势较低的禾本科植物茂盛的草地上。一种小型且非常敏捷的蟋蟀。雌虫的产卵器呈优美的流线型，是它的主要特征。雌雄虫的翅都很短，雄虫没有发声器，因此不能鸣叫。但也有人观察到，这种昆虫能利用身体的一部分——可能是足，通过震动植物的茎叶来相互交流。

蛞蟋科
◆体长：♂ 9.5mm—12.0mm，♀ 8.6mm—12.0mm
◆成虫出现期：8月—10月（年1代）
◆分布：本州、四国、九州

日本钟蟋

Meloimorpha japonica

左♂　右♀

生活在长有芒草或华箬竹的草地或树林的草丛中，以及河岸等植被较为茂密的地区，也多生活在水田的田埂附近。此种虽然夜间活动，但若在特别暗的地方，即使白天也会鸣叫。雄虫的翅几乎垂直地立着。若单独的个体鸣叫，则会持续地发出纤细且寂寞的“哩哩哩——”的声音；若一群共同鸣叫的话，则会发出我们熟知的强有力的“哩——吟、哩——吟”的叫声。

蛣蟋科（现分类为蛛蟋科）
◆体长：♂ 16.0mm—16.4mm，♀ 16.0mm—18.6mm
◆成虫出现期：8月—10月（年1代）
◆分布：北海道（迁入）、本州、四国、九州
☆成虫→p.113 卵→p.137

长瓣树蟋

Oecanthus longicauda

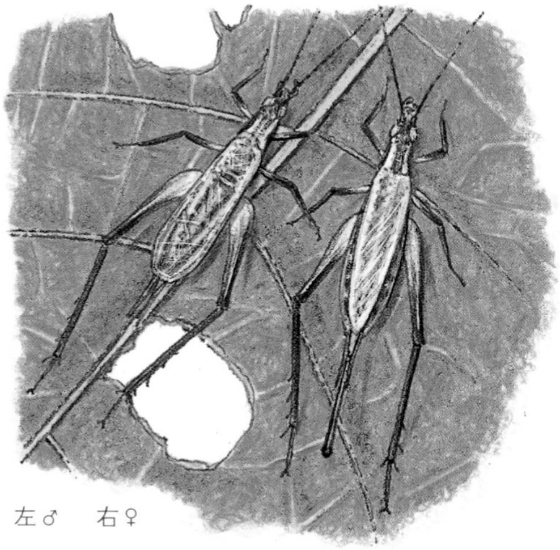

左♂　右♀

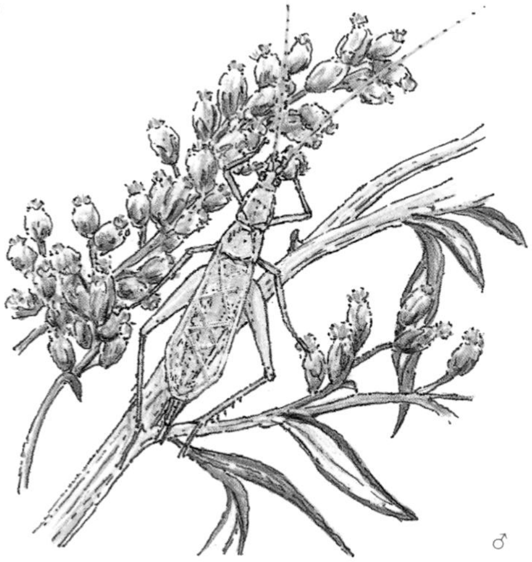

♂

生活在河流的土堤或开垦地等开阔、生长着葛或五月艾、草势较高且茂密的草地上。虽然有着“高原鸣虫”的称号，但它们也生活在城市的近郊。雄虫的翅几乎直立，发出“噜噜噜……”的安详的低音，可以一直这样长长地鸣叫下去。虽然夜间活动，但在深秋等气温较低的时候，也会在白天鸣叫。当秋日开始西斜时，在草地上听着远远近近的声音，时间仿佛静止了一般，令人倍感精神的充实。在寒冷地区以及山区中，体色偏黑色的个体居多。

蛣蟋科（现分类为蟋蟀科树蟋亚科）
◆体长：♂ 16.7mm—17.5mm，♀ 14.7mm—14.8mm
◆成虫出现期：8月—10月（年1代）
◆分布：北海道、本州、四国、九州
☆卵→p.137

青树蟋

Oecanthus euryelytra

♂（褐色型）

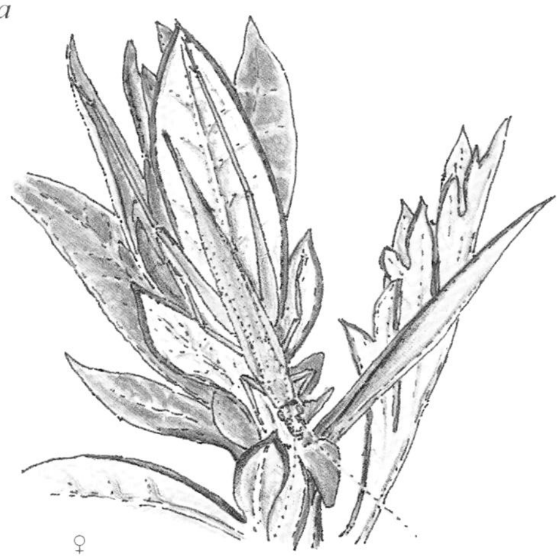

♀

主要生活在沿海草势较高的草地上。与长瓣树蟋很相似，但其雄虫的翅更宽。雌虫很难区别。雄虫的鸣叫与长瓣树蟋不同，青竹蛉只于夜间鸣叫。用低音持续地发出“噜——噜——噜——噜——”的如幻想曲般的鸣叫声。与长瓣树蟋相似，青树蟋常在大片叶子上开洞，并停歇其中边向外窥视边鸣叫。通常体色呈淡绿色，但在茅草较多的枯黄色的草地上，时不时会出现以褐色为保护色的个体。

若虫

蛣蟋科（现分类为蟋蟀科）
◆体长：♂ 12.5mm—14.9mm，♀ 11.1mm—13.7mm
◆成虫出现期：6月—7月，9月—11月（年2代）
◆分布：本州、四国、九州
☆成虫→p.26、p.79 卵→p.137

欧姆异针蟋

Pteronemobius ohmachii

左♀　右♂

一种泛着黑色光泽的淡黄色小型蟋蟀。生活在水田的田埂、休耕田或池沼附近草势低矮的湿地中。雄虫从白天开始便经常鸣叫，发出“叽——咦”的长音节鸣叫声。会保持结尾部分上扬的强拍，长时间地鸣叫。临近冬天，在收割完的稻茬中或是耕田里所听到的鸣叫声，更能让你感觉到别样的寂寥。

蛉蟋科（现分类为蟋蟀科蛉蟋亚科）
◆体长：♂ 6.2mm—8.5mm，♀ 7.0mm—9.0mm
◆成虫出现期：6月—7月，9月—11月（年2代，寒冷地区年1代）
◆分布：北海道、本州、四国、九州
◆成虫→p.28 卵→p.139

暗带双针蟋

Dianemobius nigrofasciatus

♂

生活在公园或庭院的草坪、空地与白地相交的草势低矮的草地上。与迷卡异针蟋类似，均为生活在最接近人类生活环境的鸣虫，但暗带双针蟋还分布在从平原到高山地区的广阔范围内。它们会单调地发出“呼叽——呼叽——”或“叽——叽——”的叫声。就算听不到其他昆虫的鸣叫声，这种叫声也能让你感受到大自然的呼吸。

蛉蟋科
◆体长：♂ 6.2mm—7.7mm
◆成虫出现期：6月—7月，9月—11月（年2代，寒冷地区年1代）
◆分布：北海道、本州、四国、九州
☆成虫→p.28、p.79

迷卡异针蟋

Polionemobius mikado

♂

一种淡黄色的小型蟋蟀，生活在公园或庭院的草坪上，也出现在路旁、土堤等草势低矮的草地上。在杂草丛生的草地上，它们的数量尤其多。如果身处这样的地方，不管走到哪里都能听到“叽——叽——叽——”的叫声，这都有可能是迷卡异针蟋或暗带双针蟋。区别在于，迷卡异针蟋的鸣叫声区间长短不规则，如“叽——叽——叽——叽——”。

蛉蟋科
◆体长：♂ 6.1mm—6.5mm
◆成虫出现期：6月—7月，9月—11月（年2代，寒冷地区年1代）
◆分布：北海道、本州、四国、九州
☆成虫→p.29、p.80 卵→p.140

黄角灰针蟋

Polionemobius flavoantennalis

左♂ 右♀

像它的名字一样，是一种触角根部呈醒目白色，体型最小的一类蟋蟀。生活在茅草茂密的草地、河流或耕地的土堤等植物茂密生长的地表附近。雄虫持续发出“嘁哩哩哩哩哩哩”的高亢清亮的叫声。像双带拟蛉蟋一样动听的叫声与秋季爽朗的蓝天交相辉映。因为其体型小且常隐藏起来，因此能发现它们实属不易，但也非常有趣。

蛉蟋科
◆体长：♂ 6.0mm—6.5mm ♀ 6.8mm—7.5mm
◆成虫出现期：8月—10月（年1代）
◆分布：本州、四国、九州
☆卵→p.140

双斑奥蟋

Ornebius bimaculatus

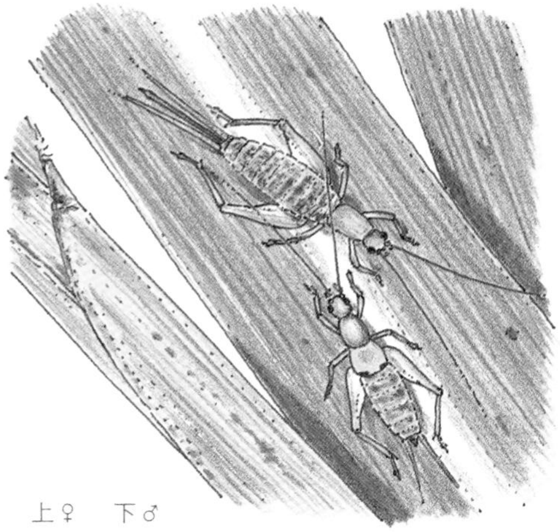
上♀　下♂

生活在沿海岸有茅草植物生长的草势较高的草地上。雌虫无翅。昼夜活动，行动迅捷，雌雄个体多同时出现在文殊兰等植物相重叠的叶子上。雄虫像是在惋惜逝去的夏天一样，用快速的节拍反复、匆忙地发出“嘁叽、嘁叽、嘁叽、嘁叽、嘁叽、嘁叽，嘁叽、嘁叽、嘁叽、嘁叽”的叫声。

鳞蟋科

◆体长：♂ ♀ 11.0mm—15.0mm

◆成虫出现期：8月—10月（年1代）

◆分布：本州（千叶县以西）、四国、九州的沿岸地区

东方蝼蛄的若虫

Gryllotalpa orientalis

一种栖息在地下的鸣虫。常生活在水田的田埂或潮湿的草地上，在松软的泥土中挖掘洞穴，并栖息其中。它们昼夜忙碌工作，捕食蚯蚓或其他昆虫的若虫，以及一些草根。从春天开始一直到秋天，雌虫会修筑产卵室，产下20—40枚卵，悉心保护它们。因为孵化的若虫非常善于跳跃，所以可以推测，它们与蟋蟀近缘。

蝼蛄科

◆成虫出现期：全年（年1代，若虫或成虫越冬）

◆分布：北海道、本州、四国、九州

☆成虫→p.29、p.141 产卵室→p.29

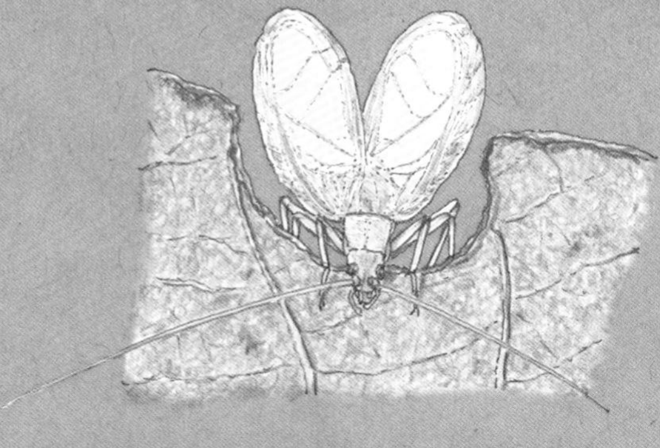

鸣虫的天敌

鸣虫也是自然界食物链中的一环。
如黑鸢、红隼等猛禽，以及蜥蜴、青蛙和螳螂等都是捕食者。
在卵、若虫或成虫中寄生的寄生蜂、寄生蝇，
捕捉特定种类的螽斯喂食幼虫的泥蜂，都将目标瞄准了鸣虫。
此外，东方螽斯和似织螽等以肉食性为主的螽斯，也会捕食露螽科的昆虫。

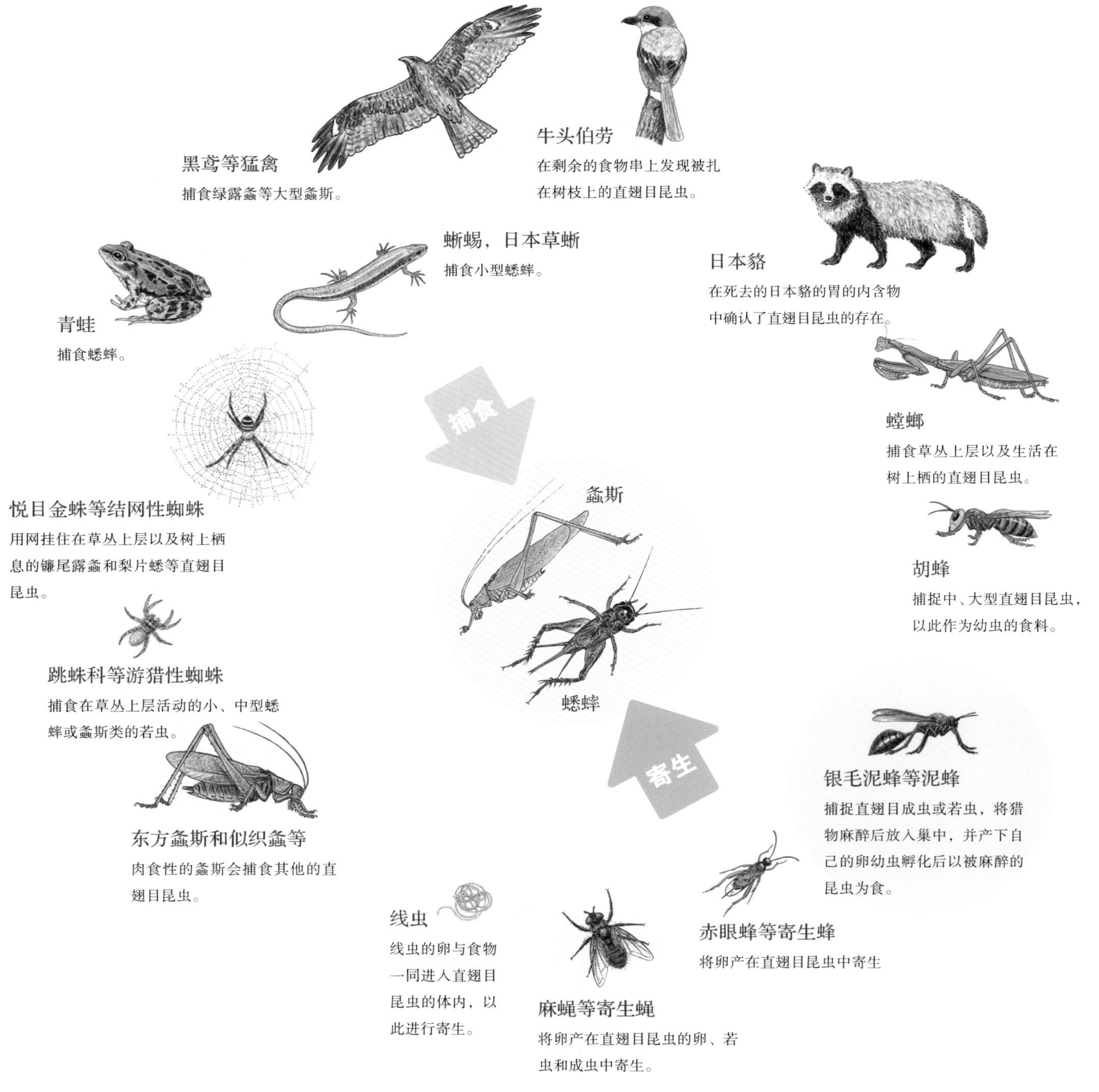
黑鸢等猛禽
捕食绿露螽等大型螽斯。
牛头伯劳
在剩余的食物串上发现被扎在树枝上的直翅目昆虫。
日本貉
在死去的日本貉的胃的内含物中确认了直翅目昆虫的存在。
蜥蜴，日本草蜥
捕食小型蟋蟀。
青蛙
捕食蟋蟀。
螳螂
捕食草丛上层以及生活在树上栖的直翅目昆虫。
捕食
悦目金蛛等结网性蜘蛛
用网挂住在草丛上层以及树上栖息的镰尾露螽和梨片蟋等直翅目昆虫。
螽斯
胡蜂
捕捉中、大型直翅目昆虫，以此作为幼虫的食料。
跳蛛科等游猎性蜘蛛
捕食在草丛上层活动的小、中型蟋蟀或螽斯类的若虫。
蟋蟀
寄生
银毛泥蜂等泥蜂
捕捉直翅目成虫或若虫，将猎物麻醉后放入巢中，并产下自己的卵幼虫孵化后以被麻醉的昆虫为食。
东方螽斯和似织螽等
肉食性的螽斯会捕食其他的直翅目昆虫。
线虫
线虫的卵与食物一同进入直翅目昆虫的体内，以此进行寄生。
赤眼蜂等寄生蜂
将卵产在直翅目昆虫中寄生
麻蝇等寄生蝇
将卵产在直翅目昆虫的卵、若虫和成虫中寄生。

第3章

从夏天到秋天的家的附近

突然之间，似织螽在纱窗外叫了起来。

明明不会出现在这里，却不知从哪里飞来了。

像是要去哪里似的，鸣叫声戛然而止，它飞走了。

又回到那个充满梨片蟋叫声的院子里去了。

庭院与行道树

第3章

从夏天到秋天的家的附近

日光渐柔，桂花飘香。

凯纳奥蟋的多重奏记录着时间的流逝，秋深了。在绿篱，在庭院的树木。

玄关的蟋蟀和矮木上的梨片蟋在灯火初上之前，沉默着。

鸣虫有7种10只。

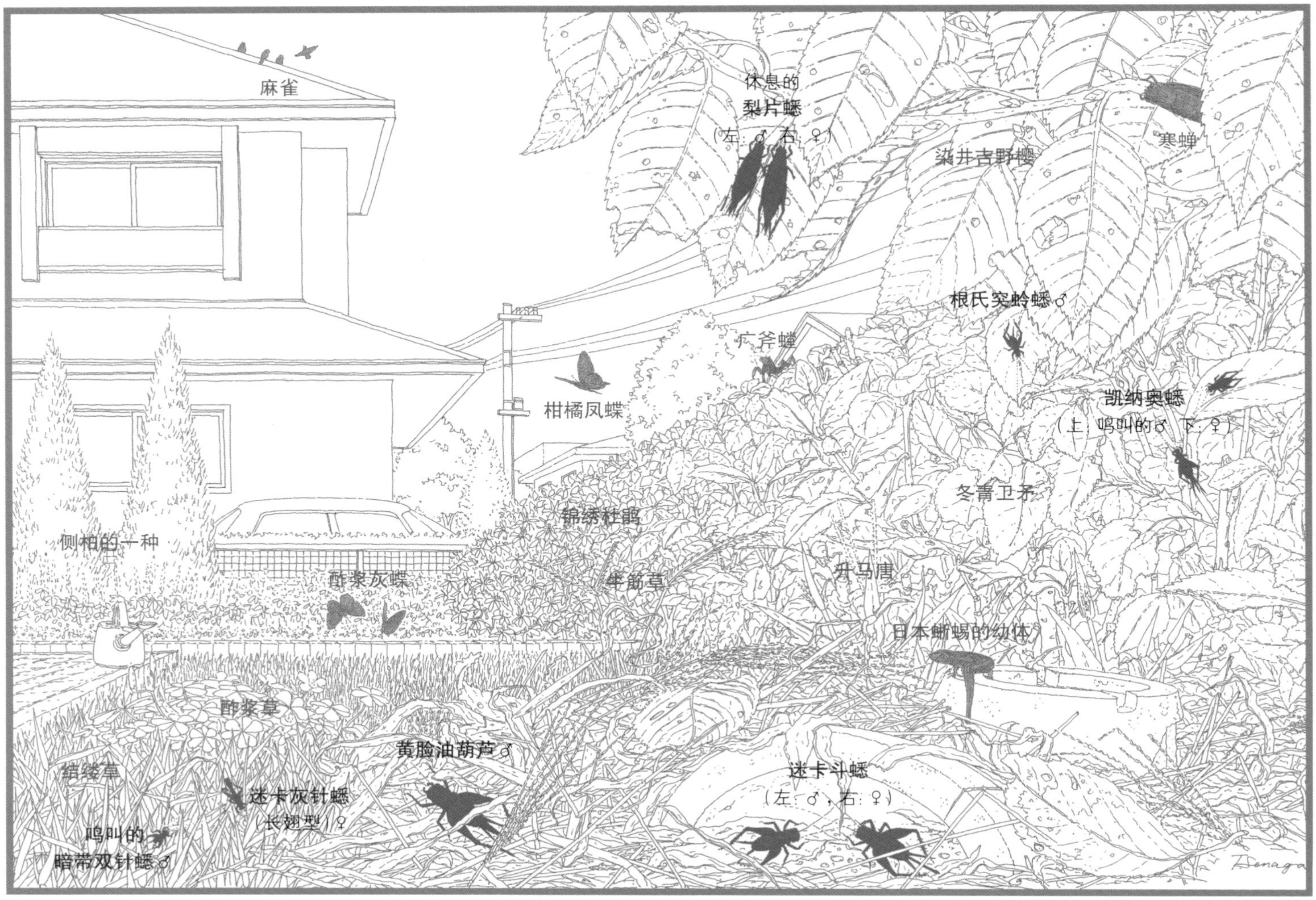

庭院与行道树

在住宅的院子以及行道树旁听到几种鸣虫的叫声，能让人感觉到季节的变化。
生活在院子草地上的暗带双针蟋，或是绿篱和矮小树木上的凯纳奥蟋，都不分昼夜地鸣叫着。
凯纳奥蟋偶尔会进到房间里，在天花板或墙壁角落里鸣叫。
夜间，迷卡斗蟋在隐蔽的地方利用小小的角落制造共鸣。
暗带双针蟋和迷卡灰针蟋中还有长翅型的个体，具有飞行能力的它们
奔着房间的光亮飞了进来。
今年，来自中国的梨片蟋在树上大量繁殖，占领了院子里的树木和路旁的行道树。
夜晚，住宅附近响彻着梨片蟋嘹亮而吵闹的叫声。
最近，它们也开始在住宅周围的树林里进进出出，种群的数量以及其嘹亮的叫声都非常惊人。
然而，渐渐地就听不见本地鸣虫的叫声了，感受虫鸣的乐趣也越来越难实现了。

从夏天到秋天的家附近的鸣虫图鉴

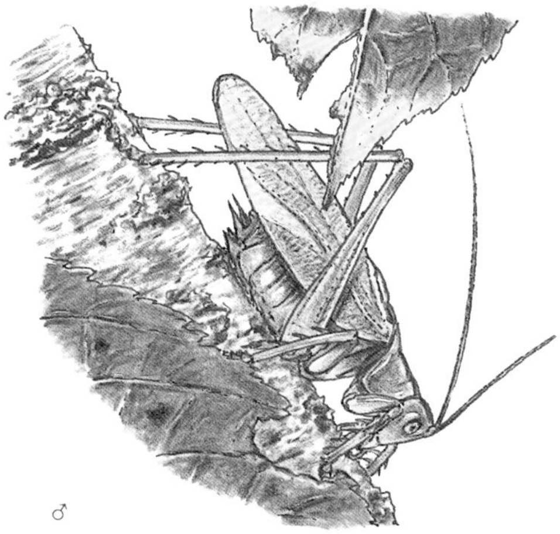

♂

东方螽斯

Tettigonia orientalis

也叫做并螽斯。主要生活在树林或是海岸的茅草地上，也多出没在郊外与树林接壤的树木较多的住宅区域。可以听见从院子的树上或绿篱中传来了拖得很长的“叽哩哩哩哩——”的叫声。这种螽斯肉食性较强，会捕食同样出没在住宅地的“油蝉”等大型昆虫。

螽斯科
◆翅端长：♂ 45.0mm—52.0mm
◆成虫出现期：7月—10月（年1代）
◆分布：本州（茨城县—濑户内海沿岸）、四国
☆成虫→p.52、p.98 幼虫→p.20 卵→p.128

日本条螽

Ducetia japonica

这种螽斯有绿色型与褐色型两种，但是绿色型的个体偏多。雌虫的背侧贯穿淡黄色的白线，腹部肥大，与雄虫差别较大。夜间活动，白天以头部向下、后腿伸长、腹部高高抬起的独特姿势停栖在叶片上。虽然也多出没在郊外成片的住宅区域，但由于雄虫的叫声非常轻，因此基本注意不到它们的存在。

露螽科
◆翅端长：♀ 33.0mm—47.0mm
◆成虫出现期：8月—11月（年1代）
◆分布：本州、四国、九州
☆成虫→p.106 卵→p.133

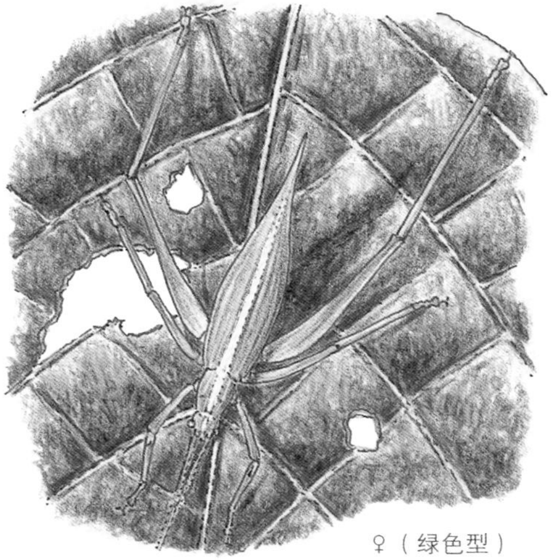

♀（绿色型）

黄脸油葫芦

Teleogryllus emma

♂

生活在水旱田周围或野地中草势较低矮的草地上，也能在住宅地的空旷处听到它们的鸣叫声。它们并不在野地里成群地鸣叫，而是单独地朗声鸣叫，与其他的蟋蟀截然不同。它们圆润如歌的鸣叫声听得人心旷神怡，真是非常美妙啊。

蟋蟀科
◆体长：♀ 29.6mm—34.2mm
◆成虫出现期：8月—10月（年1代）
◆分布：北海道、本州、四国、九州
☆成虫→p.62 幼虫→p.24 卵→p.134

迷卡斗蟋

Velarifictorus micado

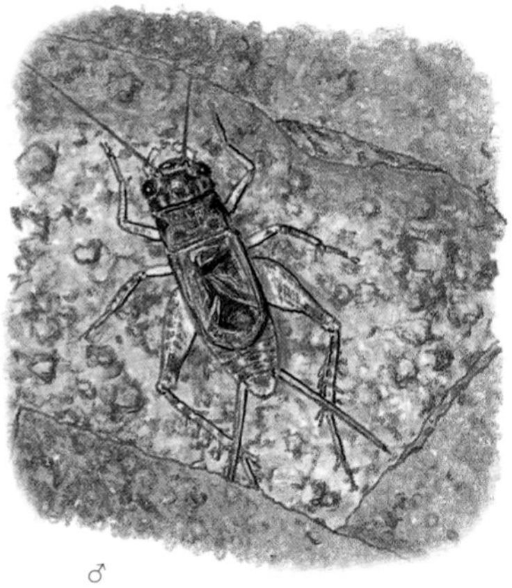
♂

多出没在耕地周围的草地或是住宅地的院落、空地等有人类生活的地区。这种蟋蟀常在石头围墙的缝隙里或是院子的角落等能引起共鸣的地方鸣叫，会长时间地发出“哩、哩、哩、哩……”这样有着明确间隔的鸣叫声。在临近冬季的晚秋时分，它们会在院子的花盆下或是玄关口的角落里，幽幽地发出断断续续的叫声，令人倍感悲凉。

蟋蟀科
◆体长：♂ 15.5mm—19.5mm
◆成虫出现期：8月—11月（年1代）
◆分布：北海道（温泉地区）、本州、四国、九州
☆成虫→p.66 卵→p.135

梨片蟋

Truljalia hibinonis

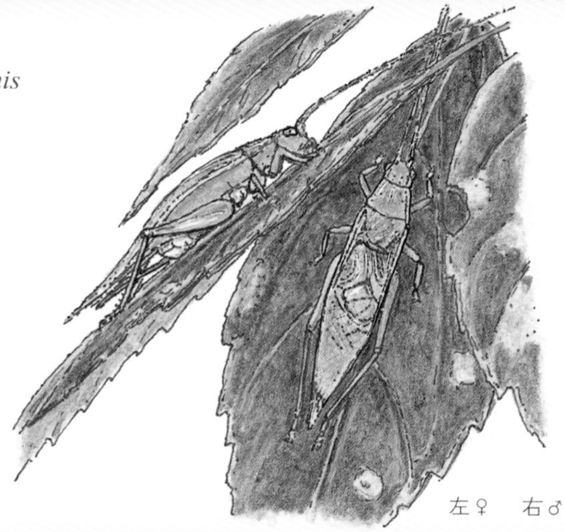
左♀　右♂

一种生活在树上的绿色蟋蟀。原产于中国，从明治时期后期开始出没在东京都内。在城市或者郊外的樱花或梧桐等落叶宽叶型的行道树上，潜伏以及庭院树林的叶片中潜伏。夜间活动，雄虫持续地发出非常响亮的“哩——哩——哩——”声。就算是在开了空调且正在行驶的电车内，也能听到其吵闹的叫声。

蛞蝼科（现分类为蟋蟀科）
◆体长：♂ 22.5mm ♀ 21.8mm
◆成虫出现期：8月—10月（年1代）
◆分布：本州（岩手县以西）、四国、九州（来自中国）
☆幼虫→p.112 卵→p.136

青树蟋

Oecanthus euryelytra

与长瓣树蟋一样，以蓬草的叶片以及蓬草上附着的蚜虫为食。因为它们的适应能力比长瓣树蟋更强，所以近年在住宅地以及街道附近也开始能听到它们的鸣叫声了。因为它们以院落或花坛中的樱桃鼠尾草等花卉为食，而且有特定的产卵行为，因此被分类为都市鸣虫。

蛞蟋科（现分类为蟋蟀科）
◆体长：♀ 11.1mm—13.7mm
◆成虫出现期：6月—7月，9月—11月（年2代）
◆分布：本州、四国、九州
☆幼虫→p.26、p.69 幼虫→p.69 卵→p.137

根氏突蛉蟋

Amusurgus genji

一种腹部呈绿色的小型蟋蟀。虽然名字中带有“铃”字[1]，但却是一种树栖型蛉蟋。生活在住宅建筑的石墙中、院子里的树木上，以及树林边缘树木的叶子上。常潜伏在互相重叠的叶片之间。雄虫由于翅上无发音器，故不能鸣叫。若虫阶段，它与生活在相同环境中、但叫声美妙的双带拟蛉蟋有相似的外形，采集的时候非常容易混淆。

蛉蟋科
◆体长：♂ 7.5mm—7.6mm ♀ 7.8mm
◆成虫出现期：8月—10月（年1代）
◆分布：本州（关东—近畿地区）、九州

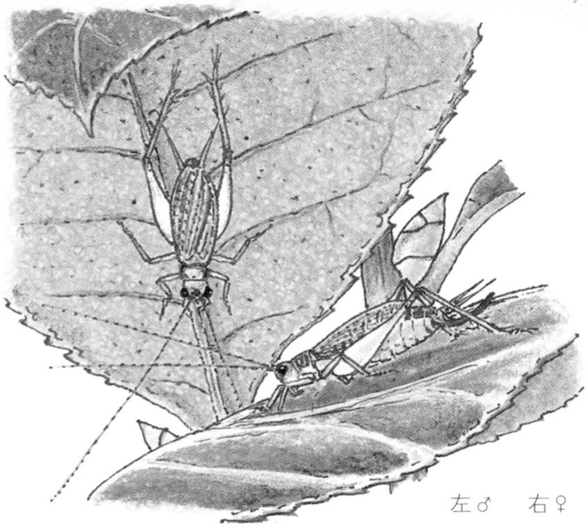

暗带双针蟋

Dianemobius nigrofasciatus

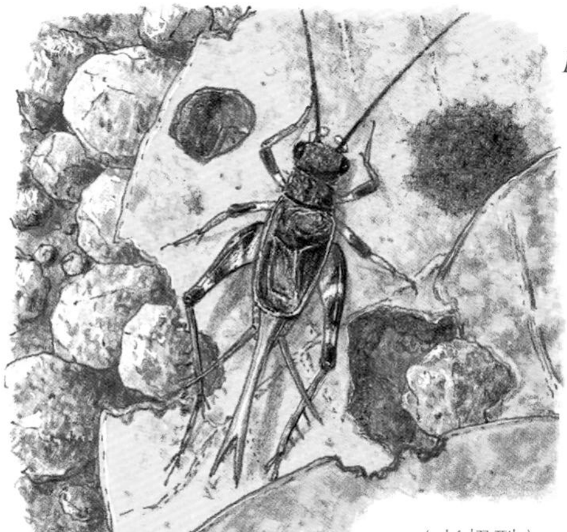
♂（长翅型）

生活在公园或院子的草坪上，以及空地上草势低矮的草丛中。停车场角落里堆放的枯树叶堆中也常传出这种蟋蟀的鸣叫。它们不分昼夜地发出单调而又持续的“噗叽—噗叽—噗叽—”或者“叽—叽—叽—”的叫声。偶尔会出现长翅型，在夜晚的路灯下来回飞舞，或被室内的灯火吸引而飞来。

蛉蟋科
◆翅端长：♂ 11.5mm
◆成虫出现期：6月—7月，9月—11月（年2代，寒冷地区年1代）
◆分布：北海道、本州、四国、九州
☆成虫→p.28，p.70

① 日语名称原文**スズ**为“铃”。——译者注

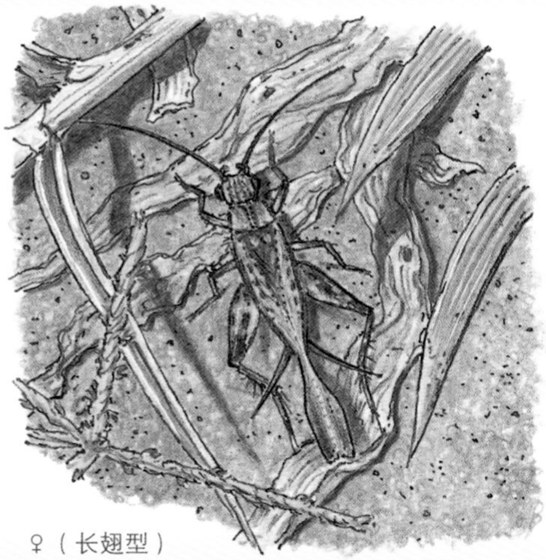

♀（长翅型）

迷卡灰针蟋

Polionemobius mikado

生活在公园或院子的草坪上、路边或土堤边草势低矮的草丛里。偶尔会出现长翅型，与其他蟋蟀中的长翅型相比，常出现翅形优美、尾羽像弓箭一样的个体。昼夜均活动，能飞行，夜晚会绕着路灯来回飞舞，也会被灯火吸引飞进室内。

蛉蟋科
◆翅端长：♀ 10.7mm
◆成虫出现期：6月—7月，9月—11月（年2代，寒冷地区年1代）
◆分布：北海道、本州、四国、九州
☆成虫→p.29、p.70 卵→p.140

凯纳奥蟋

Ornebius kanetataki

生活在住宅附件的绿篱或庭院里的树上，以及树林的边缘地带。潜伏在树木或藤蔓植物叶片重合的缝隙之间，偶尔会进入室内。雌虫无翅。昼夜均活动，雄虫会慢慢地发出金属叩击似的“沁、沁、沁……”的鸣叫声。直到晚秋还能鸣叫，在向阳的地方更是叫得非常悠然，令人深感冬天的临近。

鳞蟋科
◆体长：♂ 7.0mm—11.0mm ♀ 7.0mm—11.5mm
◆成虫出现期：8月—11月（年1代）
◆分布：本州、四国、九州
☆成虫→p.115 卵→p.140

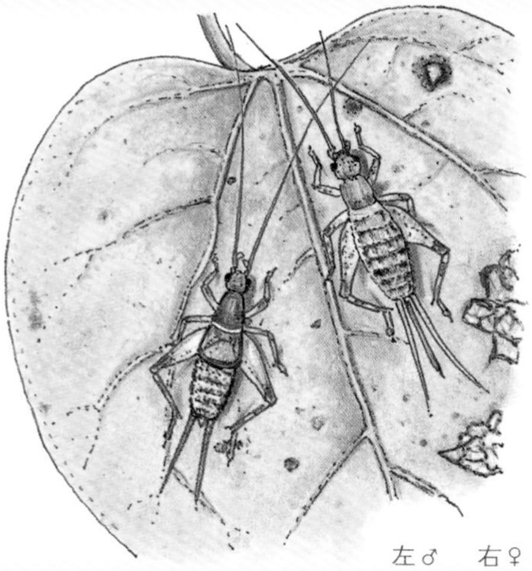

左♂ 右♀

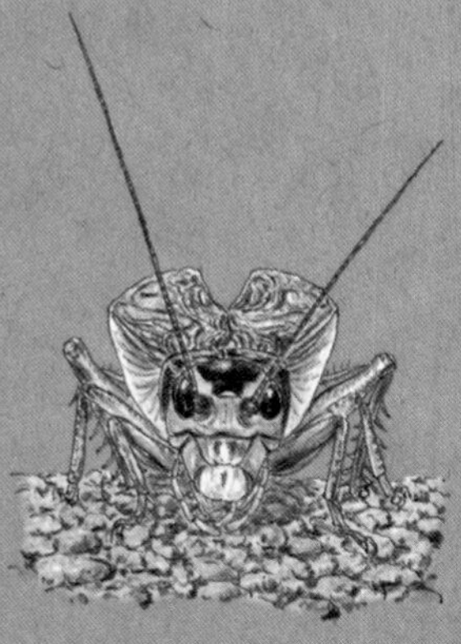

第4章

从夏天到秋天的森林

在夜间的森林里寻找鸣虫，独自徘徊。

晴天，却有雨声。毛毛虫们的粪便。

有虫吃叶子的声音，树枝折断、果实掉落的声音，枝干摩擦的声音。

夜间的森林，满满的都是虫声与不可思议的声音。

树林的边缘地带（昼）

第4章
从夏天到秋天的森林

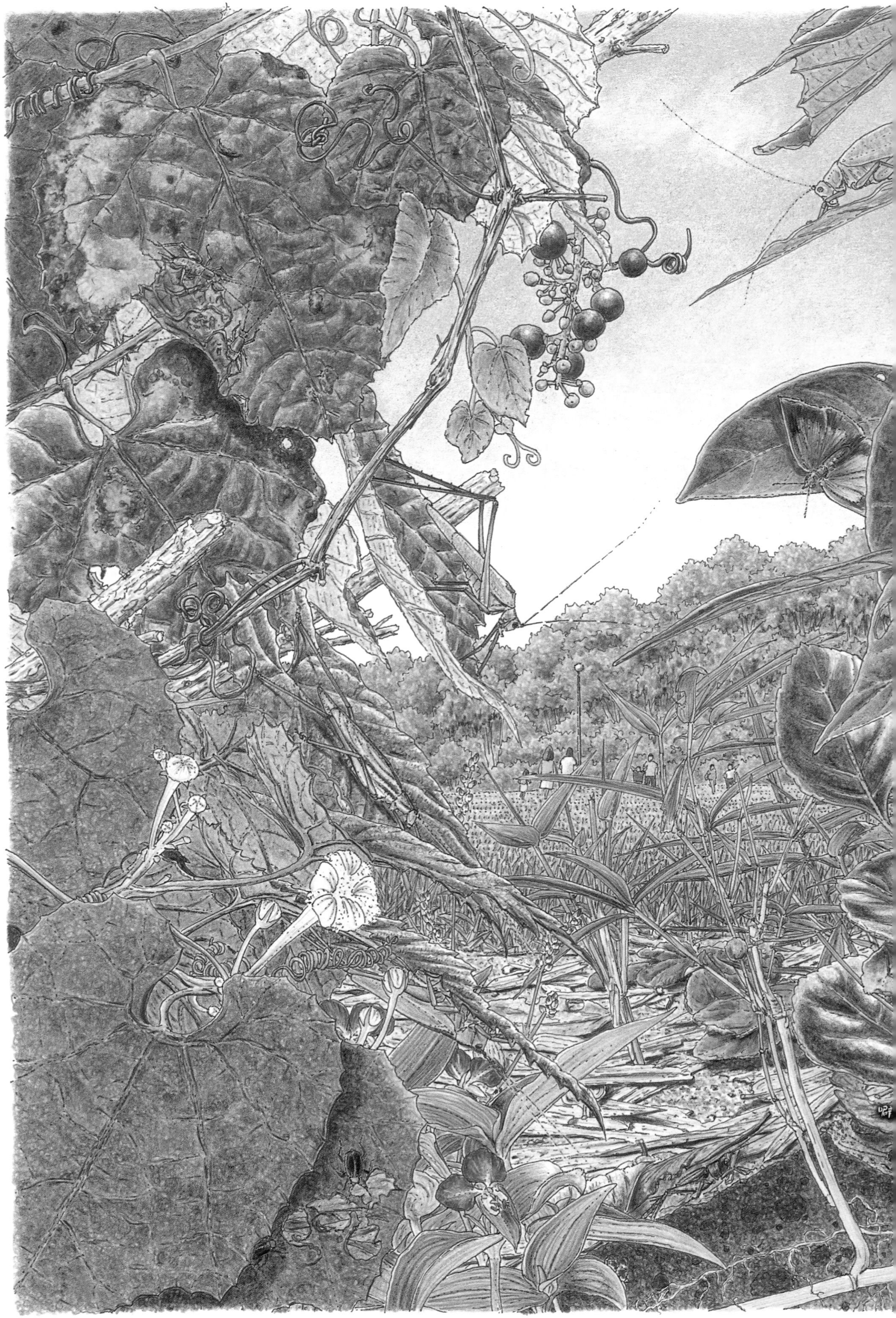

蔓草挡住了面前的路，它们似乎有着一股不知疲倦的劲儿。蝴蝶交错飞舞。

双带拟蛉蟋轻柔的音色降临，唤起了秋风。

每当秋风吹起的时候，东方螽斯便开始鸣叫了。而那些性急的葛藤则早早地落了花。

鸣虫有14种22只。

树林的边缘地带（夜）

第4章 从夏天到秋天的森林

被暮色笼罩的空气中弥漫着王瓜的花香。
黑暗伴着手电射出的光圈扩散开去，虫鸣变得更加响亮。
日本条螽、凯纳奥蟋……似织螽一阵一阵地叫着，声音近了。

鸣虫有14种27只。

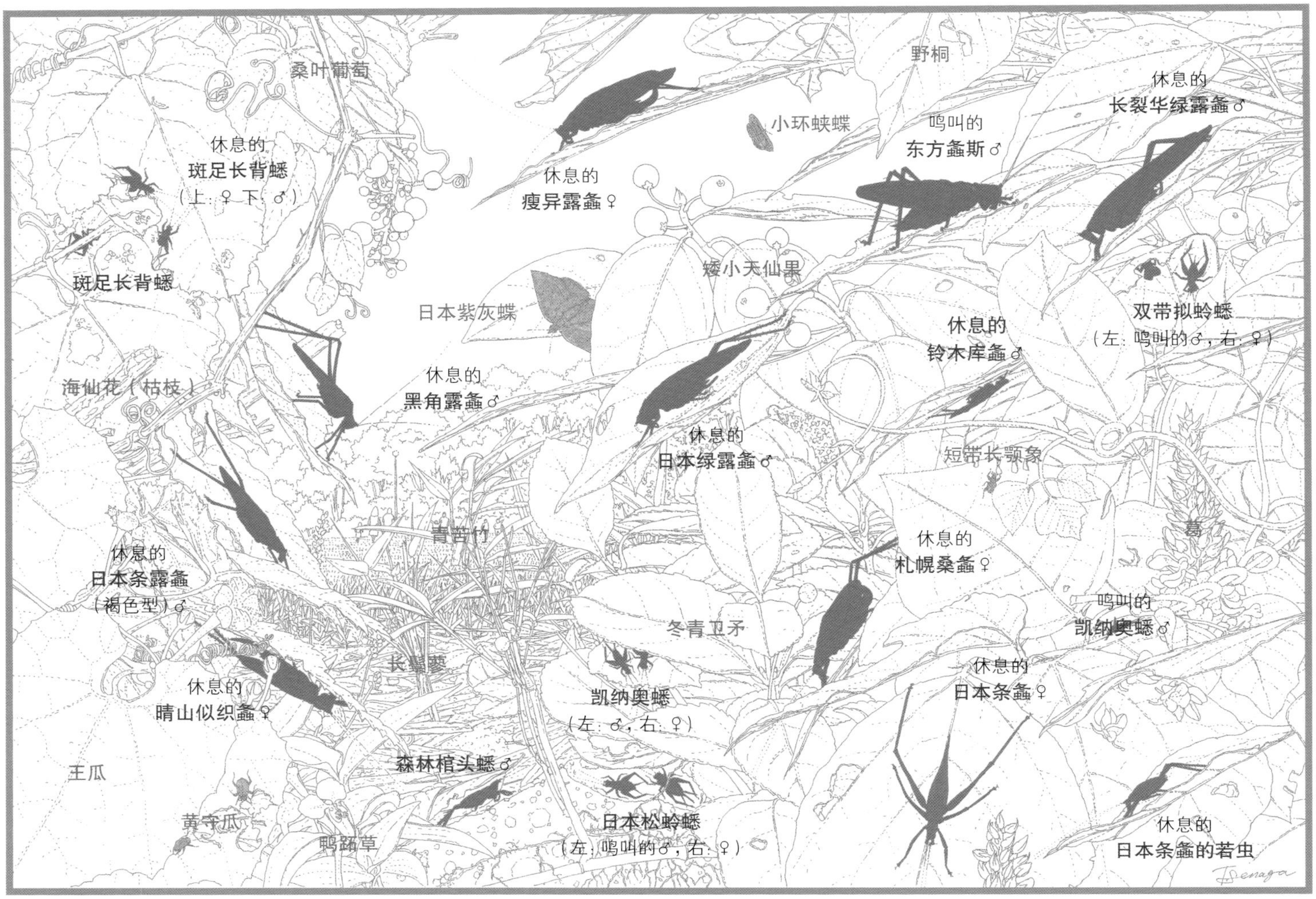

树林的边缘地带(昼)

树林的边缘地带生长着草本、灌木、未成年的乔木等各种各样的植物。
若是长时间没有清理的话，在光照好的地方，生长速度极快的细竹和葛就会过度蔓延，
从而限制其他植物的生长，它们也会因此而长势衰弱。经过适当管理的树林，其边缘地带能生长出多种多样的植物。
在这些地方，我们就能发现包括鸣虫在内的许多昆虫。
像在这样的树林边缘，白天，东方螽斯在树上鸣叫，
叫声优美的小型树栖性蟋蟀、双带拟蛉蟋和鳞蟋则在
藤蔓植物重叠叶片的阴影中或是皱缩了的枯叶中鸣叫。
日本松蛉蟋或棺头蟋在地上的落叶堆或小洞中鸣叫。
至于在夜间活动的鸣虫，如绿露螽这样的露螽，它们在乔木或是藤蔓植物的叶片上休憩，
晴山似织螽或铃木库螽等则停驻在藤蔓植物的叶片背面。

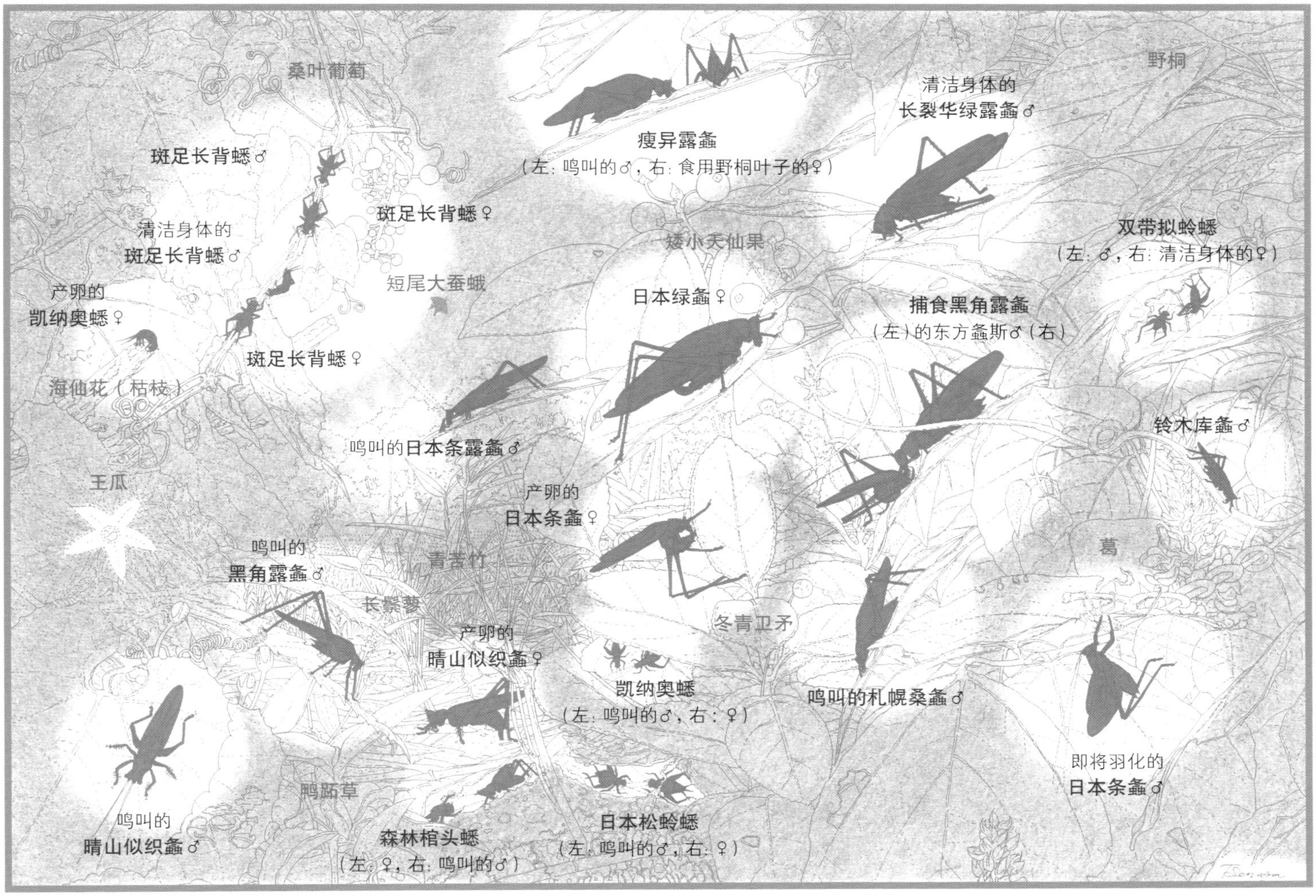

树林的边缘地带（夜）

夜间的树林边缘地带充满了活力，非常热闹。
白天只有东方螽斯、双带拟蛉蟋和日本松蛉蟋的叫声，
天色暗下来后，本来还在休息的螽斯，如绿露螽、晴山似织螽等，
就开始鸣叫、摄食、交配和产卵等一系列的活动。
日本绿螽和瘦异露螽会发出“嘁、嘁、嘁”的轻而不引人注目的叫声。
雌虫也会鸣叫，在树上相互呼应。
露螽的叫声并不引人注目，但例外地，札幌桑螽却叫得非常响亮。
晴山似织螽“嘶——巧、嘶——巧”地叫了一会儿，又飞到了别处。
在野葡萄等藤本植物的藤蔓上，翅短小的斑足长背蟋，
用腹部的末端叩击藤蔓发出敲击声，以此来代替鸣叫。

落叶林

第4章

从夏天到秋天的森林

是树汁的清香。西西里黛眼蝶飞了过去，绿螽跳出来了。
悦鸣草螽独自唱着慵懒的歌。
似织螽和日本纺织娘躲在绿叶里，伪装成枯树叶。静静地等待着愉快夜晚的到来。

鸣虫有8种13只。

照叶林

阳光透过树叶的间隙斜射进来，非常轻柔，树木残骸的味道刺激着鼻腔。

模糊的明暗之间有玉斑凤蝶飞过的痕迹。

日本绿啄木鸟的叫声打破了蟋蟀们的沉寂。

鸣虫有5种10只。

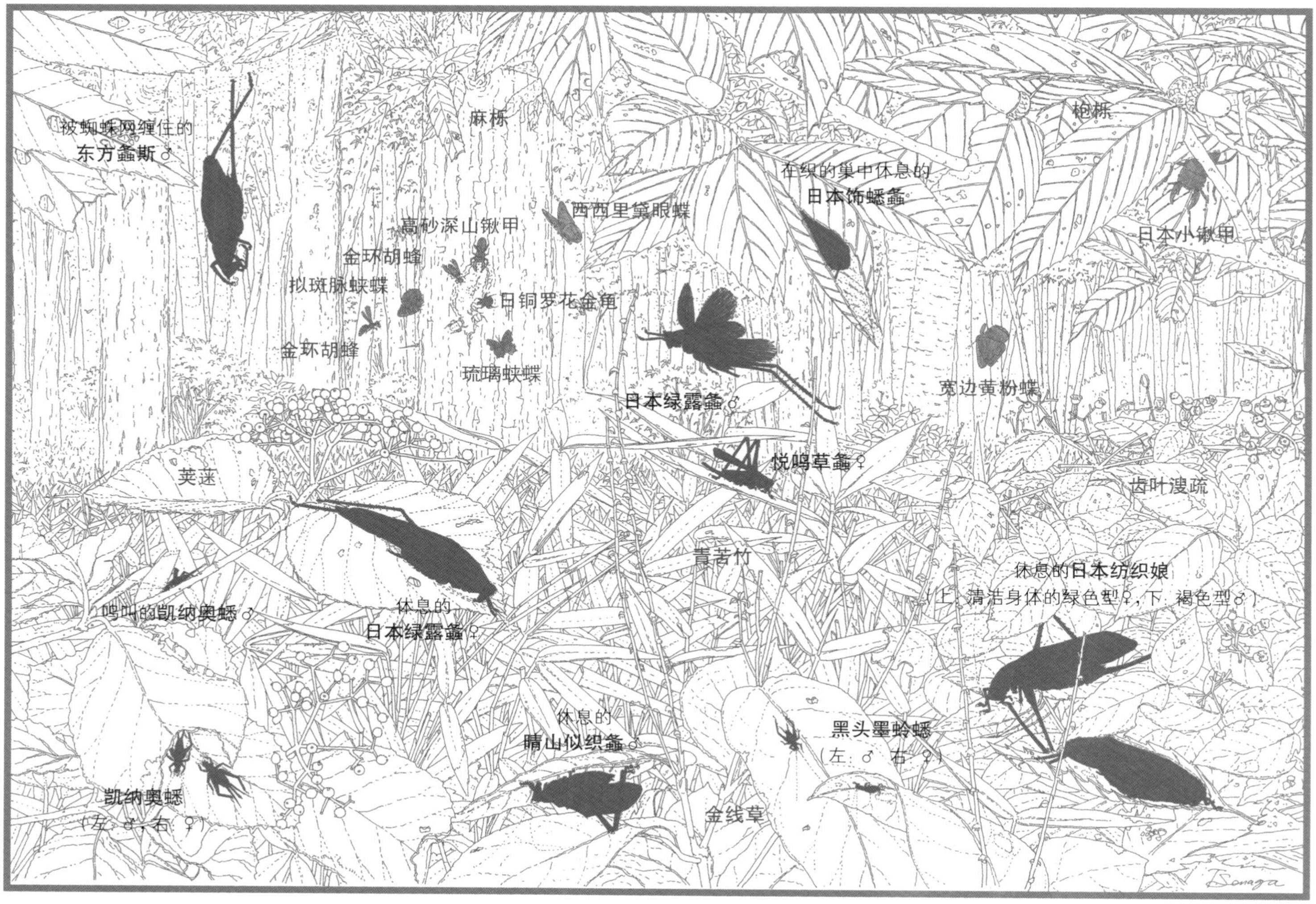

落叶林

在生长有枹栎和麻栎的落叶林中，生活着许多昆虫。

夏天，锹甲、日铜罗花金龟、琉璃蛱蝶和西西里黛眼蝶等会来采集麻栎的树液。

而直翅目昆虫，如在晚上活动的日本纺织娘和晴山似织螽，则在树林下层的灌木以及草堆中休息，

在树叶上休息的日本绿螽非常笨拙地到处飞舞。

此外，东方螽斯在树上鸣叫，偶尔会被蜘蛛网挂住。

在有人管理、定期清理下层灌木和杂草的落叶林中，和灌木长势良好，枝叶繁茂，

这里多生活着悦鸣草螽、凯纳奥蟋和日本纺织娘。

而若缺乏管理，那么竹子和葛等生长迅速的植物则容易得过于繁茂，

树林下层会变得昏暗且单一，这些鸣虫和因采集树液而聚集起来的昆虫急剧减少。

根据具体的管理情况，在保留植物迁移状态的落叶林中，生物的多样性也由此得到保障。

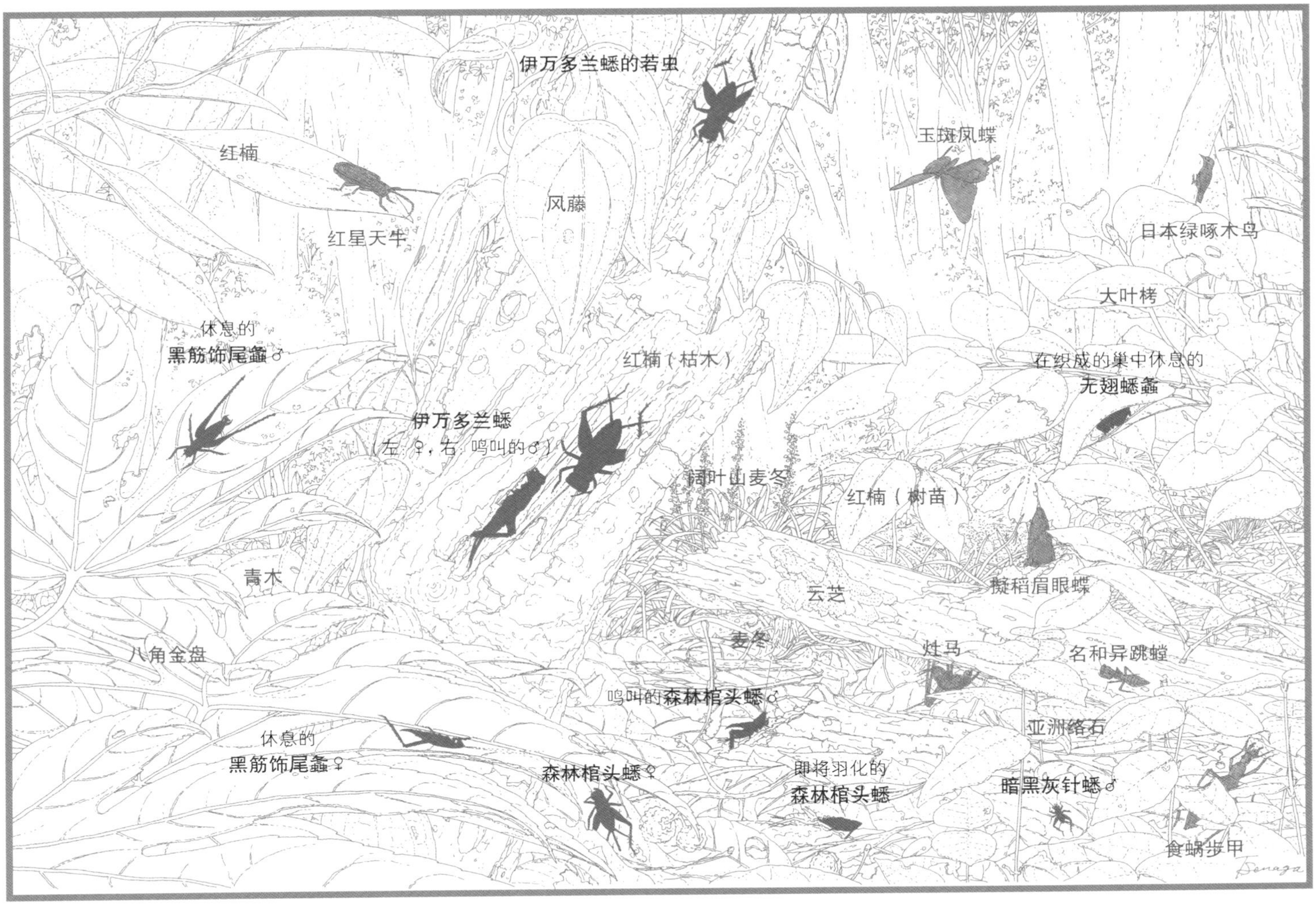

照叶林

照叶林里生长着栗树、红楠等树木，是一片常绿、茂密的树林。

树林中不仅落叶成堆，干枯或是倒下的树干也不少。

在凋零的树枝或者倒下的树干里，栖息着日本最大的蟋蟀——伊万多兰蟋。

伊万多兰蟋需要两年的时间发育为成虫，因此我们全年都能观察到若虫和成虫。

在铺满落叶的地面上，栖息着森林棺头蟋和暗黑灰针蟋。

在灌木与草丛里，栖息着黑筋饰尾螽和另一种蟋蟀的同类——无翅蟋螽。

就像名字所描述的一样，它们的翅非常小，或是完全退化了。

与其他普通鸣虫不同的是，它们主要通过用足叩击枝叶来发出声音。

堆积的落叶、倒下的树干以及凋零的树枝，呈现出照叶林原生态的一面。

这样的树林，虽然看似毫无利用价值，并且由于人类各种各样的活动影响，其数量与规模正在逐渐减少，

但栖息在其中的小动物们却具有宝贵的价值。

山地

大绢斑蝶随风飘摆。松鼠的尾巴一瞬间扫过。

圆齿水青冈的树冠仿佛遮蔽了整片天空，树冠之下回荡着东方螽斯的鸣叫声。

不知道身处何地，茫然地向上看去，只有仔细地聆听。

鸣虫有5种10只。

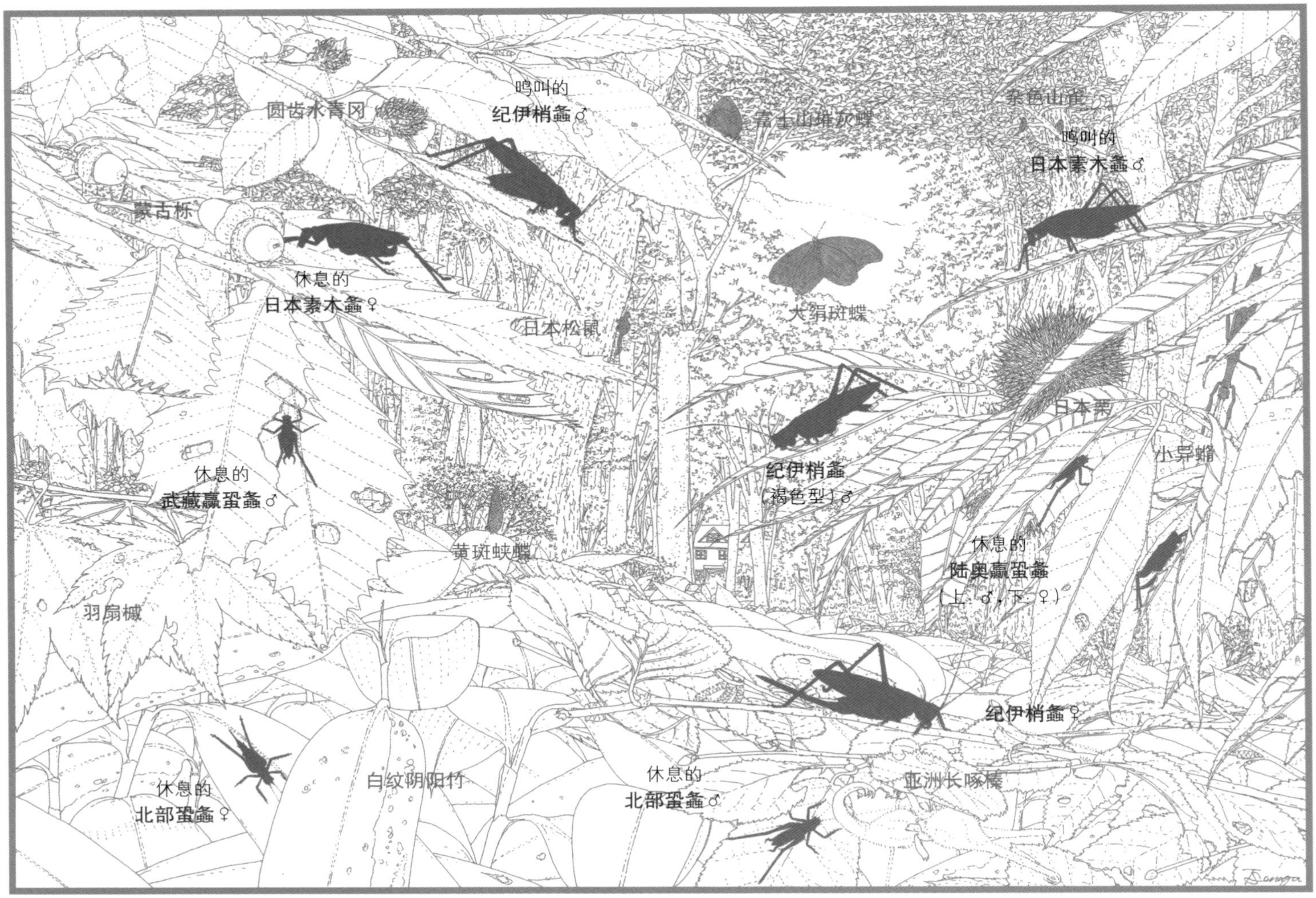

山地

在海拔500米至1 500米的山区或高原上生长着日本山毛榉以及蒙古栎的落叶林中，

有山下不常见的的昆虫种类。

直翅目昆虫中有大型螽斯、日本素木螽，

以及小型螽斯，如铃木库螽。

纪伊梢螽的模样很像山下的东方螽斯，但是鸣叫声却不同，且生活在树的高处。

对于露螽来说，日本素木螽从白天就开始在树上鸣叫的现象非常少见。

赢蛩螽的背侧有红色条纹，因为在树上生活，且为夜行性，因此极少被观察到。

但因为赢蛩螽会在灯光边聚集，因此经常能在山中于夜晚营业的汽车自助服务区看到它们。

北部蛩螽在地面附近的细竹叶上出没。

铃木库螽除了能发出轻微的鸣叫声，也能用足叩击枝叶发出敲击声。

插画讲座 I

1 确定主题，绘出素描草图。

首先确定主题。这里描绘的是“拨开芒草丛发现长瓣草螽”的场景。季节为从夏天到秋天，环境为住宅区对面混杂着加拿大一枝黄花和葛与芒草的草地。画面大致分为前景、中景和远景。在前景中画上实物大小的鸣虫，以此作为主角；植物也根据其尺寸以合适的大小表现。从中景到远景，为了使画面显得更自然，应该以透视的方式越画越小。同时注意是否有风、光照情况、背景，以及当时环境中的其他动物等，然后确定草图。

前景中芒草的穗

远景中的加拿大一枝黄花

远景中的住宅

长瓣草螽♀
翅端长 25.0mm，至产卵器末端 46.0mm。
不要忘记检查昆虫的尺寸。

前景中芒草的穗

前景中葛的叶片

因为画面的整体大小有限，因此为了避免使葛那样叶片巨大的植物显得不自然，可以稍微画得小一点，或是只表现局部。

2 描线

这里所用的纸张为制图纸，所用的笔为记号用Copic Multiliner 0.05。在铅笔草稿上，用记号笔从最前面开始绘画。事先确定好画面主角长瓣草螽的位置和朝向。如果将挡在昆虫前的叶片或者茎秆隐去的话，可以加强远近的感觉以及突出草丛中的氛围。植物的话，若可采摘的话，采取部分样品带回家，仔细观看、描绘。对叶的着生方式、叶片的颜色深浅、花穗等形状和位置应格外注意。

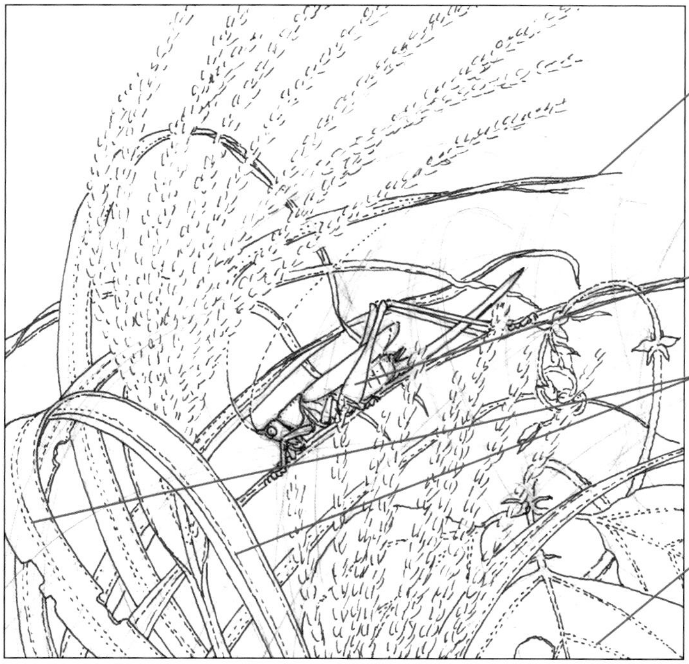

芒草叶片的尖端，若要表现其枯萎的状态，那就需要画出波浪状或到处被虫蛀过的痕迹等许多细节。

画完面前的芒草穗子，再画上虫子。

表现芒草叶片表面和背面的手法并不相同。此外，芒草还有向前或向后等各种方向的倒伏。确定植株的中心，然后在作画的同时，考虑叶片的伸出来的方法和朝向。

叶脉上用作上色参考的用虚线表示。

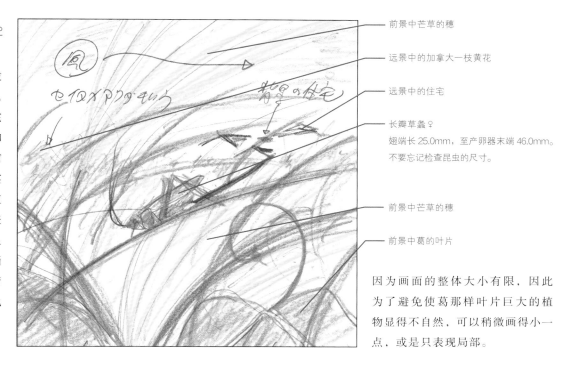

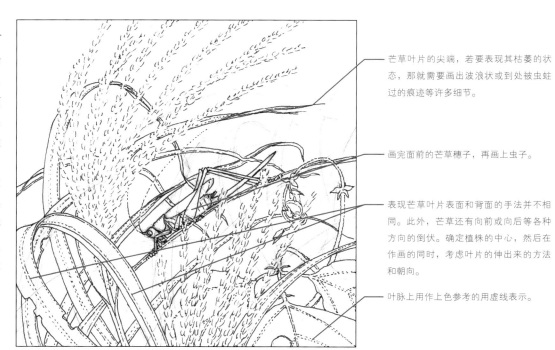

从夏天到秋天的森林的鸣虫图鉴

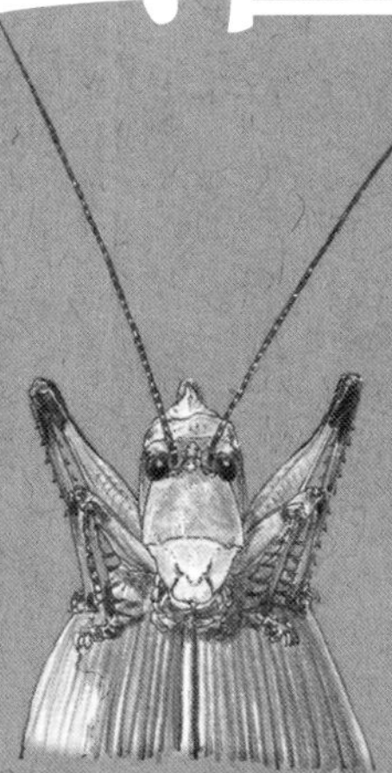

东方螽斯

Tettigonia orientalis

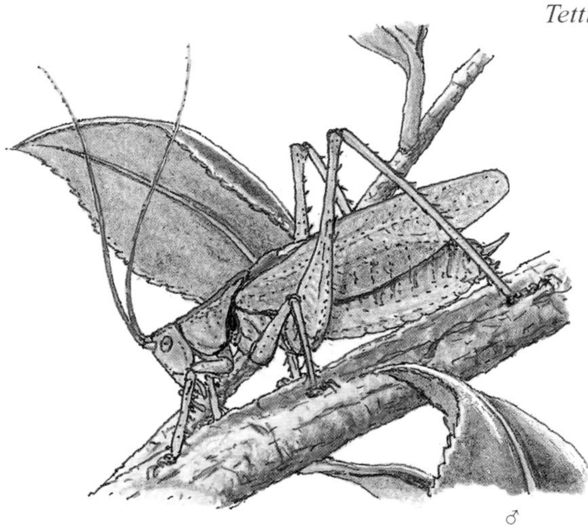

♂

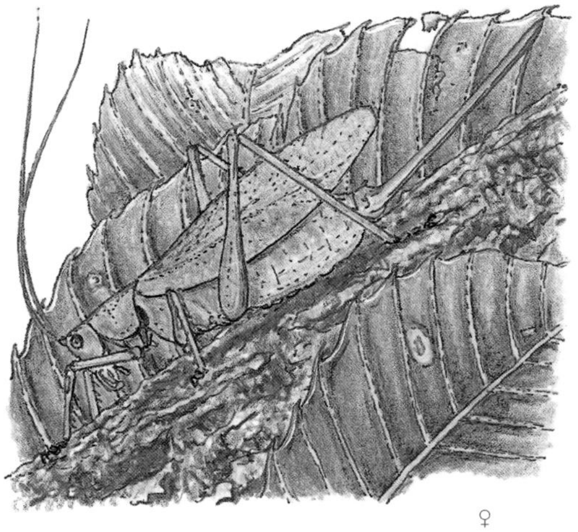

♀

也叫并螽斯。主要生活在森林中，也出没于海岸边的草地、树木较多的住宅区。有很强的肉食性，除了食用各种昆虫外，还会食用螳螂的卵囊、日本雨蛙。雄虫会发出拖得较长的“叽哩哩哩”的叫声，常在起风的时候鸣叫。东方螽斯在北海道的渡岛半岛以南的任何地区都有分布。地区不同，其叫声也明确地分为“七叽、七叽……”或“叽、叽……”的不同种群。各种群的鸣虫不尽相同，其详细的分类学研究还尚无进展。

螽斯科

◆翅端长：♂ 45.0mm—52.0mm ♀ 47.0mm—58.0mm

◆成虫出现期：7月—10月（年1代）

◆分布：本州（茨城县—濑户内海沿岸）、四国

☆成虫→p.52、p.77 若虫→p.20 卵→p.128

纪伊梢螽

Tettigonia sp.

♂

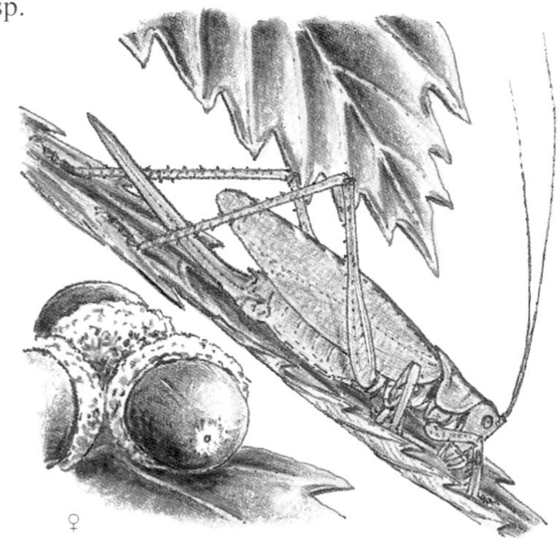

♀

一种生活在蒙古栎林中的山地性螽斯。栖息在高大乔木的高处，是一种非常难采集的鸣虫。使它在众多难以辨别的螽斯中脱颖而出的，是前翅上的三条白线。分布在其名字由来的"纪伊"（纪伊，和歌山县）附近的个体，有着清晰的条纹。雄虫发出"唏哩哩哩哩、唏哩哩哩哩、唏哩哩哩哩……"的有着长间隔的叫声，经常于夜间鸣叫。在雾色茫茫的沉寂森林里，那单独的鸣叫声就好像如梦如幻的余韵。

螽斯科

◆翅端长：♂ ♀ 30.0mm—45.0mm

◆成虫出现期：8月—10月（年1代）

◆分布：本州（中部—近畿地区的山地）

邦内特姬螽

Chizuella bonneti

因翅较短，其雌虫是一种一眼看去让人误认为是其若虫的螽斯。生活在开阔的草地或明亮的树林边。昼夜均活动，包括邦内特姬螽在内的黑色螽斯，虽然多在草根部位出没，但是想要见到却不容易。在清晨或是阴天等气温较低的时候，常能看到它们横卧在叶片上，以一种很独特的姿态晒着日光浴。

螽斯科

◆体长：18.0mm—26.0mm

◆成虫出现期：6月—9月（年1代）

◆分布：北海道、本州、四国、九州

☆成虫→p.55 若虫→p.21 卵→p.129

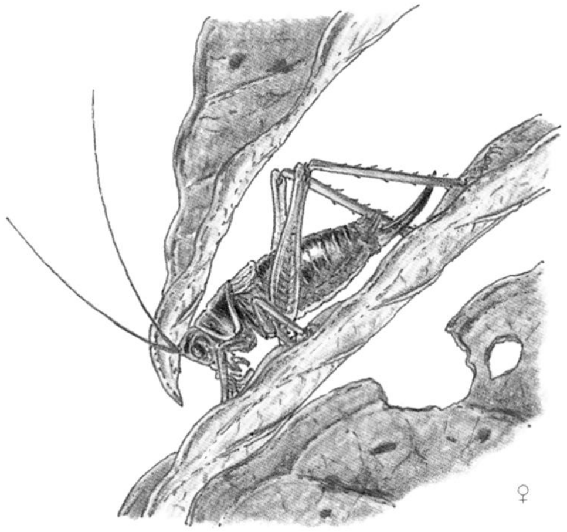

♀

悦鸣草螽

Conocephalus melaenus

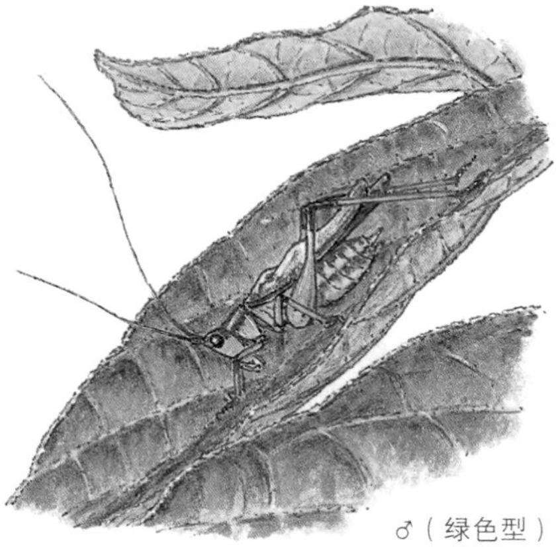

♂（绿色型）

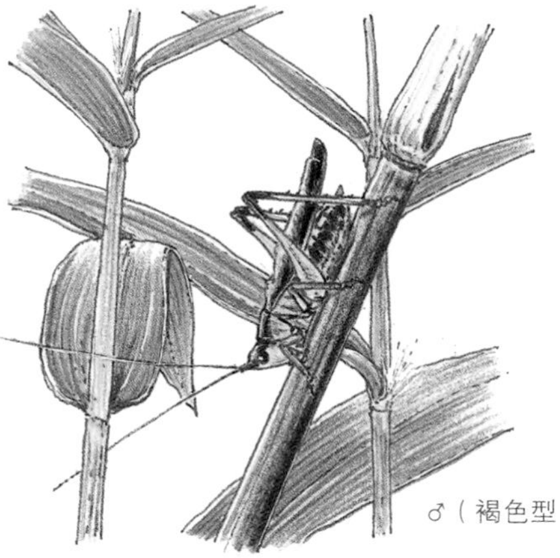

♂（褐色型）

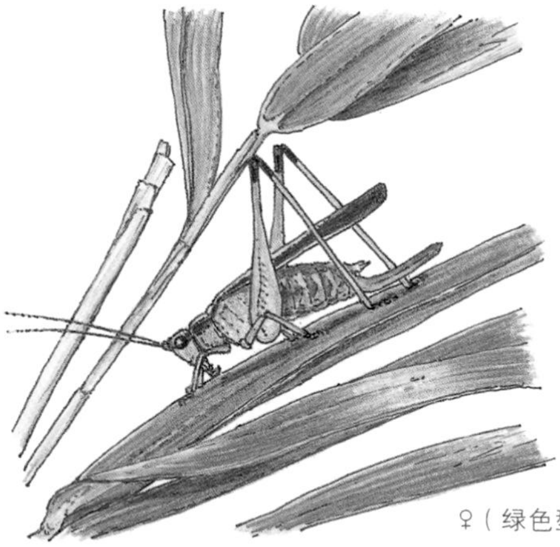

♀（绿色型）

若虫

生活在杂树丛、林道的树林边，以及背阴的树荫且细竹茂密的叶子上。与其他草螽相比，此种体型较粗壮，特征是后腿的膝盖部分呈黑色。雄虫发出持续时间很长的“叽唏、叽唏、叽唏……”的叫声。就算听不到其他鸣虫的叫声，也常能听到此虫的。虽然它的鸣叫十分单调，但依旧能让人感到愉悦。其若虫与大多数形似绿色长条的草螽幼虫不同，身体较圆，有着鲜艳的橙色与黑色，与后足腿节的白色一同组成对比强烈的体色。

螽斯科

◆翅端长：♂ 21.0mm—24.0mm ♀ 20.0mm—28.0mm
◆成虫出现期：8月—11月（年1代）
◆分布：本州（新潟•宫城县以西）、四国、九州

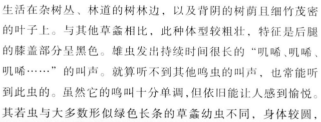

晴山似织螽

Hexacentrus hareyamai

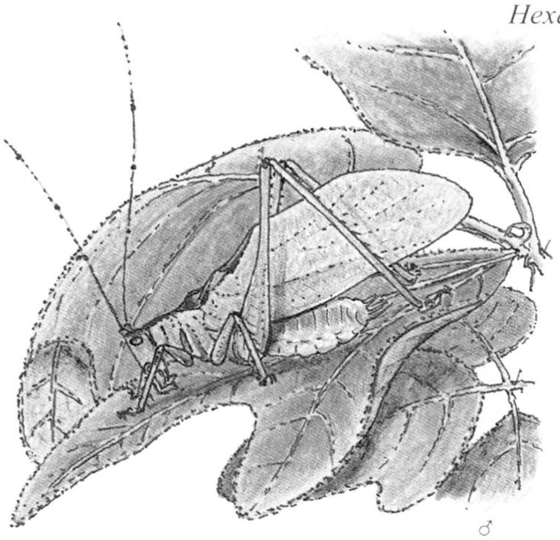

♂

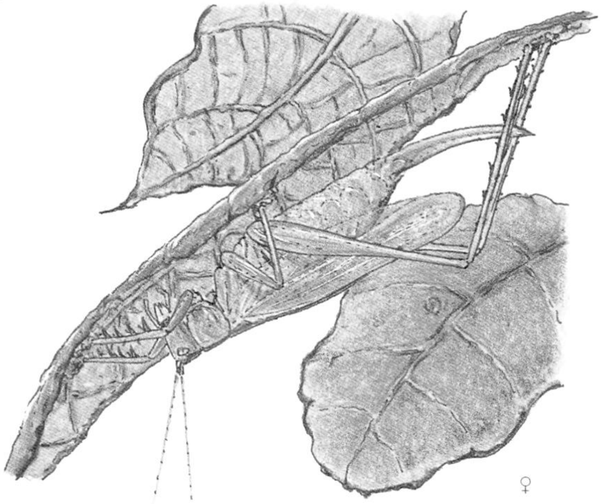

♀

在生长着葛的茂密树林中，以及生长着细竹的灌木丛中生存。夜间活动，其肉食性比东方螽斯更强。雄虫以一种机械的“噗——嗯、噗——嗯”的叫声开始，之后便持续地以一种我们熟知的独特叫声“斯威——秋、斯威——秋”鸣叫。在一些林地较多的郊区，在闷热的夏夜里，他们的叫声会透过开着的窗户传进来。直到2、3龄时，若虫的足的先端还呈白色，有一种穿着鞋子的喜感，完全感觉不到它的凶猛。

螽斯科

◆翅端长：♂ 36.0mm—46.0mm ♀ 33.0mm—46.0mm

◆成虫出现期：8月—10月（年1代）

◆分布：本州、四国、九州

☆卵→p.132

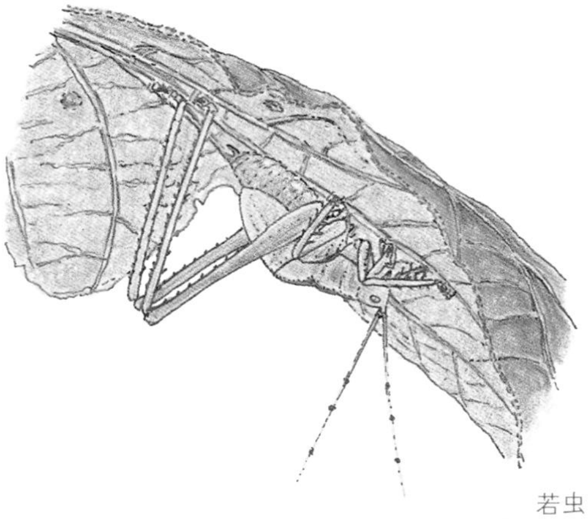

若虫

武藏蠃蛩螽

Nipponomeconema musahiense

一种生活在日本山毛榉或蒙古栎山林中的长翅蛩螽。近缘种有陆奥蠃蛩螽和骏河蠃蛩螽，只能通过外生殖器形状的微小差别才能区分彼此。白天在叶片上停歇，夜间则非常活跃地到处活动。会小声地发出“次次次、次次次、次次……”的叫声，也会用后足叩击叶片。

蛩螽科

◆翅端长：♂ 13.0mm—17.0mm

◆成虫出现期：8月—10月（年1代）

◆分布：本州（关东）、九州的山区

♂

陆奥蠃蛩螽

Nipponomeconema mutsuense

♂

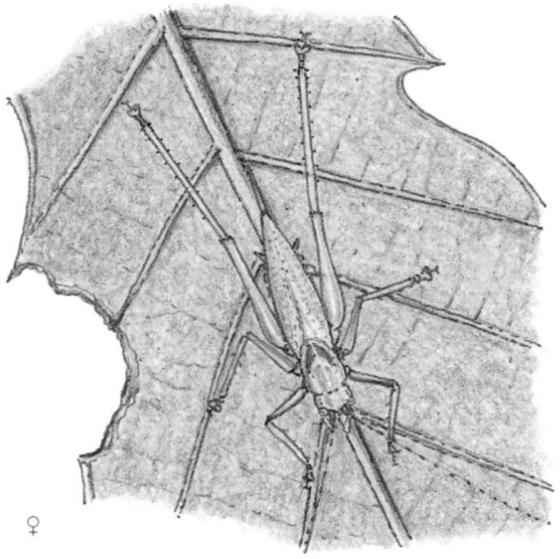

♀

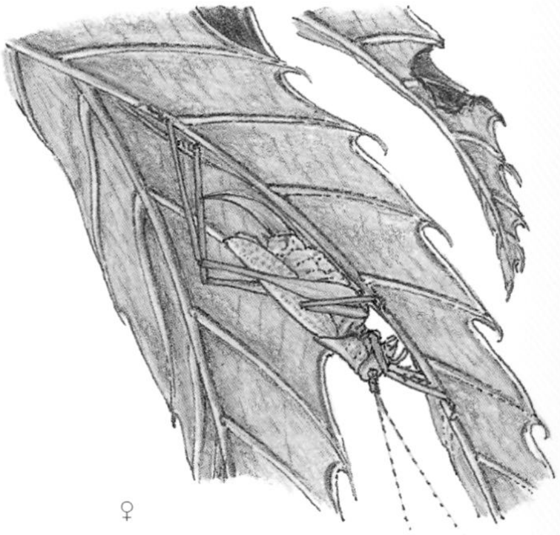

♀

一种长翅蛩螽，生活在长有日本山毛榉或蒙古栎的山林中。与武藏蠃蛩螽一样，它们小巧且平衡感极强的身形、背上红褐色的鲜艳图案及其稀有程度，都让它们成为昆虫爱好者们梦寐以求的一种鸣虫。这种恐螽白天在叶片上停歇，夜间非常活跃地到处活动。主要捕食蛾等小昆虫。多聚集在灯光附近，也多在灯光附近被捕捉到。雄虫小声地发出“哧哧、哧哧、哧哧……”的叫声，也会用后足进行敲击。

蛩螽科
- ◆翅端长：♂ ♀ 13.0mm—19.0mm
- ◆成虫出现期：8月—10月（年1代）
- ◆分布：本州（东北—近畿地区）、四国的山区

铃木库螽

Kuzicus suzukii

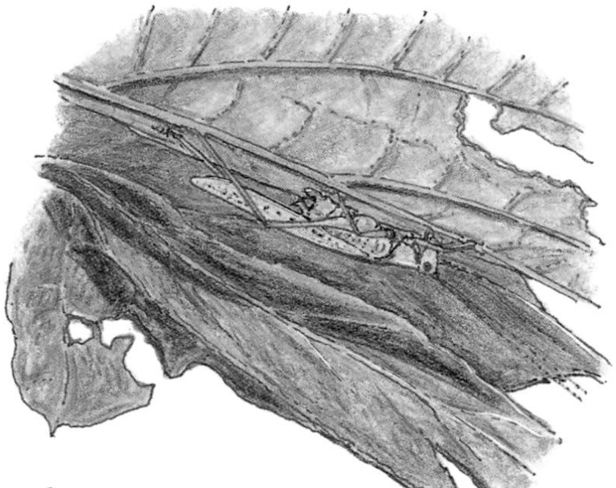

♂

♀

一种也被称为绿蛩螽的有翅蛩螽。生活在由日本山毛榉或蒙古栎组成的茂密树林的边缘地带，也会在长有日本栗的树林中生活。白天在叶片上停歇，夜间到处活动。主要捕食蛾等小昆虫。善飞行，常在灯光附近来回飞动。鸣叫声小且无辨识度，会发出一种“哔——”的连续音。

蛩螽科
- ◆体长：♂ 13.0mm—15.0mm，♀ 10.8mm—13.4mm
- ◆成虫出现期：8月—10月（年1代）
- ◆分布：本州（宫城县以西）、四国、九州

小刻点剑螽

Xiphidiopsis subpunctata

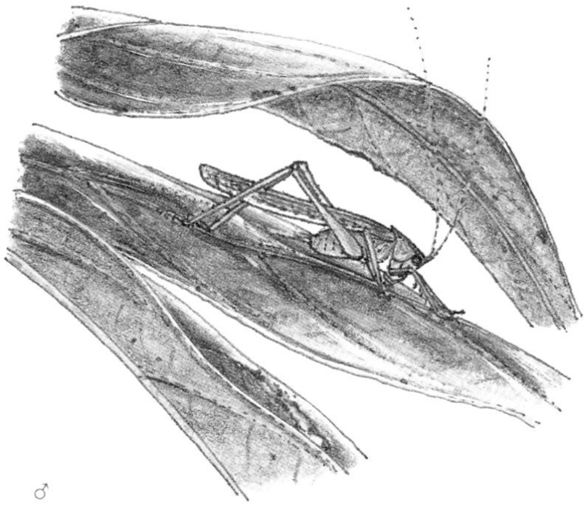

♂

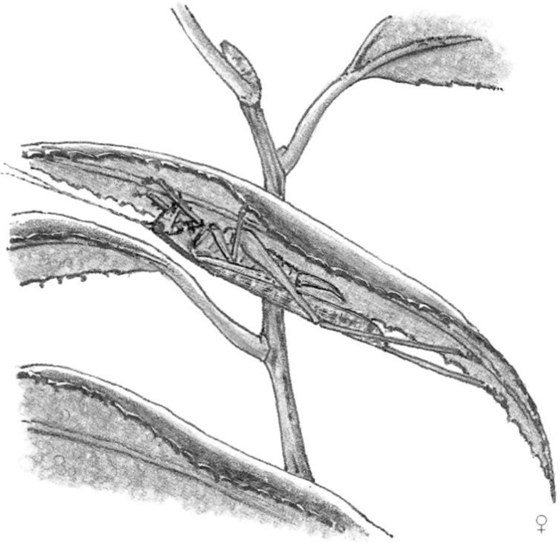

♀

与铃木库螽很像，但小刻点剑螽个头较小，背侧与翅为焦褐色，且翅有光泽。在照叶林略昏暗的地方与树林边缘地带生活。有时也能在杉木林中发现它们。主要夜间活动，但在白天也会敏捷地到处飞行。常被灯光吸引。其鸣叫声仍未经过鉴定。

蛩螽科
◆体长：♂ 13.0mm—14.0mm，♀ 11.0mm—12.0mm
◆成虫出现期：8月—10月（年1代）
◆分布：本州（关东地区以西）、四国、九州

白角纤畸螽

Leptoteratura albicornis

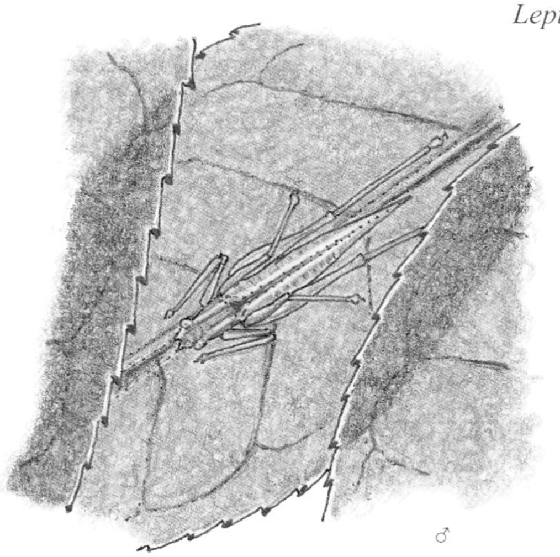

♂

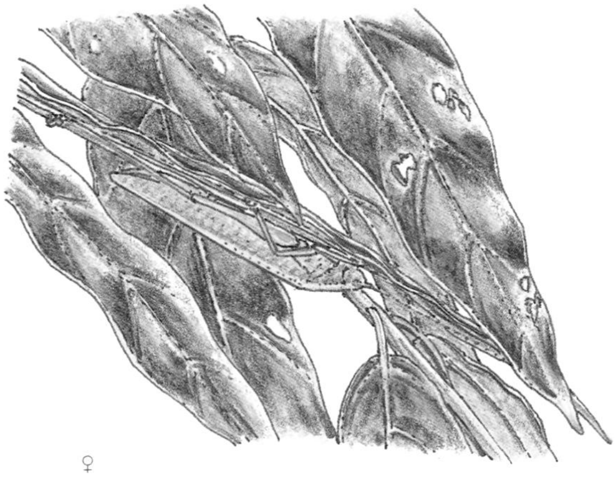

♀

也被称为小型铃木库螽，是一种有翅的蛩螽。生活在低矮山中的树林边缘地带。多出没于长有茂盛的葛或多花紫藤的树林中。白天停歇在叶片背面或重合的叶片之间，像粘在上面一样。体型不像其他螽斯，更像一种异常的被压扁的形状。受到惊吓时常飞走。夜间活动，会在茎叶上急促地爬行。常受灯火吸引。鸣叫声小且无辨识度，发出“噼嗾、噼嗾……”的叫声。

蛩螽科
◆体长：♂ 10.0mm—12.0mm，♀ 8.0mm—13.0mm
◆成虫出现期：8月—10月（年1代）
◆分布：本州（山形县以西）、四国、九州

黑筋饰尾螽

Cosmetura ficifolia

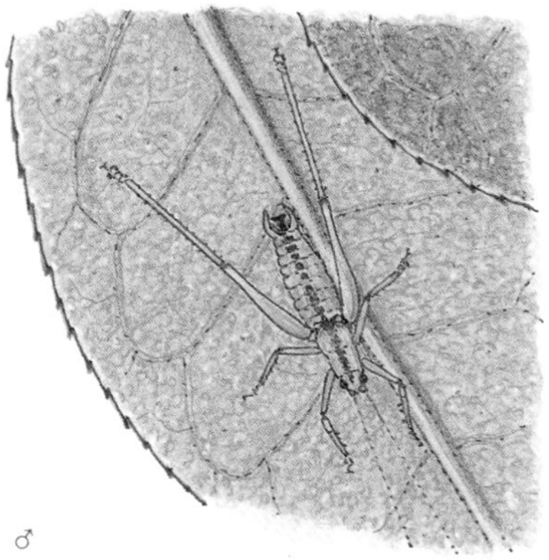

♂

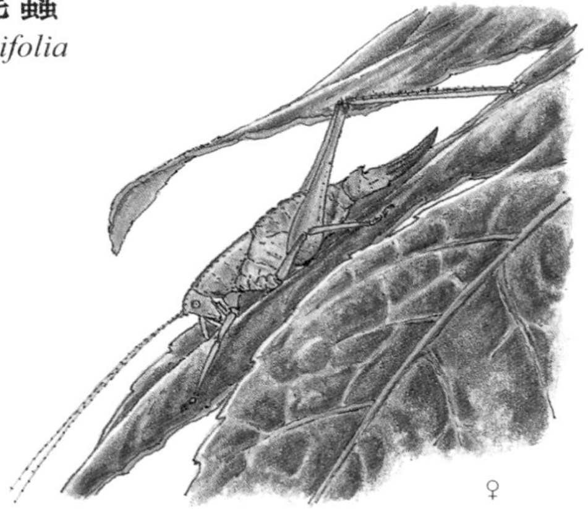

♀

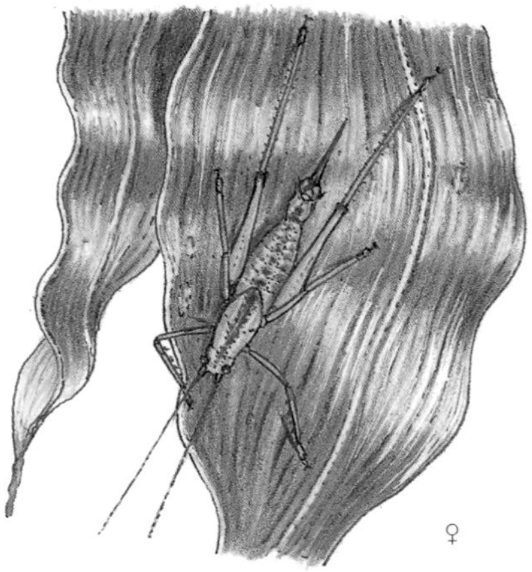

♀

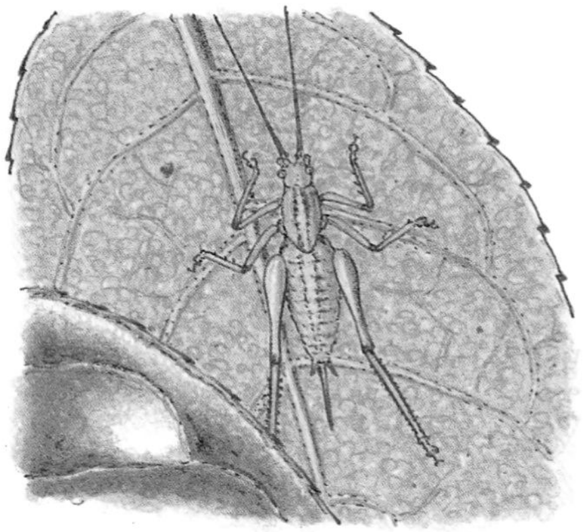

若虫

一种短翅的蛩螽，生活在树林（特别是照叶林）的地面上以及灌木或草丛茂盛的地方。白天在叶片表面或背面停歇，夜间到处活动，捕食蛾等小昆虫。雄虫与雌虫均会用后足快速地敲打树干或叶片。在雌虫身边，雄虫会在敲打之间发出“气气、气气、气气”的鸣叫声，声音虽小但却很热闹。直到终龄若虫之前，背部都有一条黄色的线。羽化为成虫之后，该线会变成黑褐色。

蛩螽科

- ◆体长：♂ 11.7mm—15.0mm，♀ 11.4mm—13.3mm
- ◆成虫出现期：7月—9月（年1代）
- ◆分布：本州（关东—近畿地区）靠近太平洋一侧

☆卵→p.132

北部蛩螽

Tettigoniopsis forcipicercus

一种短翅的蛩螽，多出没于由日本山毛榉或蒙古栎组成的树林中，常在地表、灌木或细竹的表面活动。在短翅蛩螽类中，这种较为常见。白天会以蛩螽独特的张开后足的姿势停歇在叶片上，夜间匆匆忙忙地到处活动，常聚集在灯光周围。雄虫会小声地发出“秋酷、秋酷……”的叫声。

蛩螽科

- ◆体长：♂ 12.1mm—14.1mm，♀ 11.9mm—14.5mm
- ◆成虫出现期：8月—10月（年1代）
- ◆分布：本州（东北—近畿地区）的山地

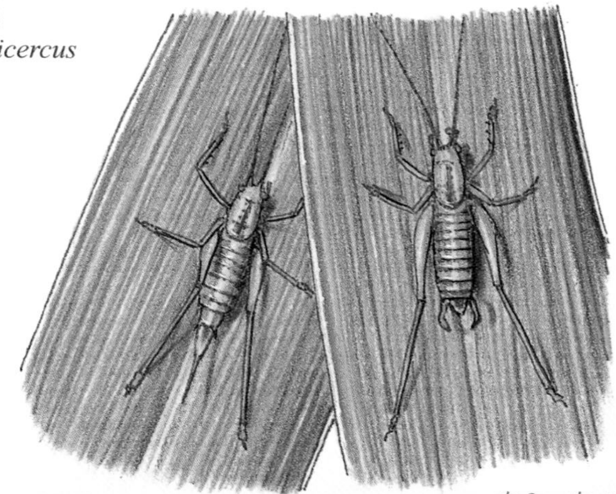

左♀　右♂

瘤蛩螽

Tettigoniopsis kongozanensis kongozanensis

一种短翅的蛩螽，生活在山地的日本山毛榉林或蒙古栎林的地表。雄、雌虫均和其他蛩螽一样，会用后足敲打树干或叶片。在雌虫边上时，雄虫会小声地发出“秋酷、秋酷……”的叫声。短翅蛩螽因其移动性较低，也因为物种的分化，在四国有记录的就有17种，其中任意一个种的分布都非常狭窄。

蛩螽科
◆体长：♂ 10.5mm—14.3mm，♀ 9.1mm—11.1mm
◆成虫出现期：8月—10月（年1代）
◆分布：本州（中部—近畿地区）的山地

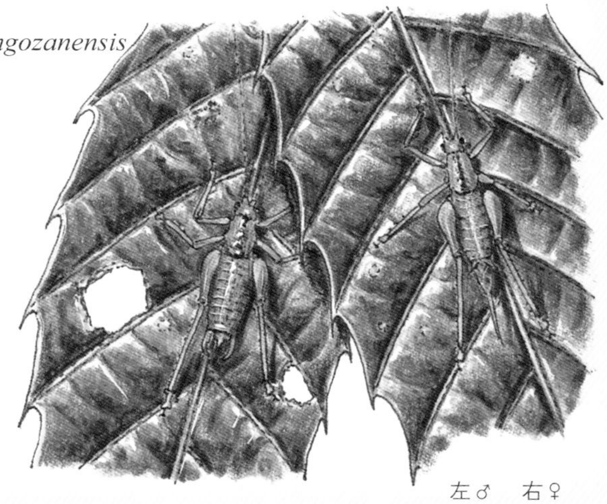

左♂　右♀

日本纺织娘

Mecopoda nipponensis

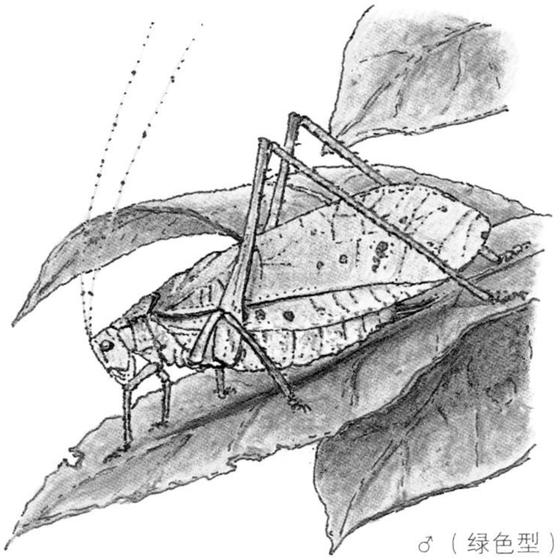

♂（绿色型）

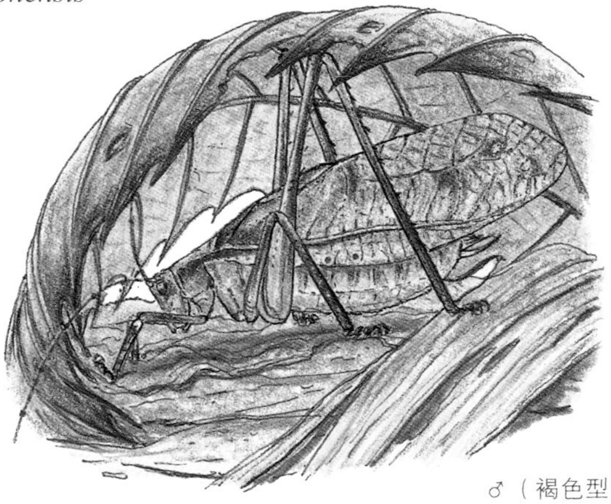

♂（褐色型）

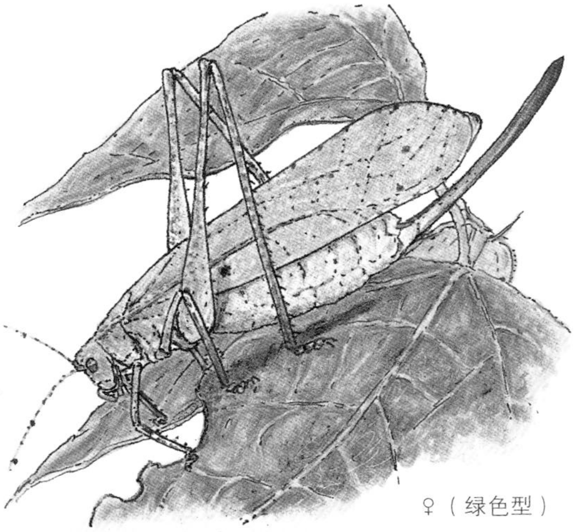

♀（绿色型）

个头硕大，非常醒目。生活在丘陵地区长有茂密的葛的树林边缘地带，以及灌木、细竹丛生的树林中。有绿色型、黄褐色型等。白天在地表停歇，不论哪一种的体色都是难以辨别的保护色。夜间活动，雄虫会持续地发出“嘎洽、嘎洽、嘎洽……”的叫声，声音大且吵闹。在鸣叫巅峰期，它们哪怕受到刺激都不会立即停止鸣叫。性格温顺，主要以蔬菜为食，非常便于饲养，但是在室内饲养的话可要做好准备。

纺织娘科
◆翅端长：♂ 50.0mm—53.0mm，♀ 50.0mm—59.0mm
◆成虫出现期：8月—10月（年1代）
◆分布：本州（宫城县以西）、四国、九州
☆卵→p.132

黑角露螽

Phaneroptera nigroantennata

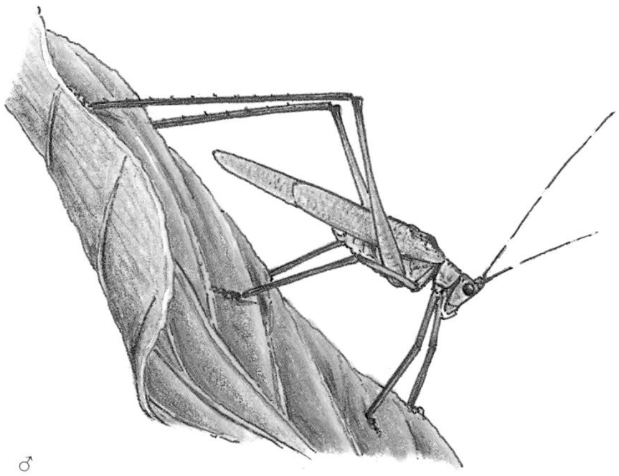

♂

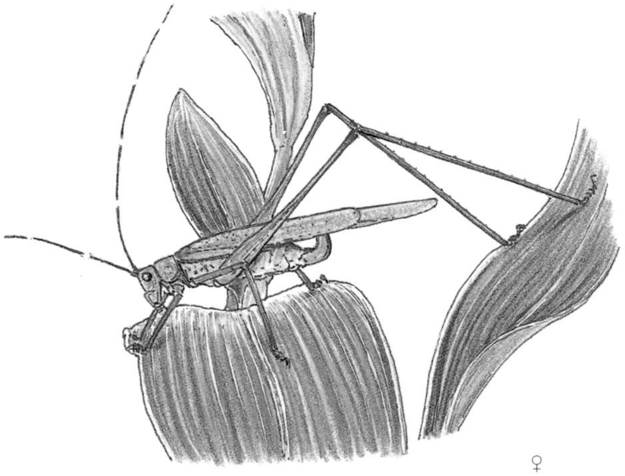

♀

与在草丛中生活的镰尾露螽很相似，但如同其名字一样，这种露螽足部的胫节呈黑色，触角上有醒目的白点。生活在丘陵或山地的树林边缘地带。主要夜间活动，当感到危险的时候，只能很微弱地进行短距离飞行。沿林道行走的时候，常会被突然飞出来的它们给吓到。雄虫会小声地发出“杰酷、杰酷……”的鸣叫，不用心去听的话很难觉察到。1龄、2龄若虫时，有绿色、红褐色以及黑色的带斑纹图样的体色，应该算是露螽中最美艳的一种了。

露螽科
- ◆翅端长：♂ ♀ 29.0mm—37.0mm
- ◆成虫出现期：6月—7月，8月—11月（年2代，关东地区以北年1代）
- ◆分布：北海道、本州、四国、九州

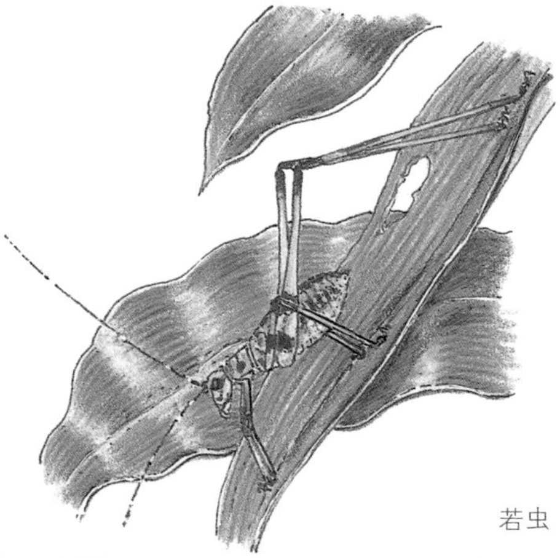

若虫

日本条螽

Ducetia japonica

与生活在草丛中的镰尾露螽很相似，但如其名字一样，雄虫的背侧有深褐色的线条。生活在葛丛生的茂密树林边缘地带，也多出没在绿篱较多的住宅区或果园。在较为狭小的栖息地内多能听到它们的鸣叫声。夜间活动，雄虫以“嘁、嘁……”的叫声开始，逐渐加快节奏，以“叽、叽——叽——”的叫声结束。它们的鸣叫是一种复杂且有变化的声音，不用心去听的话很难厘清。雌虫背侧有淡黄色的细线，腹部肥大，与雄虫有较大差别。

露螽科
- ◆翅端长：♂ ♀ 33.0mm—47.0mm
- ◆成虫出现期：8月—11月（年1代）
- ◆分布：本州、四国、九州

☆成虫→p.77 卵→p.133

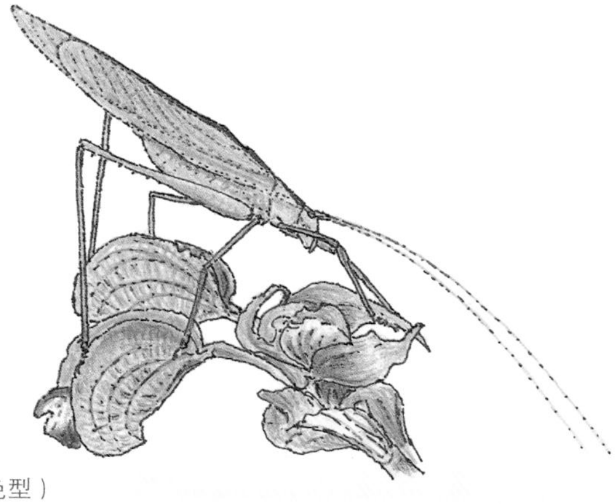

♂（绿色型）

札幌桑螽

kuwayamaea sapporensis

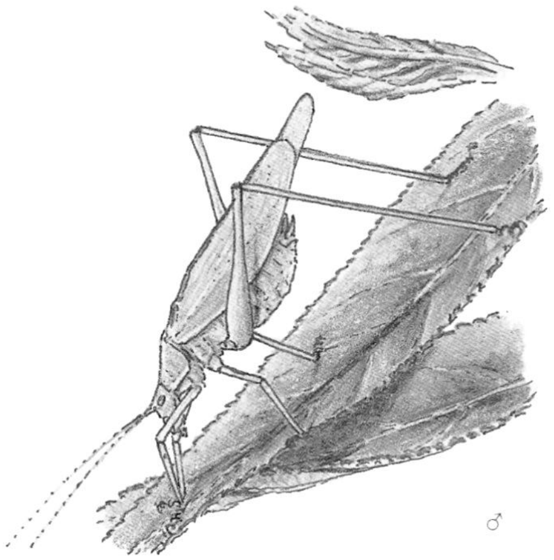

♂

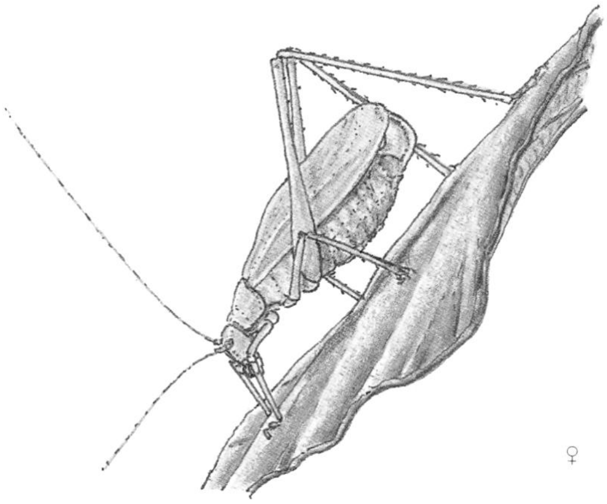

♀

一种习性偏向于山地性的昆虫。生活在葛丛生的茂密树林边缘地带。只有绿色型。雄虫与日本条露螽相似，但翅略宽。雌虫的体型与大多数的露螽不同，翅的末端呈卵形，长度较短，也有个体的翅长只到产卵器附近。夜间活动，雄虫会边活动边发出“嘶——嘁嘁、嘶——嘁嘁、嘶——嘁嘁”的叫声，随后，在慢慢变快的同时，间隔着发出短暂的鸣叫。在鸣叫声均不怎么具有辨识度的露螽中，它的鸣叫声响亮高亢，非常引人注目。其美妙且富有韵律的叫声非常动听。

露螽科

◆体长：♂ ♀ 16.3mm—33.0mm

◆成虫出现期：7月—8月（年1代）

◆分布：北海道、本州、四国、九州

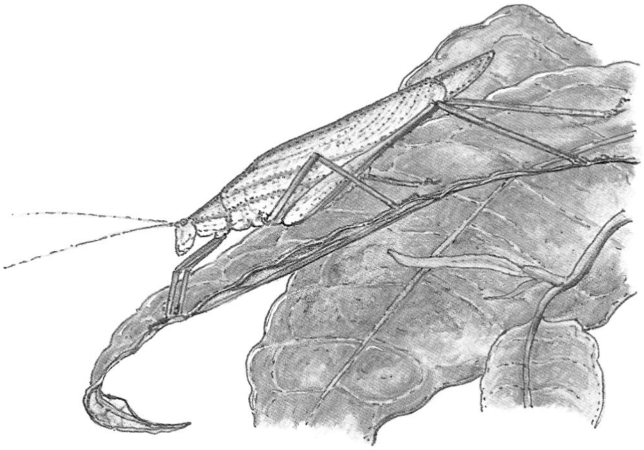

♂（褐色型）

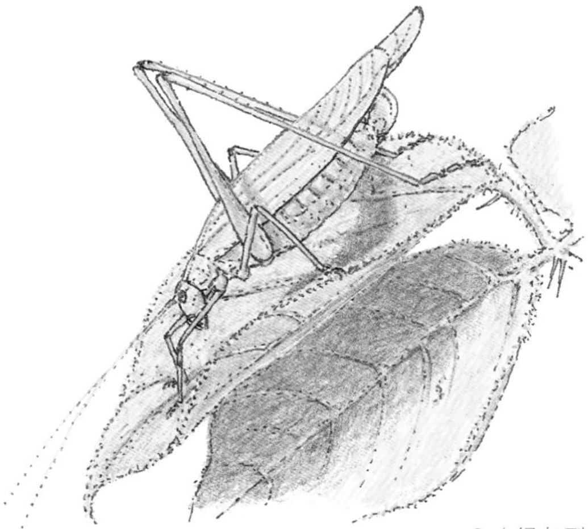

♀（绿色型）

日本素木螽

Shirakisotima japonica

♂

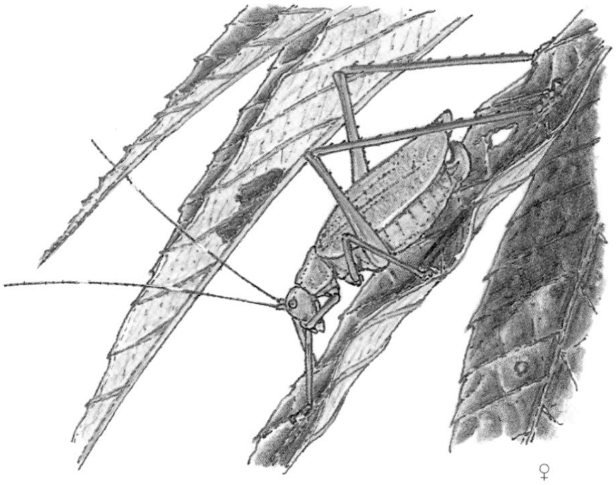

♀

一种栖息在山区树上的露螽，生活在落叶阔叶林的边缘地带，以及稀疏树林内的中等高度树木的树冠上。雄虫翅的根部与足呈鲜艳的橙色，给人非常华丽的印象。雌虫与雄虫的触角上均有显眼的白点。昼夜皆活动，雄虫常常在白天，特别是上午鸣叫。发出“嘶—嘶—嘶—嘶—嘶—喊可喊可喊可”的叫声，越叫越快，并且断断续续地反复鸣叫。它与几乎同时出现的、拥有相似鸣叫声的雷氏姬蝉一起，为林木茂密的高原烘托出夏天的氛围。

露螽科

◆翅端长：♂ 35.0mm—38.0mm ♀ 38.0mm左右

◆成虫出现期：7月—9月（年1代）

◆分布：本州、四国、九州的山区

瘦异露螽

Phaulula macilenta

一种与日本绿螽相似、体型小、体色白的昆虫。生活在温暖地区的海岸边，在阔叶林中活动，近年逐渐北上至神奈川或东京等地区。雄虫的鸣叫声很轻，发出有间隔的“喊、喊”的鸣叫声。雌虫的翅上也有简单的发音器，能发出有间隔的“噼喊、噼喊”的叫声，偶尔也会在白天呼应雄虫的鸣叫。若虫与其他露螽的若虫相比，体型并非呈圆形，而是一种像小鱼一样的漂亮的扁平状。中龄若虫的背侧有带有黄色的白色线条，是它的辨识特征。

露螽科

◆翅端长：♂ ♀ 34.0mm—42.0mm

◆成虫出现期：9月—11月（年1代）

◆分布：本州（关东地方南部以西）、四国、九州

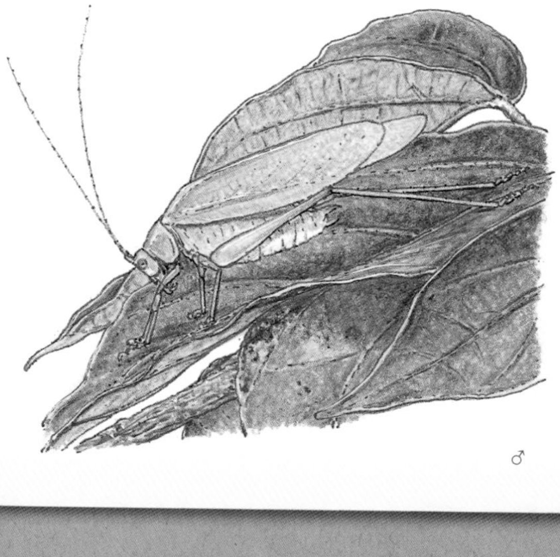

♂

日本绿螽

Holochlora japonica

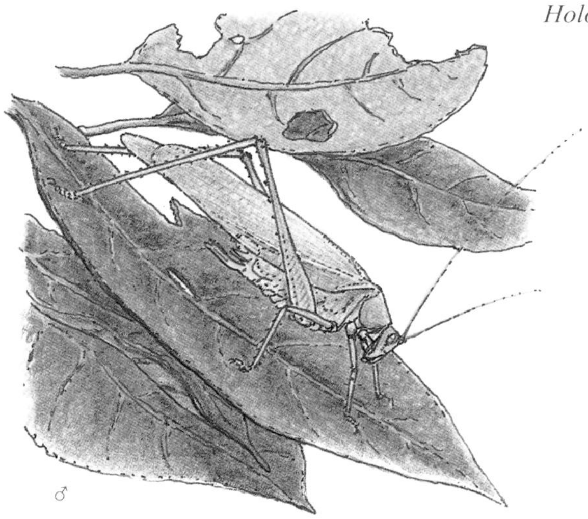

♂

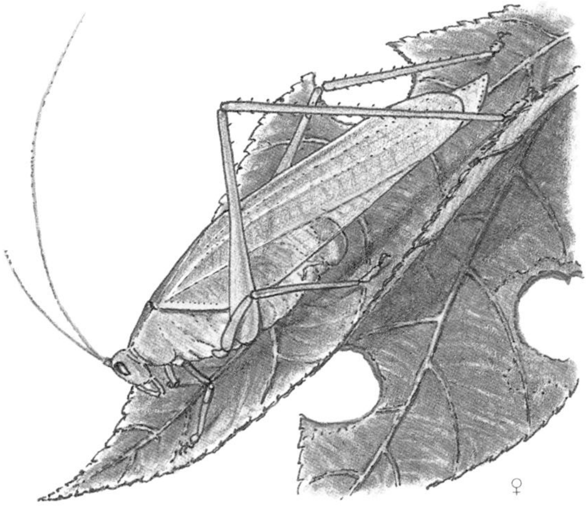

♀

一种大型露螽，雌虫个体非常大，而且很容易被发现。生活在阔叶林的边缘或内部，会在橘子或梅子等果园内产卵，也出没于果园附近。雄虫会小声地发出有间隔的“嘁、嘁、嘁”的叫声。雌虫的翅上也有简单的发声器，发出“噼嘁、噼嘁”的叫声。有时，雌、雄虫会聚集在一棵树上鸣叫，彼此呼应。夜间活动，白天在叶片上停歇，感到危险时只能非常没用地飞出一小段距离。因为体型较大，突然出现常常会吓人一跳。

露螽科
◆翅端长：♂ ♀ 44.0mm—62.0mm
◆成虫出现期：9月—11月（年1代）
◆分布：本州（新潟·茨城县以西）、四国、九州
☆卵→p.133

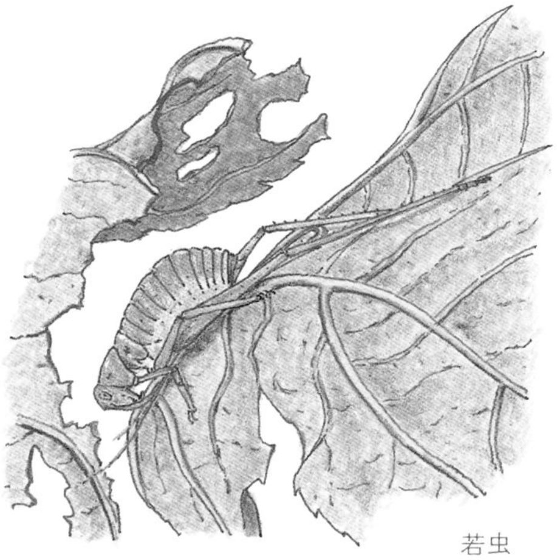

若虫

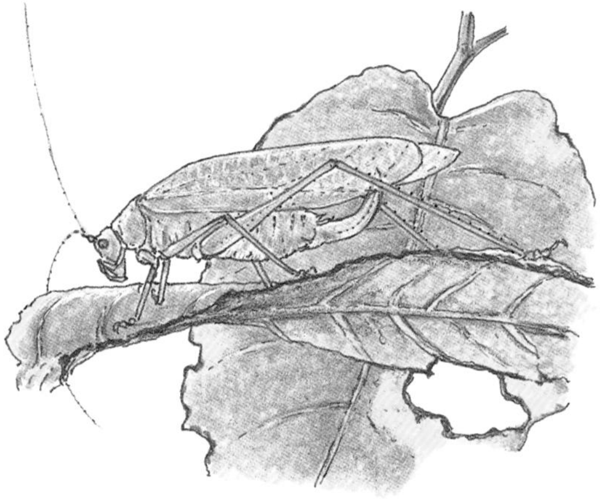

♀

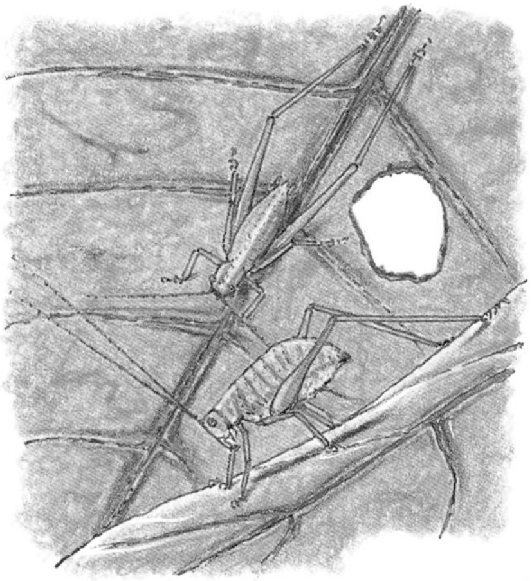

若虫

长裂华绿露螽
Holochlora longifissa

与日本绿露螽相似，但最大的区别在于长裂华绿露螽前足的腿节呈红色。习性略偏向山地性，生活在阔叶林的林地边缘以及其内部。白天在树冠或者叶片上停歇。夜间活动，常栖息在各种阔叶乔木的树叶上，偶尔会被灯光吸引。鸣叫声为发散的"沁、沁、沁、沁、沁"，如金属叩击声。

露螽科
◆翅端长：52.0mm—53.0mm
◆成虫出现期：9月—11月（年1代）
◆分布：本州（新潟·茨城县以西）、四国、九州

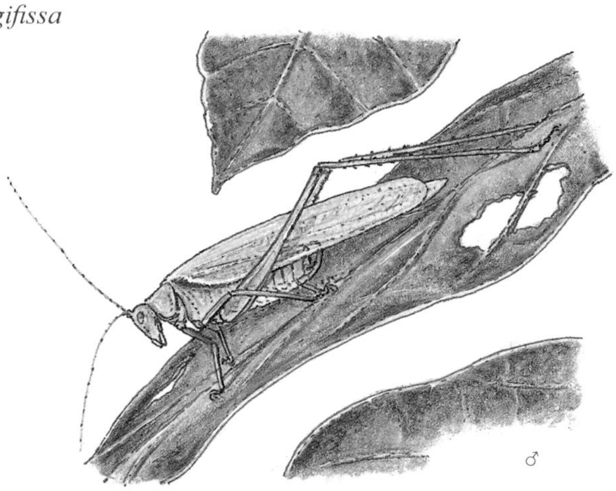
♂

日本黑缘螽
Psyrana japonica

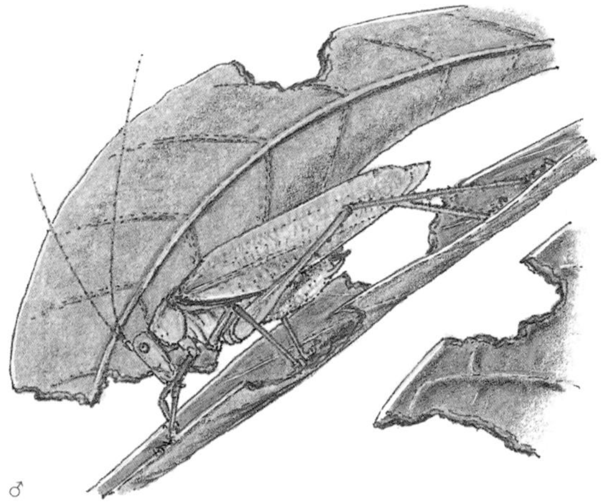
♂

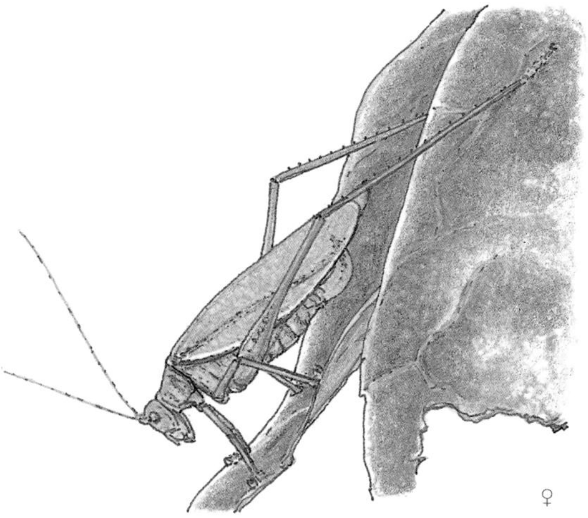
♀

一种与日本绿露螽和长裂华绿露螽外形相似，具有山地习性的大型露螽。可以根据这种前胸背板的翅基部分的黑色边框与外生殖器的形状来区别它与上述二种螽斯。生活在阔叶林的内部或边缘。当感受到危险的时候，只能很弱地进行短距离的飞行。夜间活动，偶尔会向着灯光飞来。第二天早上能见到停在墙上的虫子。雄虫不客气地一股脑儿地发出"咕咻噜噜——"的具有发散性的 叫声。雌虫与其他大型露螽一样，会发出"噼嘁、噼嘁噼嘁"的叫声。

露螽科
◆翅端长：38.0mm—56.0mm
◆成虫出现期：8月—10月（年1代）
◆分布：本州、四国、九州

日本松蛉蟋

Comidoblemmus nipponensis

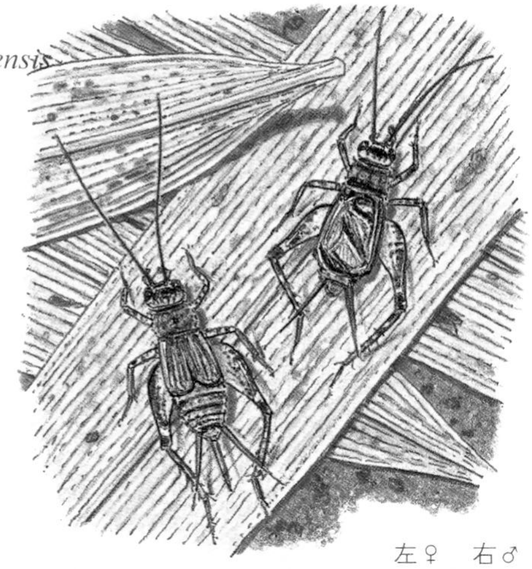

左♀　右♂

有的蟋蟀个头特别大，有的则特别小，这种却个头刚刚好。特别是雄虫小小的头部以及近乎梯形的翅，它具有其他蟋蟀所不具有的魅力。生活在树林边缘、河川边的土堤上以及草丛茂密的草地上。在草根或地表挖掘浅浅的洞穴，并潜伏其中。雄虫发出长长的“嚁溜——”的叫声。声音略低沉，如同双带拟蛉蟋的叫声一样美妙。

蟋蟀科
◆体长：♂ 9.4mm—9.6mm ♀ 8.1mm—11.0mm
◆成虫出现期：8月—10月（年1代）
◆分布：本州、四国、九州
☆若虫→p.63

森林棺关蟋

Loxoblemmus sylvestris

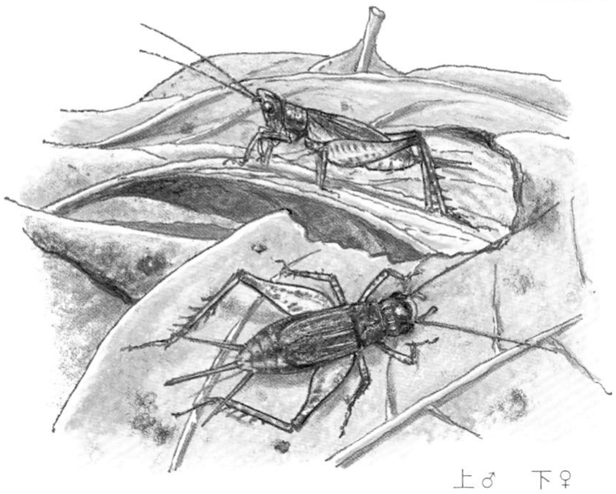

上♂　下♀

♂

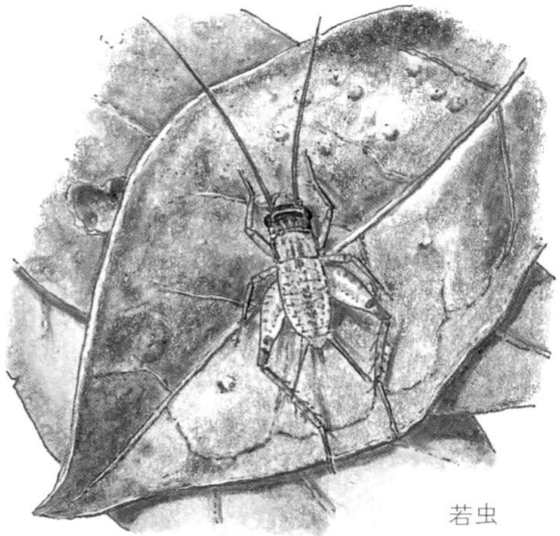

若虫

棺头蟋分为森林棺头蟋、平原棺头蟋、小棺头蟋三种。可以通过体色与翅长的差异，以及鸣叫声之间的微小差异加以区别。森林棺头蟋如其名字一样，生活在树林中堆积着树叶的地表。雄虫昼夜都鸣叫，会连续地发出与“迷卡斗蟋”一样含糊的“哩、哩、哩、哩……”的叫声。当树林里虫鸣四起的时候，它的叫声便组成了森林中的寂静之声 。

蟋蟀科
◆体长：♂ 15.0mm左右 ♀ 12.5mm—15.8mm
◆成虫出现期：8月—10月（年1代）
◆分布：本州、四国、九州

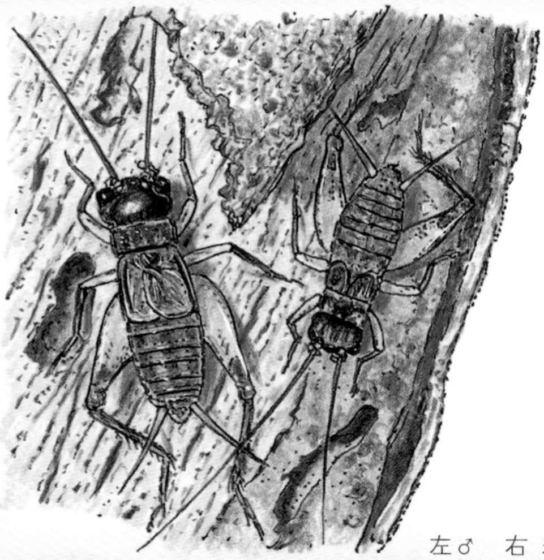

左♂　右 若虫

伊万多兰蟋

Duolandrevus ivani

具有日本最大级别体型的蟋蟀。生活在海岸边的照叶林、枯朽而倒下的树干以及树洞中。发育为成虫需要两年的时间，能同时观察到若虫与成虫时期。雄虫会悠悠地发出有间隔的“咕哩——咕哩——”的叫声。昼夜均鸣叫，在深夜漆黑的树林中，这种令人窒息的低沉叫声仿佛有着支配黑暗的魔力。

蛞蟋科（现分类为蟋蟀科）
◆体长：♂ 29.0mm—30.2mm
◆成虫出现期：7月—4月（若虫或成虫越冬）
◆分布：本州（千叶县、福井县以西）、四国、九州
☆成虫→p.136

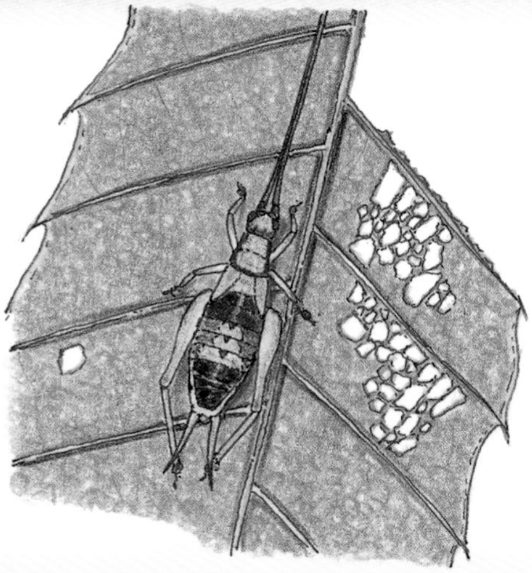

梨片蟋的若虫

Truljiaia hibinonis

从中国传入的蟋蟀。伏在樱花或悬铃木等落叶阔叶树的叶片上，在树木的树皮下产卵。若虫初期呈红褐色，一眼看去会觉得是某种鳞蟋；随着成长，体色逐渐变绿。多分布在城市与郊区，但近年来开始向郊外的丘陵地带的树林中蔓延，个体数量很大，以至于都听不见其他蟋蟀的鸣叫了。

蛞蟋科（现分类为蟋蟀科）
◆成虫出现期：8月—10月（年1代）
◆分布：本州（岩手县以西）、四国、九州（来自中国）
☆成虫→p.78 卵→p.136

日本长须蟋

Aphonoides japonicus

一种有着雌性蛞蟋那样小巧与灵活特性的树栖性蟋蟀。雌、雄虫的外形非常相似。生活在静冈县以西的照叶林内或边缘地带。白天在阔叶乔木的树叶上停歇，受到惊吓时常飞走。夜间活动，偶尔会向灯光飞来。雄虫没有发音器，所以不能鸣叫，但它们会用下颚快速地敲击叶片或枝条。

蛞蟋科（现分类为蟋蟀科）
◆翅端长：♂ 19.0mm ♀ 19.7mm—20.0mm
◆成虫出现期：8月—11月（年1代）
◆分布：本州（静冈县以西）、四国、九州

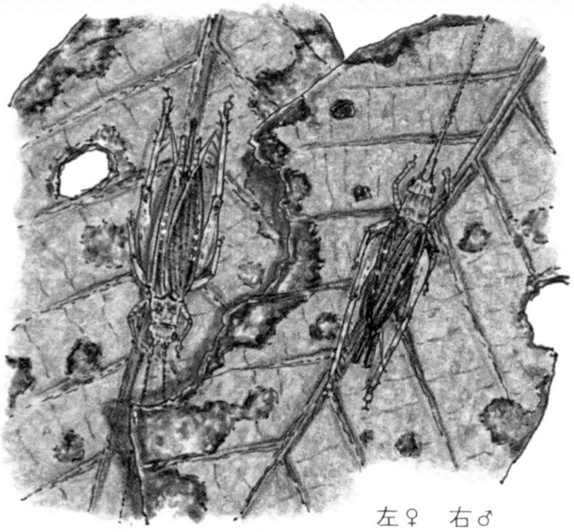

左♀　右♂

日本钟蟋

Meloimorpha japonica

♂

生活在芒草或细竹丛生的草丛或灌木丛中，也会在河川周围生活。夜间活动，但白天也会在非常黑暗的地方鸣叫。行动异常敏捷，因此想在草木丛生的地方寻找其生息的踪影非常困难。单独的个体会发出“哩哩哩——嗯”的鸣叫声，纤细寂寥。群居时，会一同鸣叫，发出“哩——嗯、哩——嗯”这样为人熟知的强有力的鸣叫声。

蛣蟋科（现分类为蟋蟀科）
◆体长：♂ 16.0mm—16.4mm
◆成虫出现期：8月—10月（年1代）
◆分布：北海道（迁入），本州，四国，九州
☆成虫→p.68 卵→p.137

相似树蟋

Oecanthus similator

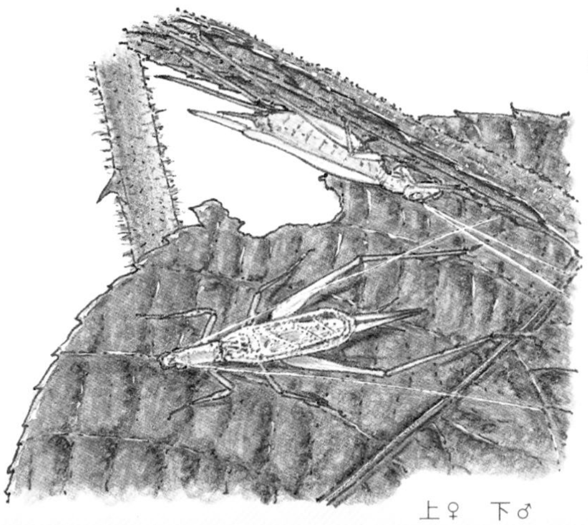

上♀　下♂

一种全身呈现出透明感的树蟋。分布在日本的局部地区，在略微潮湿的树林边缘地带以及有蓬藥等悬钩子属植物的灌木丛中生活。雄虫只在夜间鸣叫，会长时间地发出带着颤音的、断断续续的“溜——”。在山谷中，成群的个体会发出带有回响的叫声，就如同在溪水中鸣叫的榵贺青蛙一样，是一种久听不厌的让人身心舒畅的叫声。

蛣蟋科（现分类为蟋蟀科）
◆体长：♂ 11.7mm—13.4mm，♀ 13.8mm
◆成虫出现期：8月—10月（年1代）
◆分布：本州、四国、九州

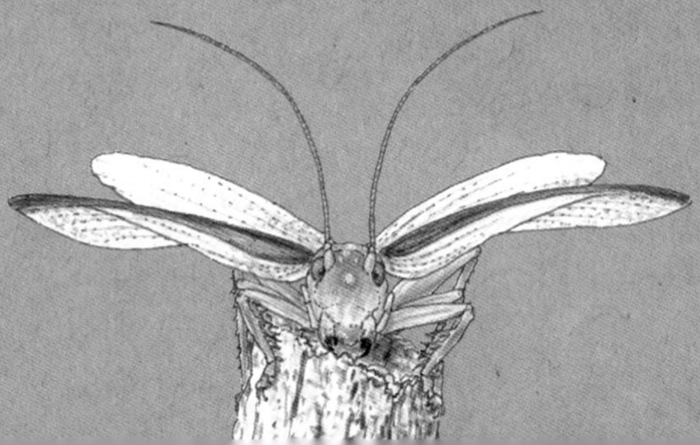

黑头墨蛉蟋

Homoeoxipha obliterate

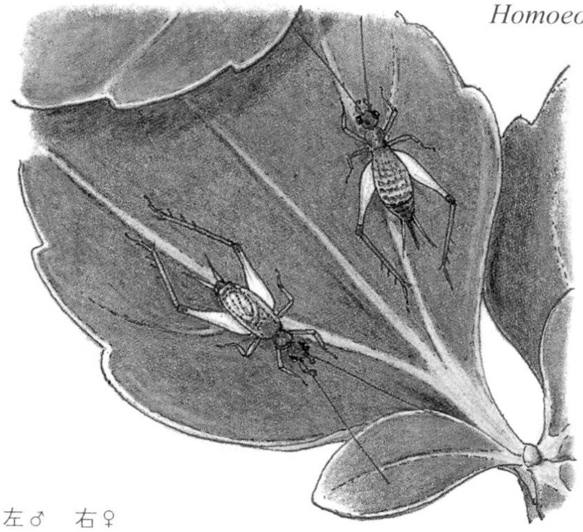

左♂ 右♀

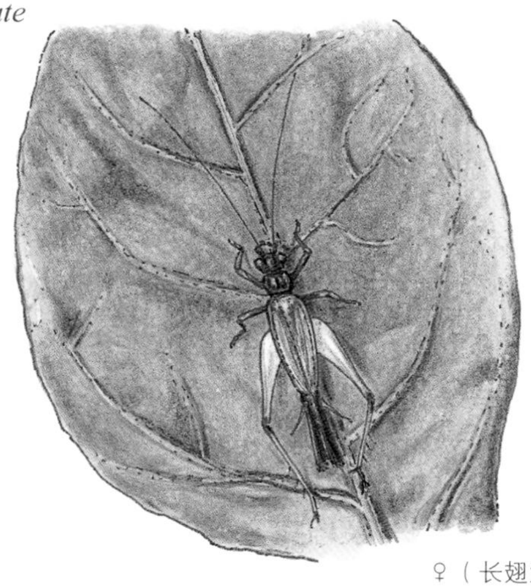

♀（长翅型）

一种小型蟋蟀，头部为黑色，胸部至翅基部为醒目的红褐色。生活在幽暗的杉树林中，常停歇在地表附近的草本植物的叶片上。雄虫会用悠悠的低音，以一种独特的曲调发出“叽——叽、叽”这样长而反复的鸣叫声，或是用高音发出“叽、叽——溜——”的鸣叫声。因为这种蛉蟋会用一种不规则且极富变化的叫声鸣叫，因此就算听很长时间也不会感到厌倦。后翅为长翅型的个体可以飞行，能进行长距离的移动。一般认为，这可能是为了扩散其生态分布范围而演化出的有利性状。

蛉蟋科
◆体长：♂ 6.2mm—6.5mm，♀ 5.6mm—6.5mm
◆翅端长（长翅型）：♀ 10.0mm
◆成虫出现期：8月—10月（年1代）
◆分布：本州、四国、九州
☆卵→p.138

双带拟蛉蟋

Svistella bifasciata

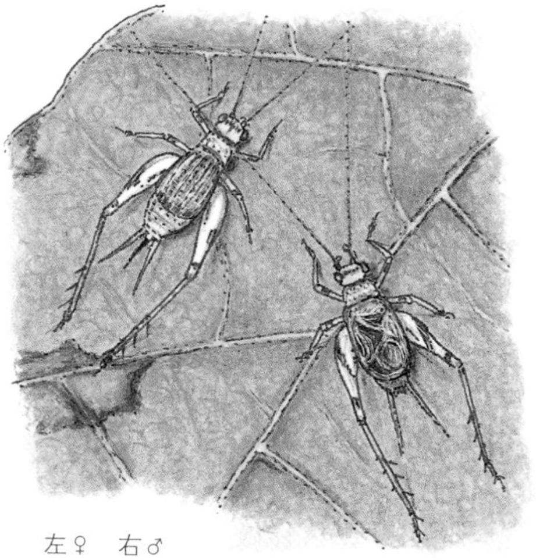

左♀ 右♂

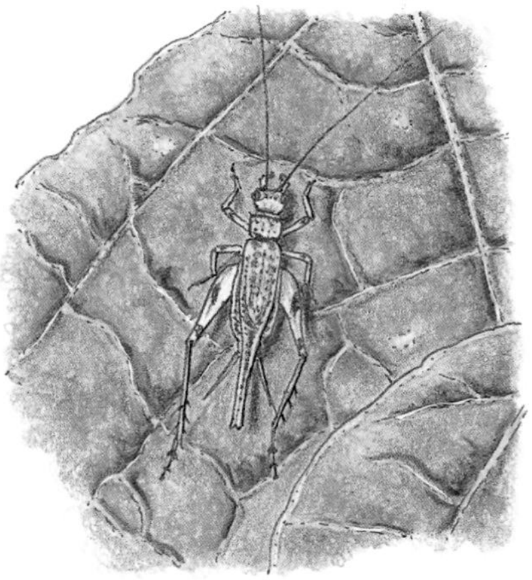

♀（长翅型）

一种敏捷的树栖型小型蟋蟀。生活在落叶的矮小乔木或生长有茂盛的葛的树林边缘地带，潜伏于重叠的叶片间或枯萎卷起的树叶上。雄虫主要在白天，特别常在上午鸣叫。反复地发出拖得很长的、透着凉爽感的“非哩哩哩哩哩哩——”，不论怎么听，这都是一种令人愉悦的动听的声音。明治时期，曾给予日本鸣虫文化最高评价的文学家小泉八云写著了著名的随笔《双带拟蛉蟋》，那就是以双带拟蛉蟋为题材所撰写的。

蛉蟋科
◆体长：♂ 7.5mm—7.6mm，♀ 6.9mm—9.5mm
◆翅端长（长翅型）：♀ 14.5mm
◆成虫出现期：8月—10月（年1代）
◆分布：本州、四国、九州
☆卵→p.139

暗黑灰针蟋
Pteronemobius nigrescens

一种黑色、带有光泽、具有最小体型的蟋蟀。生活在照叶林内堆积满落叶的地表。从白天开始鸣叫，持续地发出单调的“哔噜噜——哔噜噜——”这样轻微并且不引人注目的鸣叫声。与拥有相同鸣叫声的、栖息在开阔草原地带的暗带双针蟋和迷卡异针蟋相比，这种蛉蟋的叫声比较圆润，而且因其生活在树林中，可由此加以区别。

蛉蟋科
◆体长：♂ 5.5mm—6.5mm
◆成虫出现期：8月—10月（年1代）
◆分布：本州、四国、九州

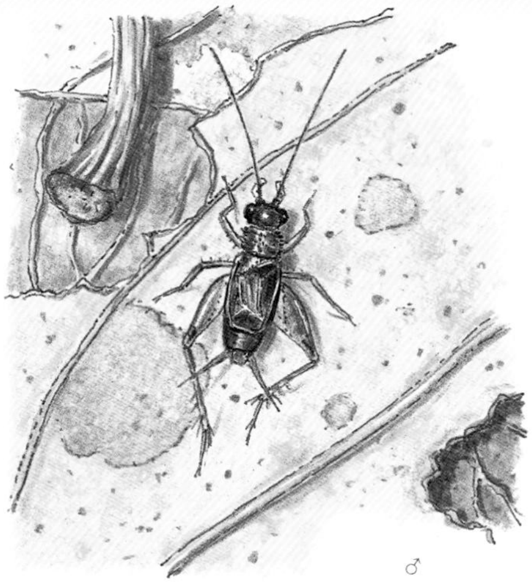
♂

凯纳奥蟋
Ornebius kanetataki

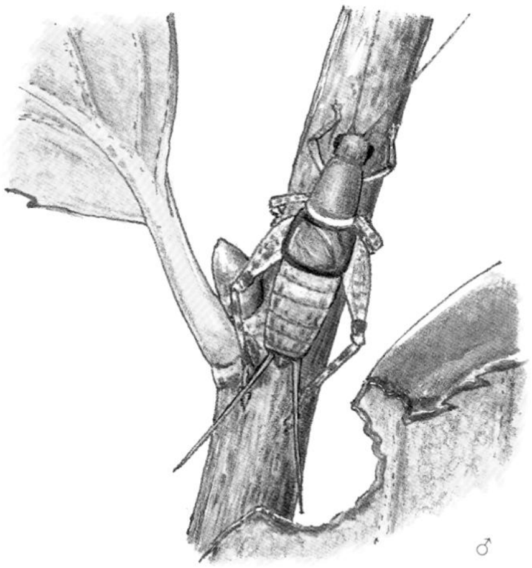
♂

生活在住宅区的绿篱或庭院的树木上、树林的边缘地带以及草势较高的草地上。翅长超过半个腹部，体色多样，从深褐色到金黄色都有。昼夜均活动，慢慢地发出“沁、沁、沁……”的如金属叩击般的声音。直到初冬都能听到它的叫声。雄虫在寻找配偶时，会重复地走走停停，然后开始鸣叫。

鳞蟋科
◆体长：♂ 7.0mm—11.0mm
◆成虫出现期：8月—11月（年1代）
◆分布：本州、四国、九州
☆成虫→p.80 卵→p.140

斑足长背蟋
Ectatoderus annulipedus

雄虫的翅很小，甚至可以藏在前胸背板的下面。雌虫则是一种体型圆润的无翅鳞蟋。生活在海岸附近的照叶林边缘。白天常常能在桑叶、葡萄藤上观察到好多静止不动的个体。夜间活动，雄虫用腹部末端快速地拍打茎叶，从而发出响声。饲养在盒子内时，会传出“噗噜噜噜噜”的声音。

鳞蟋科
◆体长：♂ 6.0mm—11.0mm ♀ 6.0mm—11.5mm
◆成虫出现期：8月—11月（年1代）
◆分布：本州（神奈川县以西）、四国、九州

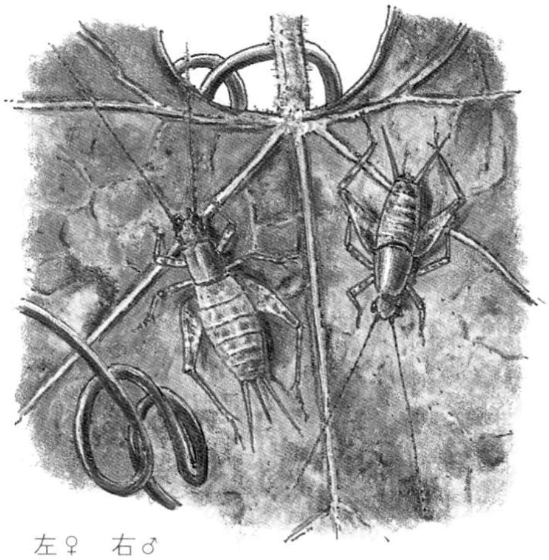
左♀ 右♂

日本饰蟋螽

Prosopogryllacris japonica

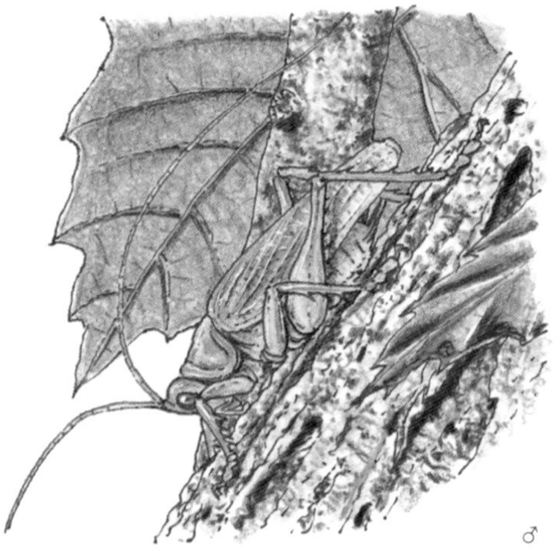

♂

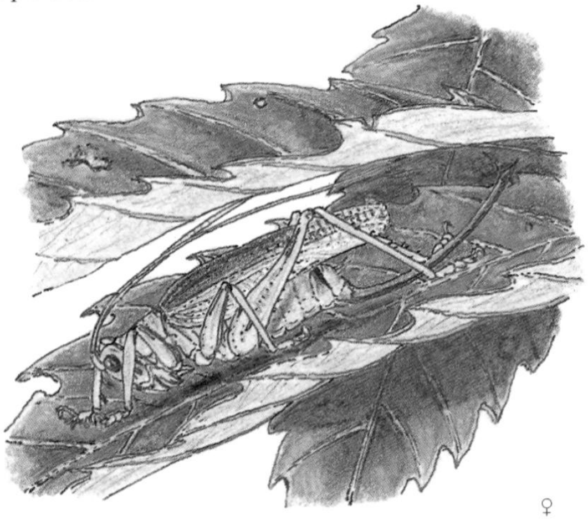

♀

一种形态介于蟋蟀与螽斯之间的昆虫，翅呈红褐色，体色呈绿色。生活在阔叶林内或边缘区域的树上。白天潜伏在用吐出的丝与叶片结成的巢中，夜间活动。有很强的肉食性。因为翅上没有发音器，所以不能鸣叫。它会用后足快速敲打枝叶来发出声音。饲养在盒子内时，能发出非常响亮的“空、空、空……”的声音。个性非常强烈，发怒时会一边张大口器，一边张开翅并震动，以此进行威吓。被它咬了的话那可非常疼。

蟋螽科
◆体长：♂ ♀ 30.0mm
◆成虫出现期：7月—9月（年1代，若虫越冬）
◆分布：本州、四国、九州
☆若虫→p.141

无翅蟋螽

Nippancistroger testaceus

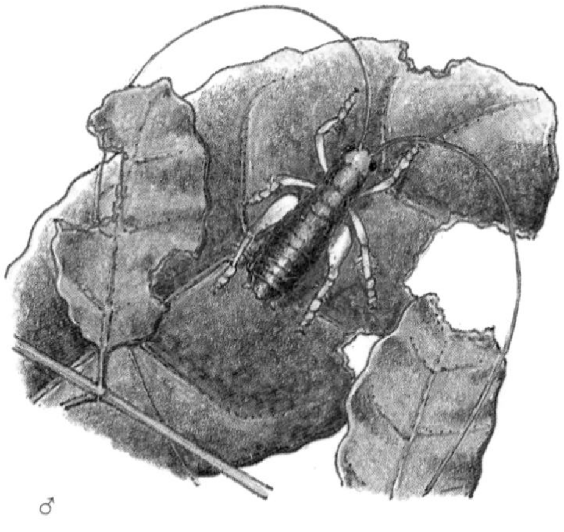

♂

♀

一种翅退化了的无翅茶褐色小型蟋螽。雌虫的产卵器具有向上翘的奇特形状。生活在阔叶林的边缘地带或是草丛的茂密处。白天伏在用吐出的丝与叶片结成的巢中。夜间活动，在植物上快速、流畅地来回爬动，主要捕食一些小昆虫。除了用后足快速地敲打枝叶来发出声音之外，雄虫还能上下摆动腹部，利用腹部与后足的摩擦，发出“丘、丘、丘、丘”的声音。

蟋螽科
◆体长：♂ 13.0mm—15.3mm ♀ 15.2mm—18.5mm
◆成虫出现期：6月—9月（年1代，若虫越冬）
◆分布：北海道、本州、四国、九州
☆若虫→p.141

第5章

越冬

寒风中，坐在向阳的荒地里。

竖起耳朵去寻听本不应该有的虫声。

但只能听到枯叶的低语以及喧嚣的风声。

春天不远了，瓢虫也快出现了。

荒地和空地上的草丛

第5章 越冬

太阳低沉，在闪耀着光亮的荒野上，三道眉草鹀的喉鸣轻轻地回响。
只有飞鸟的影子在冰冷的空气中移动。
昆虫们躲在地表下面，隐遁在枯草中，在残存的绿色叶片上进行着伪装，等待春天。

鸣虫有3种6只。
有16种鸣虫的卵或产卵痕。

水边的草地

第5章 越冬

冷风就这么一直吹着。也一定是结了好几回的冰了。

光之春。水面闪耀着波光。枯黄的草原令人目眩。

很快，暖风就将吹来，松浦氏小黄蛉蟋如铃铛震颤般的叫声又将响起。

鸣虫有3种8只。

有5种鸣虫的卵或产卵痕。

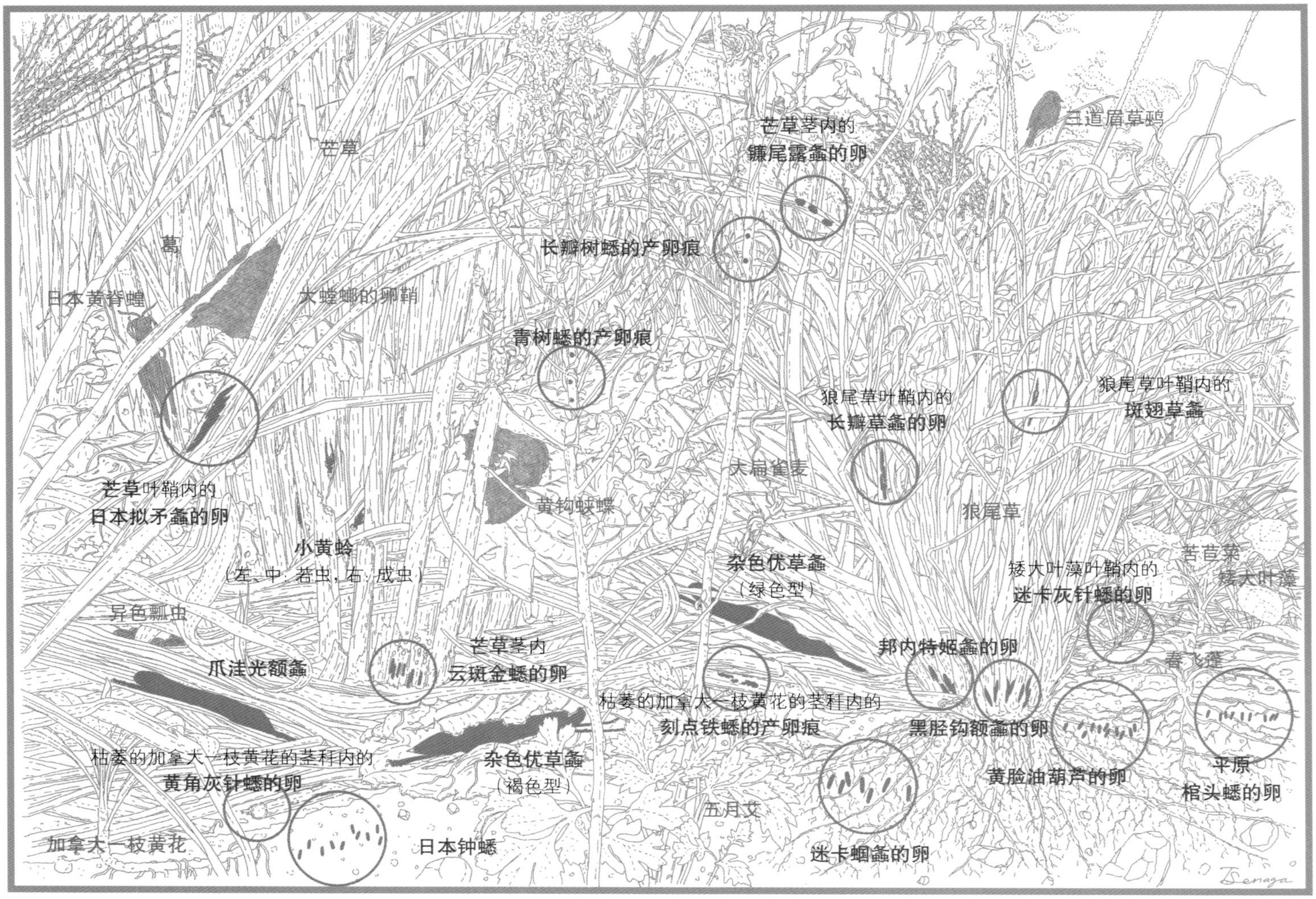

荒地和空地上的草丛

在荒地和空地上的草丛中，所有的草几乎都会在冬天枯死。
在芒草枯死的草丛中或是堆积起来的枯草中，
杂色优草螽以及爪洼光额螽以成虫越冬，小黄蛉蟋以成虫或是若虫越冬。
枯死的芒草茎秆的叶鞘里有日本拟矛螽的卵，薄叶片中有镰尾露螽的卵，
云斑金蟋的卵在靠近根部的茎内越冬。
在枯死的五月艾的茎里，长瓣树蟋或青树蟋留下了产卵痕，它们以卵越冬。
在枯死的狼尾草上，其茎上的叶鞘中附着着长瓣草螽的卵；黑胫钩额螽以卵的形式在根部附近越冬。
在倒下的加拿大一枝黄花中，刻点铁蟋和黄角灰针蟋的卵在其茎的内部越冬。
土壤里则有黄脸油葫芦等蟋蟀，以及以卵越冬的螽斯和邦内特姬螽。
这些鸣虫都会以一种固有的方式来度过严冬。

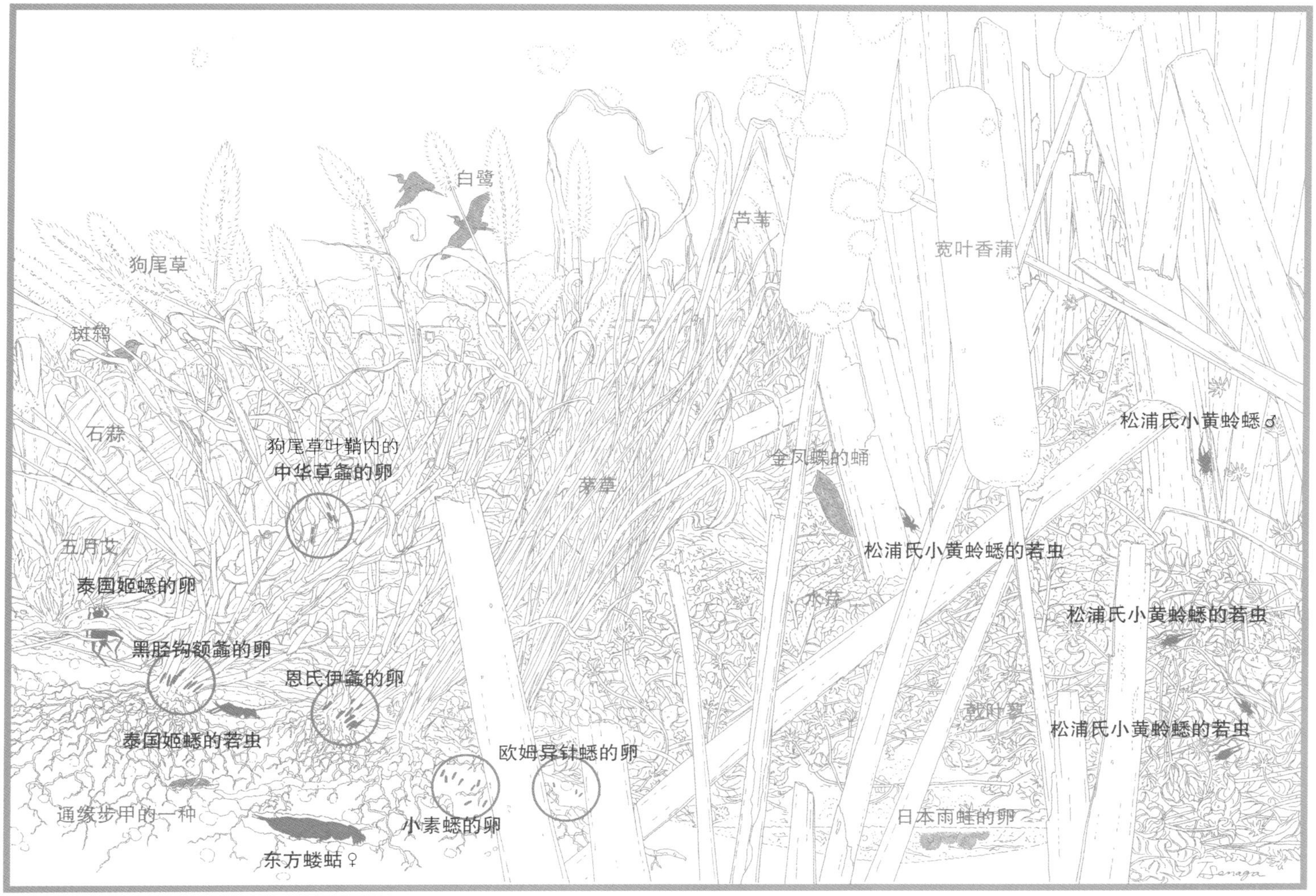

水边的草地

在冬季水边的草地上，冷风吹拂过水面，植被上下满了霜，水面上结起了冰。

对在此过冬的生物来说，这实在是非常严苛的环境。

从春天到初夏，鸣叫声美丽动听的那些成虫，

有的在芦苇以及宽叶香蒲枯萎的茎中越冬，有的则在底层茂密生长的戟叶蓼等枯草中越冬。

泰国姬蟋的若虫、蝼蛄的成虫和若虫、

小素蟋、平原棺头蟋等蟋蟀的卵则在土堤中越冬。

草丛中枯死的禾本科植物中，其茎的叶鞘中以及其根部附近，都附着中华草螽、黑胫钩额螽以及恩氏伊螽的卵。

直翅目昆虫与蝴蝶或甲虫等则不同于以上这些鸣虫，它们的发育阶段缺少蛹期，属于不完全变态昆虫。

越冬时，不同种类的直翅目昆虫会选择其生活史中与环境相适应的状态，

以卵或若虫或成虫越冬。

树林的边缘地带

第5章 越冬

早开的山茶花在向阳处开放，遇见了越冬的蝴蝶。
一群山雀热闹地飞了过去，伊万多兰蟋小声地嘟囔着。
卵、若虫和成虫，鸣虫以一种规定好的姿势静静地越冬。

鸣虫有4种4只。
有9种鸣虫的卵或产卵痕。

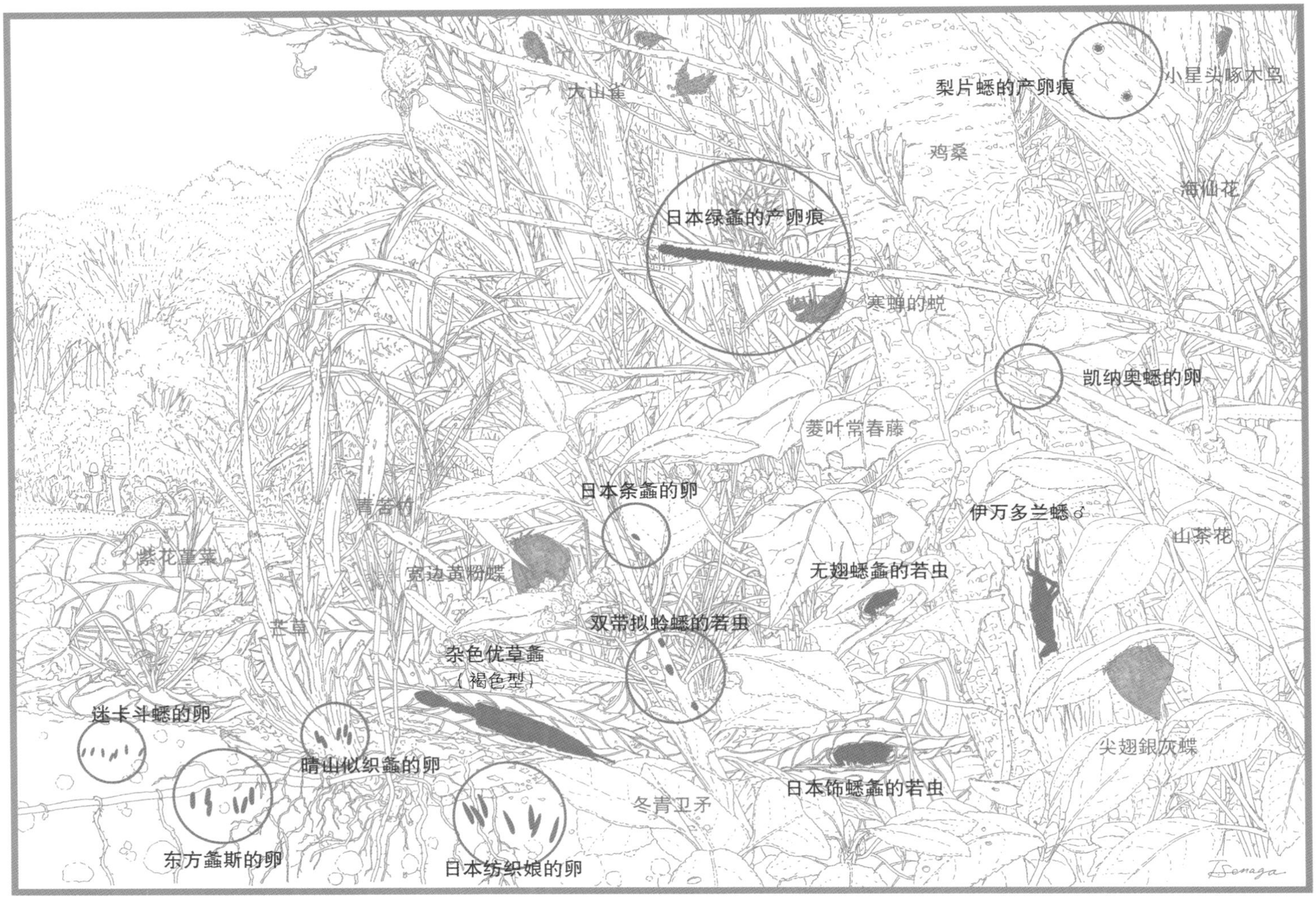

树林的边缘地带

冬天，可以在树林的边缘地带发现许多蟋蟀或螽斯的越冬形态。

在照叶林的树林边缘地带，在那些倒下的树木以及枯朽的树洞中，生活着伊万多兰蟋。

即使在冬天，它们也会在温暖的日子里发出“咕哩——咕哩——”的叫声。

在地上的落叶堆里，春天最早开始鸣叫的杂色优草螽以成虫在此越冬。

落叶中闪烁着日本饰蟋螽若虫的绿色踪影，常绿草本植物的叶片中还有无翅蟋螽的若虫

这两种蟋螽的若虫都以从口中吐出的丝线做巢越冬。

在照叶林的边缘地带，还能发现梨片蟋、双带拟蛉蟋和日本绿露螽等以卵越冬的鸣虫，

不同的鸣虫会留下形状各异的产卵痕。

东方螽斯虽然在树上生活，但却在土中产卵。晴山似织螽也在植物的根部或是土中产卵。

日本纺织娘和迷卡斗蟋也在土中产卵，并以这种形式越冬。

插画讲座 Ⅱ

3 完成描线

填色之后，画面会变得复杂起来。可能会出现忘了描线、在叶子中不小心画上了其他的叶子或远景等糟糕的事情，因此得非常小心。完成后，将剩下的铅笔草稿痕迹擦去，复制几份，用以确认色彩效果等。本书用于解说的黑白画就属于这个阶段。

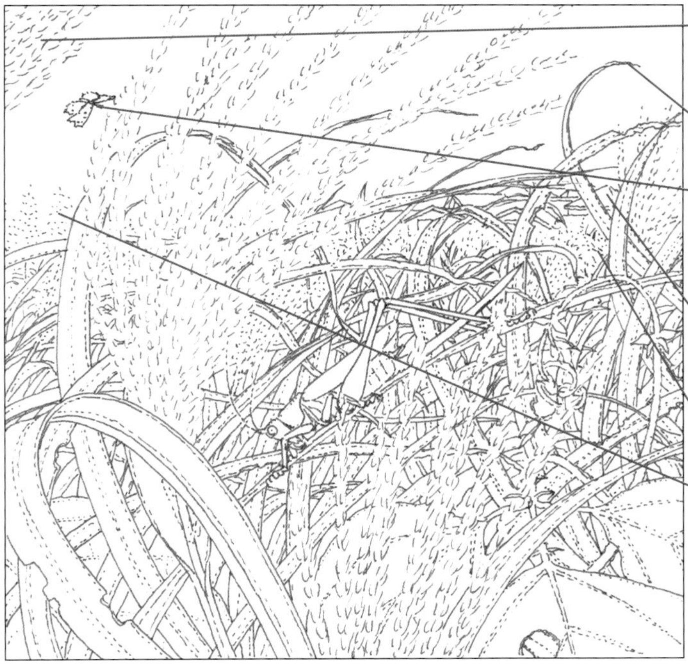

画上一部分芒草穗子能提升画面的广度。

多描绘随风飘摆的叶子。

如果要画上在此出没的蝴蝶等，则需考虑画面整体的平衡感后再动笔。在这里画上黄钩蛱蝶。

因为在远景中画上了住宅，因此表现出了远景感。

画上中远景中的芒草。

画上远景中的加拿大一枝黄花。

4 开始着色

作者使用的彩色铅笔是施德楼牌(Staedtler)的水溶彩色铅笔(karat aquarell)。要把彩色铅笔削得很尖。普通式偏硬的铅笔硬度比较适合进行细致的描绘。从最前面开始涂抹。从淡色开始慢慢地画，慢慢用深色上色，慎重地叠色。

芒草穗子淡色部分第一阶段的涂色状态。

长瓣草螽淡色部分第一阶段的涂色状态。

芒草叶子淡色部分第一阶段的涂色状态。

芒草穗子淡色部分第二阶段的涂色状态。

画有弧度的顶点附近或是弯曲的折角处，因为反光射所以涂的淡些。此外，叶片的边缘被光找到的部分也细细的土涂的淡一些。

芒草叶片的第二、三阶段的涂色状态。芒草的主脉留白。

像芒草这样的单子叶植物，因为其叶脉是平行脉，所以需要画上平行线。而画葛等双子叶植物时，则需要以小弧线的笔画进行涂色，涂色时应该注意反光等的明暗效果，以此控制下笔强弱。

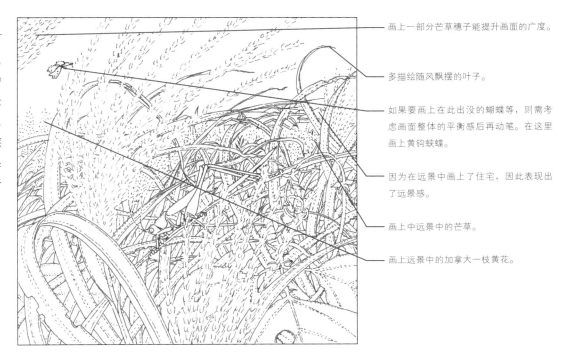

冬天的
鸣虫图鉴

东方螽斯的卵
Tettigonia orientalis

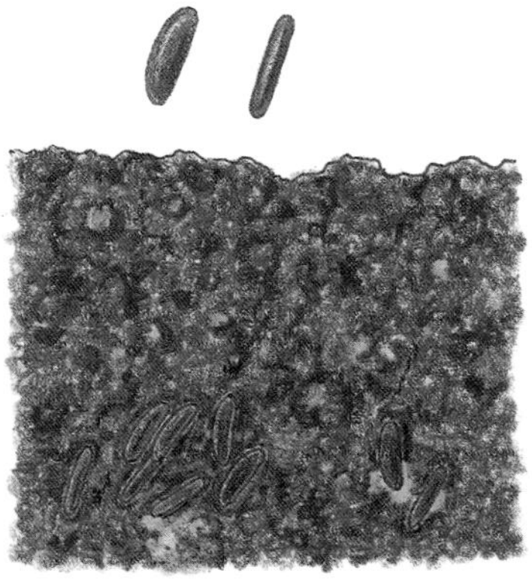

实物大小

卵长约6.5mm，短轴长约1.0mm，长轴长约2.0mm，是两端呈弧形的长椭圆形，颜色为黑色。通常数枚卵散产于地下深约2.0cm—4.0cm的土壤中。在东京地区附近，卵的孵化期为4月。东方螽斯多生活在树上，有许多种非常难采集。但因为其在土中产卵的习性，雌虫必须下树之后再钻入泥土，所以可以在此时采集。

螽斯科
◆成虫出现期：7月—10月（年1代）
◆分布：本州（茨城县—濑户内海沿岸）、四国
☆成虫→p.52、p.77、p.98 若虫→p.20

迷卡蝈螽的卵
Gampsocleis mikado

卵长约6.0mm，直径约2.0mm，是两端呈弧形的长椭圆形，颜色为稍带黑色的淡黄褐色。通常数枚卵散产于地下深约2.0cm—3.0cm的土壤中。在东京地区附近，其卵的孵化期为4—5月。有报告指出，有的螽斯产卵后并不马上孵化，而是在之后的第二年、第三年后才孵化。可能是为了规避一次性全部孵化而带来（全军覆没）的风险。

螽斯科
◆成虫出现期：7月—10月（年1代）
◆分布：本州（青森县—冈山县）
☆成虫→p.53 若虫→p.20

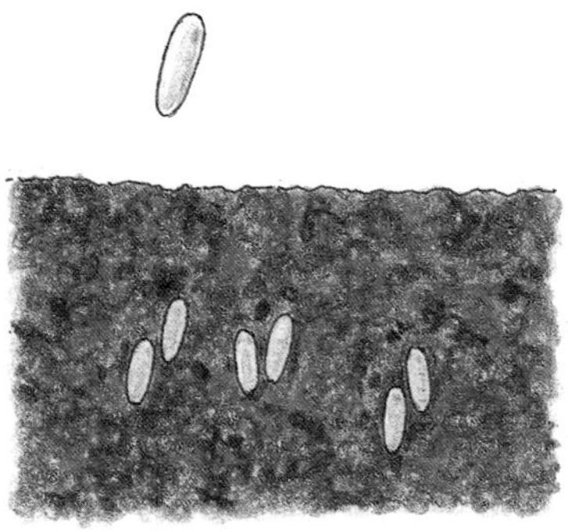

实物大小

恩氏伊螽的卵

Eobiana engelhardti subtropica

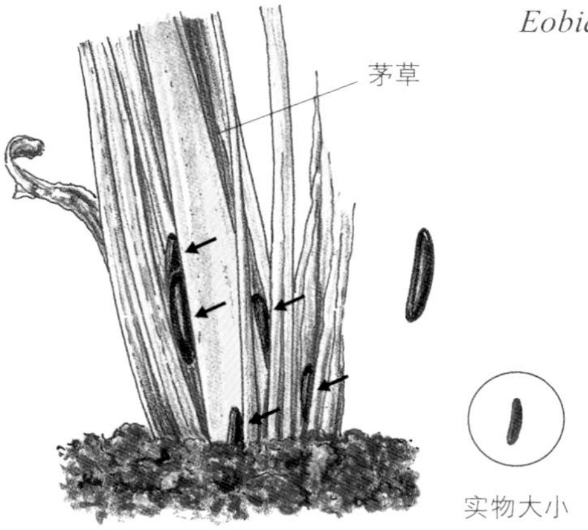

卵长约5.0mm，直径约为1.0mm，呈两端略尖的长椭圆形，颜色为黑色，且带有光泽。卵块通常位于茅草等禾本科的分蘖部，或在沿着茎的土表，亦或数枚产在地下深约2.0cm—3.0cm的土壤中。在东京地区附近，其卵的孵化期为4月。

螽斯科
◆成虫出现期：6月—10月（年1代）
◆分布：北海道、本州、四国、九州
☆成虫→p.21、p.54 若虫→p.21

邦内特姬螽的卵

Chizuella bonneti

卵长约5.5mm，直径约为0.9mm，呈两端略尖的长椭圆形，颜色为黑色，且带有光泽。通常产数枚卵于芒草或茅草等禾本科植物的分蘖部，或者于地下深约2.0cm—3.0cm的土壤中。在东京地区附近，其卵的孵化期为4月。

螽斯科
◆成虫出现期：7月—9月（年1代）
◆分布：北海道、本州、四国、九州
☆成虫→p.55 若虫→p.21

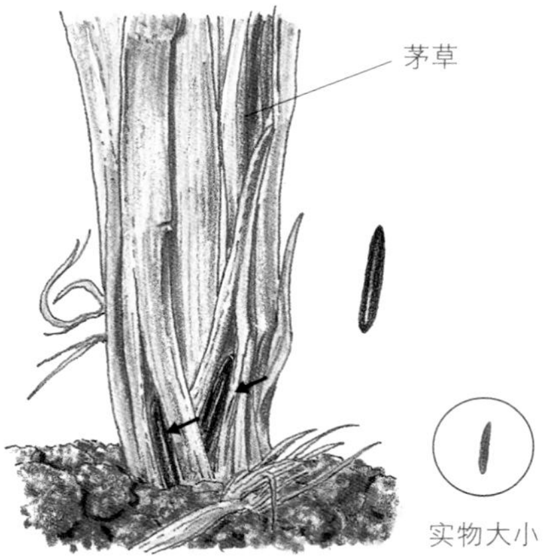

日本拟矛螽的卵

Pseudorhynchus japonicus

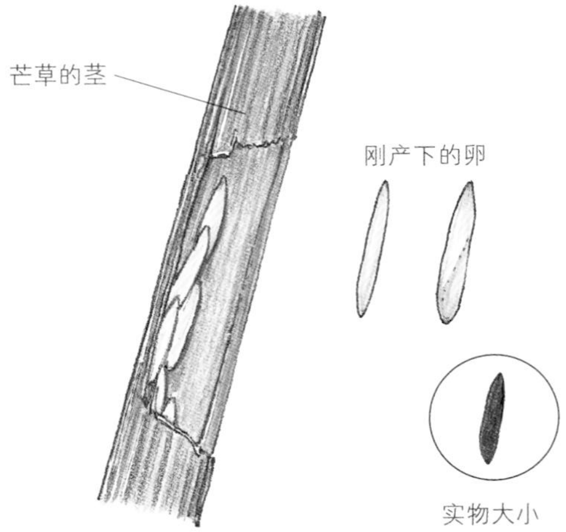

卵长约11.0mm，直径约为2.4mm，呈两端略尖的长椭圆形，颜色为淡黄褐色。常在芦苇较粗的茎的叶鞘中产下数枚卵，或产在被啃食过的穗尖端。刚产下的卵呈扁平状，且较柔软。在东京地区附近，其卵的孵化期为5月—6月。也曾出现过大量体型微小的寄生蜂（赤眼蜂的一种）从这些卵中爆发的情况。

螽斯科
◆成虫出现期：7月—9月（年1代）
◆分布：本州（新潟•茨城县以西）、四国、九州
☆成虫，若虫→p.56

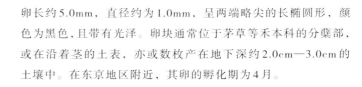

黑胫钩额螽的卵

Ruspolia lineosa

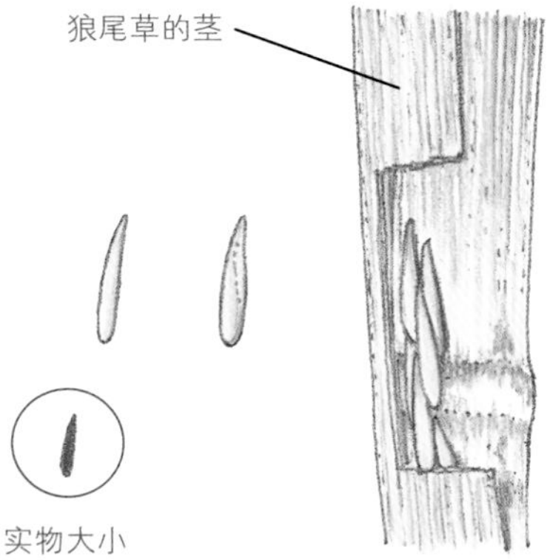

卵长约6.0mm，短轴长约0.8mm，长轴长约1.2mm，下端呈弧形，整体呈长椭圆形，颜色为淡黄褐色。常在狗尾草、狼尾草或升马唐等禾本科植物叶鞘中、根部分蘖处，或在沿着茎的浅层土壤中产下数枚聚集在一起的卵。在东京地区附近，其卵的孵化期为5月—6月。

螽斯科
◆成虫出现期：8月—11月（年1代）
◆分布：本州（新潟·宫城县以西）、四国、九州
☆成虫→p.57 若虫→p.22

爪洼光额螽

Xestophrys javanicus

一种口器周围呈黑色，长相喜感的淡褐色钩额螽。在以茂密茅草为主的草地中越冬，常潜伏在茅草或大明竹内，或在枯黄的茎叶上伪装潜伏。也有在干枯的竹节中越冬的记录。越冬后，至5月、6月，在茅草等禾本科植物的叶鞘内产下数十枚聚集在一起的卵。

螽斯科
◆翅端长：♀ 36.0mm—48.0mm
◆成虫出现期：10月—6月（年1代，成虫越冬）
◆分布：本州（福岛县以西的太平洋岸边）、四国、九州
☆成虫→p.22

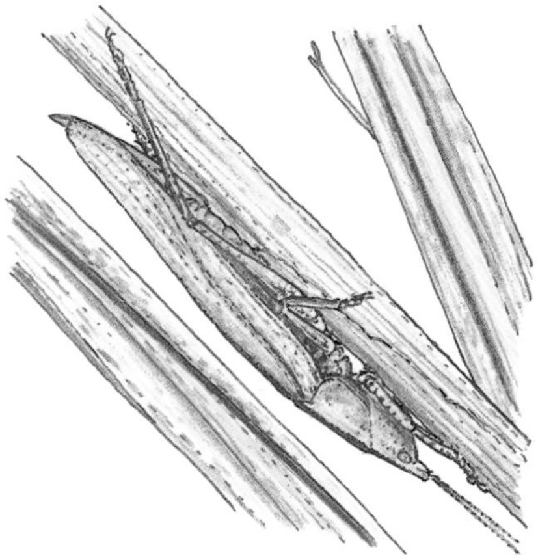
♀

杂色优草螽

Euconocephalus varius

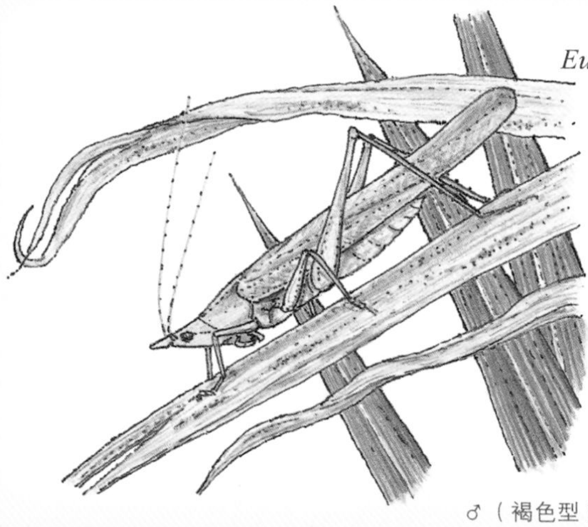
♂（褐色型）

秋天发育为成虫，但是越冬前几乎不鸣叫，开春之后才开始鸣叫。越冬时，主要潜伏在茅草等禾本科植中，也混迹在茎叶中，或藏身在树林边缘地带地面上的落叶物中，堆田边堆放的木材间隙中出没。能偶然地在冬天荒芜的田野中发现它们的踪影，常在向阳处活动。这种鸣虫能使你热切期盼春天的来临。

螽斯科
◆翅端长：♂ 36.0mm—48.0mm
◆成虫出现期：10月—6月（年1代，成虫越冬）
◆分布：北海道、本州、四国、九州
☆成虫→p.23 若虫→p.58

斑翅草螽的卵

Conocephalus maculatus

卵长约4.0mm，短轴长约0.6mm，长轴长约0.8mm，下端呈弧形，整体是长椭圆形，颜色为淡黄褐色。临近孵化的时候会吸收养分以增加厚度。常在狗尾草、狼尾草或升马唐等禾本科植物的叶鞘或根部分蘖处，以及沿着茎的浅层土壤中产下数枚聚集在一起的卵。在东京地区附近，其卵的孵化期为6月。

螽斯科
◆成虫出现期：8月—11月（年1代，西日本年2代）
◆分布：本州、四国、九州
☆若虫，成虫→p.59

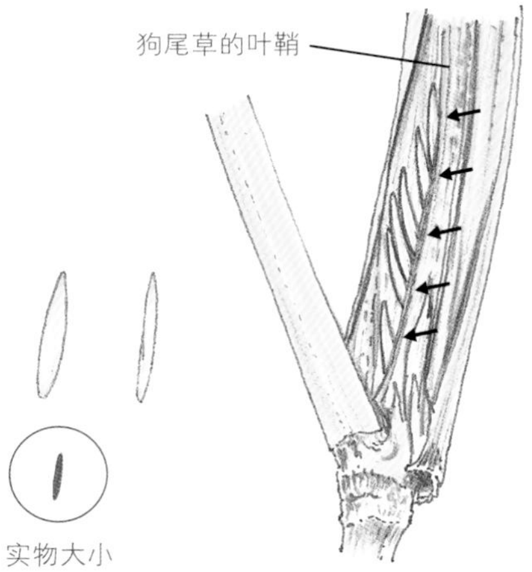

中华草螽的卵

Conocephalus chinensis

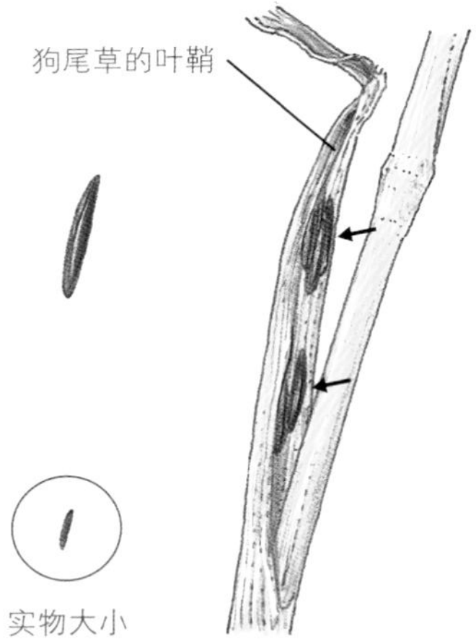

卵长约6.0mm，直径约为2.0mm，是两端呈弧形的长椭圆形，颜色为稍显黑色的淡黄褐色。通常将数枚卵散产于地下深约2.0cm—3.0cm的土中。在东京地区附近，其卵的孵化期为4月—5月。有报告指出，有些螽斯产下的卵并不马上孵化，而是在之后的第二年、第三年后才孵化。可能是为了规避一次性全部孵化而带来（全军覆没）的风险。

螽斯科
◆成虫出现期：6月—7月，9月—11月（年2代，寒冷地区年1代）
◆分布：北海道、本州、四国、九州
☆成虫→p.23、p.59

长瓣草螽的卵

Conocephalus gladiatus

卵长约4.0mm，直径约为0.6mm，是下端呈弧形的长椭圆形，颜色为带有黄褐色的乳白色。临近孵化的时候会吸收水分以增加厚度。常在狗尾草，狼尾草或升马唐等禾本科植物的叶鞘中，产下一枚或数枚的卵。在东京地区附近，其卵的孵化期为6月。

螽斯科
◆成虫出现期：8月—10月（年1代）
◆分布：本州、四国、九州
☆成虫→p.60

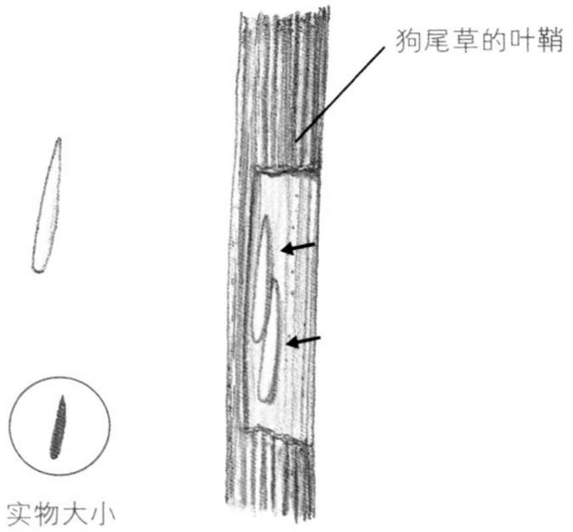

晴山似织螽的卵

Hexacentrus hareyamai

卵长约4.8mm，直径约为1.6mm，为两端呈圆弧的椭圆形，颜色为略带有黑色的淡褐色。通常在茅草等禾本科植物的根部土壤中、分蘖部，以及于地下深约2.0cm—3.0cm的土壤中产下数枚卵。夜间观察时，偶尔能发现雌虫在路面的裂缝中插入产卵器产卵的行为。在东京地区附近，其卵的孵化期为5月。

螽斯科
◆成虫出现期：8月—10月（年1代）
◆分布：本州、四国、九州
☆成虫、若虫→p.101

黑筋饰尾螽的卵

Cosmetura ficifolia

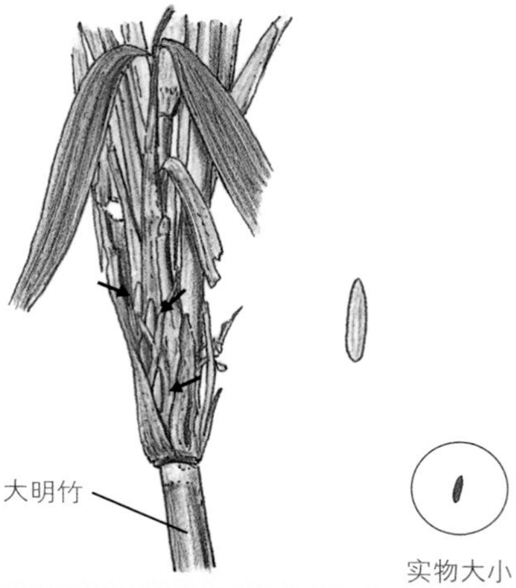

卵长约3.0mm，直径约为0.8mm，为一端呈弧形的长椭圆形，颜色为偏褐色的淡黄褐色。人工饲养时，会在大明竹的叶鞘中插入产卵器产下数枚卵。自然状态下，与观察到的其他蛩螽一样，在树皮的缝隙以及柔软的烂木头中产卵。在东京地区附近，其卵的孵化期为5月。

蛩螽科
◆成虫出现期：7月—9月（年1代）
◆分布：本州（关东，近畿地区）的太平洋岸一侧
☆成虫、若虫→p.104

日本纺织娘的卵

Mecopoda niponensis

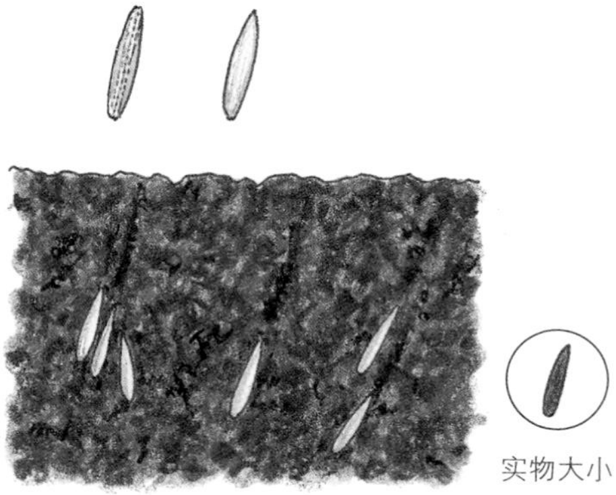

卵长约7.5mm，短径长约1.5mm，长径长约1.7mm，为下端呈弧形的长椭圆形，颜色为偏黄的淡黄褐色。通常在地下深约1.0cm—3.0cm的土中产下数枚卵。在人工饲养的盒子中，多会沿着靠近玻璃面一侧的土壤中插入产卵器产卵，因此非常容易观察其产卵的行为。在东京地区附近，其卵的孵化期为6月。

纺织娘科
◆成虫出现期：7月—10月（年1代）
◆分布：本州（宫城县以西）、四国、九州
☆成虫→p.105

镰尾露螽的卵

Phaneroptera falcate

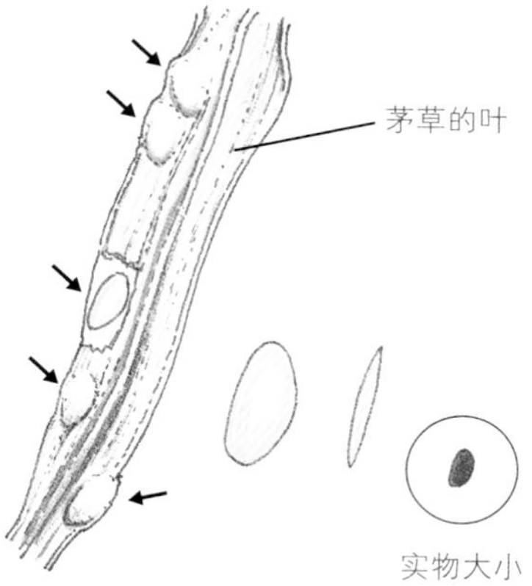

卵长约4.0mm，短径长约0.6mm，长径长约2.0mm，呈扁平状，形似捏扁了的饭团，颜色为带有光泽的淡黄褐色。由于常在茅草等单子植物的叶脉上或是结实而较薄的叶片上发现它们的卵，因此很难想象是如何产入其中的。其实它们仅仅是直接插入灵巧的产卵器，在一个部位一次产下1至数枚卵而已。在东京地区附近，第一代卵的孵化期为5月，第二代为7月—8月。

露螽科

◆成虫出现期：6月—7月，9月—11月（年2代，寒冷地区年1代）

◆分布：北海道、本州、四国、九州

☆成虫→p.62 幼虫→p.24

日本条螽的卵

Ducetia japonica

卵长约3.8mm，短径长约0.5mm，长径长约1.6mm，呈扁平状，形似捏扁了的饭团，颜色为带有光泽、略偏黑色的棕褐色。会将其灵巧的产卵器插入卫矛或葛等阔叶植物的叶片边缘，在一个部位一次产下1枚或数枚卵。在东京地区附近，其卵的孵化期为6月。

露螽科

◆成虫出现期：8月—11月（年1代）

◆分布：本州、四国、九州

☆成虫→p.77、p.106

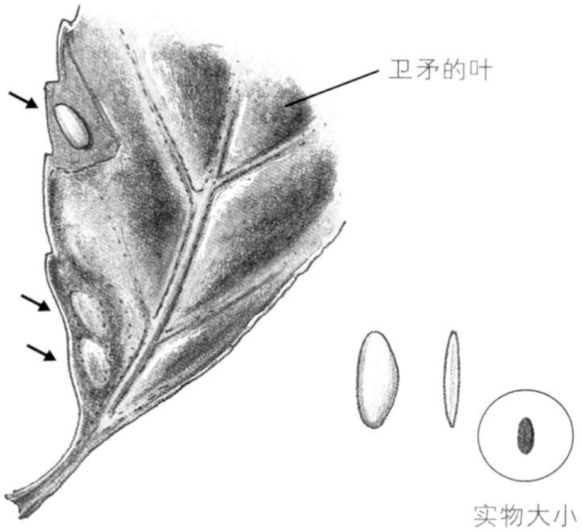

日本绿螽的卵

Holochlora japonica

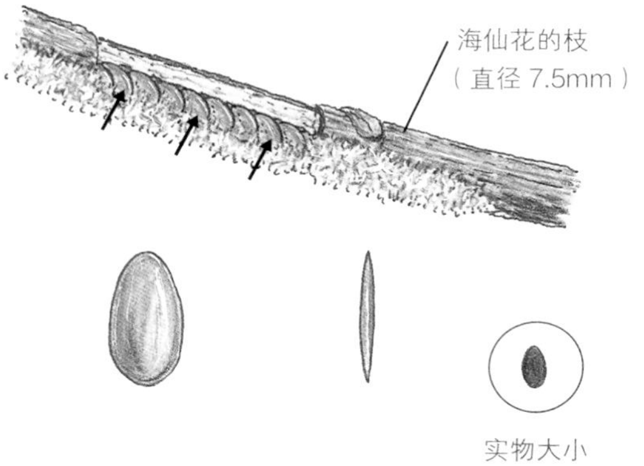

卵长约5.0mm，短径长约0.5mm，长径长约2.5mm，呈扁平的椭圆状，下部略呈弧形，颜色为淡红褐色。在海仙花、橘子以及梅等阔叶树直径为0.5cm左右的嫩枝上，产下长6.0mm至9.0mm左右的两列条纹状排列的卵。产卵痕会制造一条直线状的损伤，因此被认为是果树的害虫。在东京地区附近，其卵的孵化期为5—6月。

露螽科

◆成虫出现期：9月—11月（年1代）

◆分布：本州（新潟·茨城县以西）、四国、九州

☆成虫、若虫→p.109

黄脸油葫芦的卵

Teleogryllus emma

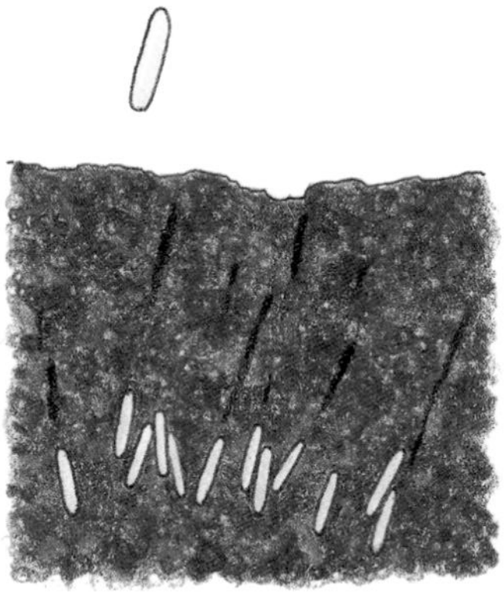

实物大小

卵长约3.2mm，直径约为0.6mm，呈两端圆弧形的草包形，颜色为淡黄褐色。通常散产数枚卵于地下深约1.0cm—2.0cm的土壤中。在东京地区附近，其卵的孵化期为5月—6月。人工饲育时，成虫会选择潮湿的土地产卵。由此可知，在这样的土壤中产卵，土壤的松软程度以及湿度是决定其生存的重要条件。

蟋蟀科
◆成虫出现期：8月—10月（年1代）
◆分布：北海道、本州、四国、九州
☆成虫→p.62、p.78，若虫→p.24

泰国姬蟋的若虫

Modicogryllus siamensis

这种蟋蟀从初夏开始出现，春天产下的卵会在秋天孵化，以若虫越冬。生活在水田的田埂周围以及草势较低矮的草地上。严酷的寒冬来临前后，在依然还残留着些许温暖的日子里，扒开堆积在平地上的枯草垛或者割下的荒草堆，从里面跳出来的小型黑色蟋蟀基本上就是它了。

蟋蟀科
◆成虫出现期：5月—7月（年1代，若虫越冬）
◆分布：本州、四国、九州
☆成虫→p.25

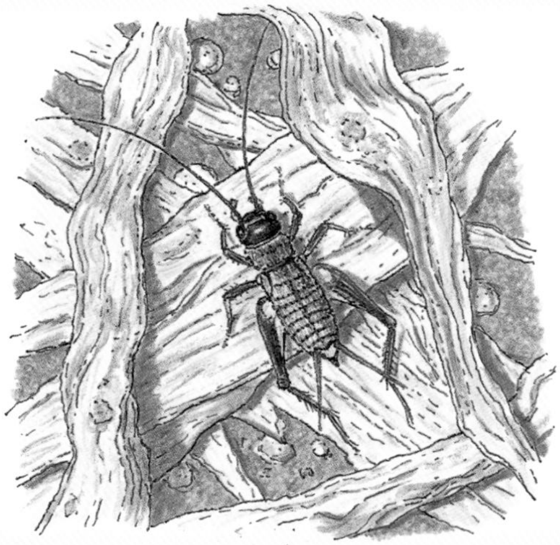

小素蟋的卵

Mitius minor

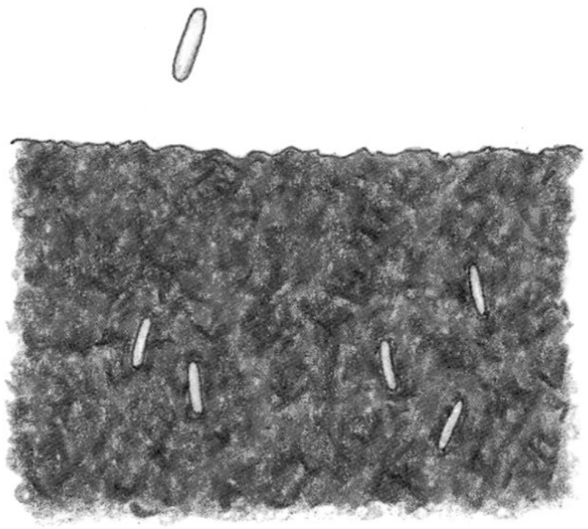

实物大小

卵长约2.5mm，直径约为0.5mm，呈长草包形，颜色为略带黑色的淡黄褐色。通常散产数枚卵于地下深约1.0—2.0cm的潮湿的土中。人工饲育时，成虫也会钻入洞穴产卵。在东京地区附近，其卵的孵化期为6月。

蟋蟀科
◆成虫出现期：8月—10月（年1代）
◆分布：本州、四国、九州
☆成虫→p.63

平原棺头蟋的卵

Loxoblemmus campestris

卵长约2.2mm，直径约为0.6mm，呈两端为弧形的为长草包形，颜色为带有光泽的淡黄褐色。通常散产数枚卵于地下深约0.5cm—1.0cm的土中。在东京地区附近，其卵的孵化期为6月。

蟋蟀科
◆成虫出现期：8月—10月（年1代）
◆分布：本州、四国、九州
☆成虫→p.64

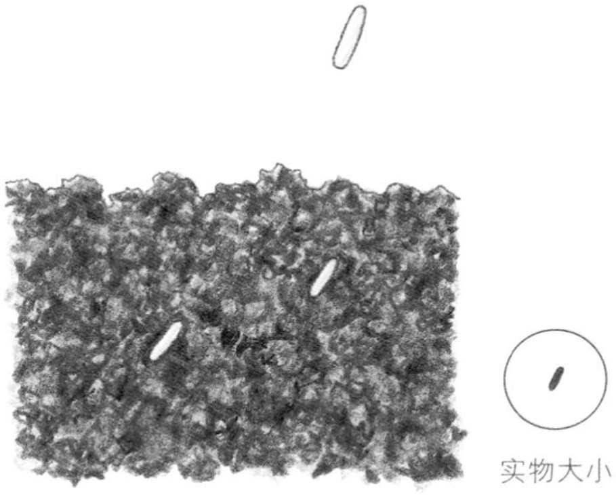

迷卡斗蟋的卵

Velarifictorus micado

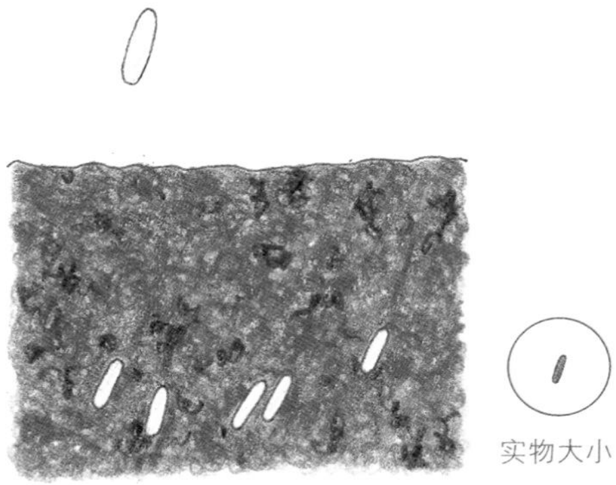

卵长约2.6mm，直径约为0.7mm，呈长草包形，颜色为略带黑色的淡黄褐色。在石头护墙的缝隙中或是高架路等几乎没有泥土的地方，每年都能传出虫鸣声。这些成虫以及卵能在恶劣环境下生存下来，其顽强的生命力着实令人惊叹。在东京地区附近，其卵的孵化期为5月—6月。

蟋蟀科
◆成虫出现期：8月—11月（年1代）
◆分布：北海道（温泉地区）、本州、四国、九州
☆成虫→p.66、p.78

刻点铁蟋的卵

Sclerogryllus punctatus

卵长约2.0mm，直径约为0.4mm，呈两端为圆弧形的长草包形，颜色为略带黄色的乳白色。通常于加拿大一枝黄花塑料泡沫状的枯萎茎中或是枯萎植物的折断处，产下数枚卵。人工饲养时，偏好绣球花枯萎的茎，会将表皮咬开，然后将卵产于其中。在东京地区附近，其卵的孵化期为6月。

蟋蟀科
◆成虫出现期：8月—10月（年1代）
◆分布：本州、四国、九州
☆成虫→p.66

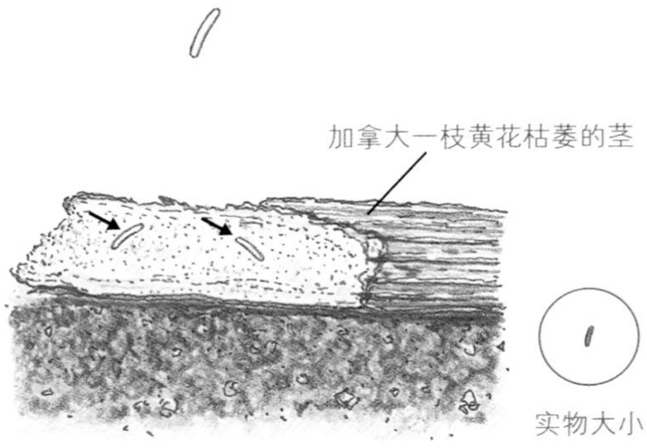

伊万多兰蟋
Duolandrevus ivani

生活在海岸边的照叶林内，常居于腐朽倒塌的树木的空洞或缝隙中，也在这些地方越冬。雌、雄虫多一起出没。雄虫缓缓地会发出发出有间隔的“咕哩——咕哩——”的叫声。冬天，有些个体也会在温暖的向阳处鸣叫。雌虫会将产卵器伸进腐朽倒塌的树木等松软的树木组织内，然后产卵。

蟋蟀科
◆体长：♂ 25.0mm—30.2mm，♀ 26.0mm—30.2mm
◆成虫出现期：7月—4月（若虫或成虫越冬）
◆分布：本州（千叶·福井以西）、四国、九州
☆成虫，若虫→p.112

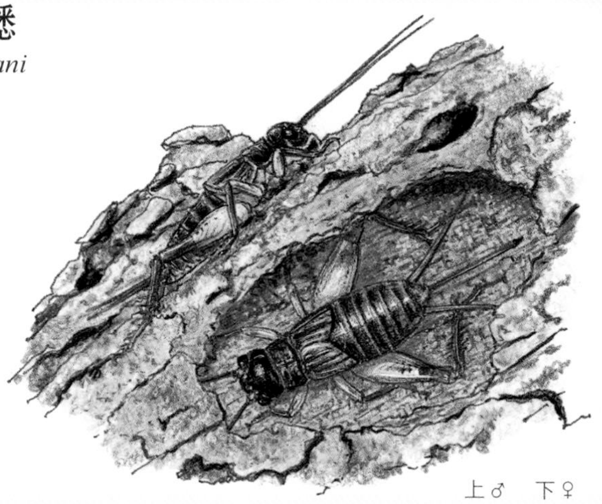

云斑金蟋的卵
Xenogryllus marmoratus marmoratus

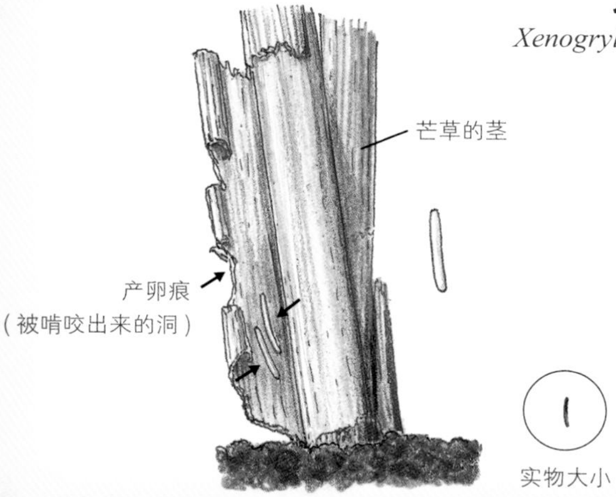

卵长约3.6mm，直径约为0.4mm，呈两端为圆弧形的长草包形，颜色为略带黄色的乳白色。通常于芒草或茅草枯萎的茎、植物根部附近的茎中，产下数枚卵。偶尔会留下直径2.5mm—5.0mm左右、形似啃咬状的产卵痕。孵化后的个体，其若虫阶段主要以枯萎的叶片为食。在东京地区附近，其卵的孵化期为6月。

蛣蟋科（现分类为蟋蟀科）
◆成虫出现期：8月—10月（年1代）
◆分布：本州、四国、九州
☆成虫→p.67

梨片蟋的卵
Truljalia hibinonis

卵长约3.6mm，直径约为0.6mm，呈下端为弧形的长椭圆形，颜色为更偏黄的黄褐色。常于樱花、海仙花等阔叶树的枝条或茎秆的树皮下，于一处产下聚集在一起的卵，大约15—20枚。会留下4.0mm—6.0mm、形似啃咬状的产卵痕。若枝条枯死，卵也会因为干燥而死亡。在东京地区附近，其卵的孵化期为6月。

蛣蟋科（现分类为蟋蟀科）
◆成虫出现期：8月—10月（年1代）
◆分布：本州（岩手县以西）、四国、九州（来自中国）
☆成虫→p.78 若虫→p.112

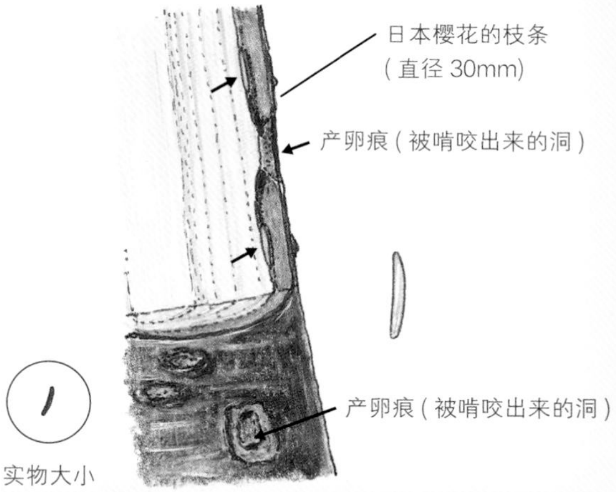

日本钟蟋的卵

Meloimorpha japonica

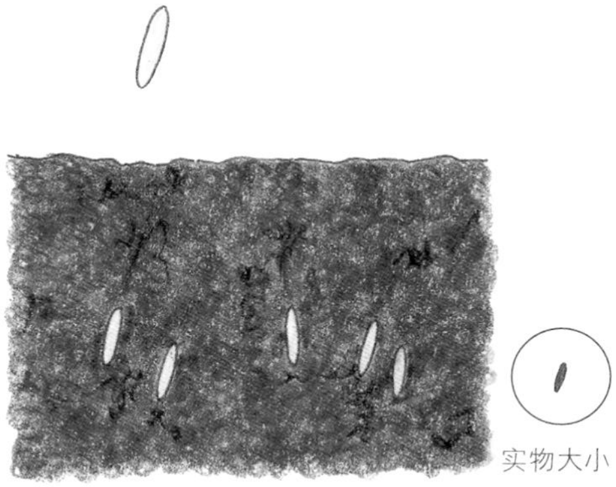

卵长约3.0mm，直径约为0.7mm，呈两端略尖的细长草包形，颜色为略带黑色的黄褐色。通常散产数枚卵于地下深约1.0cm的土壤中。从江户时代中期开始，日本钟蟋的人工孵化与饲养在宽政年间便取得了成功，因此可以算是最早开始大量饲养的鸣虫。在东京地区附近，其卵的孵化期为6月。

蛣蟋科（现分类为蟋蟀科）
◆成虫出现期：8月—10月（年1代）
◆分布：北海道（迁入）、本州、四国、九州
☆成虫→p.68、p.113

长瓣树蟋的卵

Oecanthus longicauda

卵长约2.6mm，直径约为0.4mm，呈两端呈圆弧型、整体略弯曲的长草包形，颜色为带有黄色光泽的乳白色。常在蓬草或胡枝子等菊科与豆科植物上粗约5mm左右的茎或枝干内，于同一部位产下4—5枚卵。会留下直径1.0mm左右的穴状产卵痕，卵多靠近穴的上下部分。在东京地区附近，其卵的孵化期为6月。

蛣蟋科（现分类为蟋蟀科）
◆成虫出现期：8月—10月（年1代）
◆分布：北海道、本州、四国、九州
☆成虫→p.68

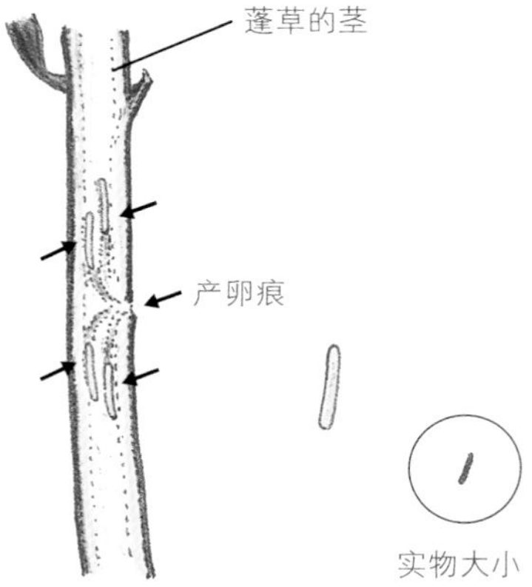

青树蟋的卵

Oecanthus euryelytra

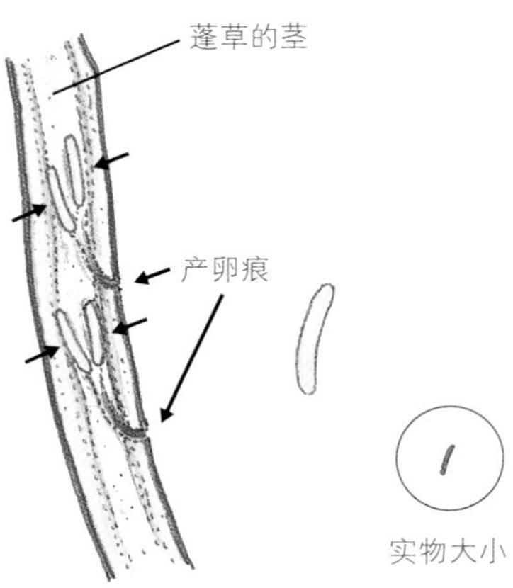

卵长约3.5mm，直径约为0.5mm，呈两端为圆弧型的长草包形，颜色为带有黄色光泽的乳白色。常在茅草或益母草、菊科与唇形科等多种植物上粗约5mm左右的茎内，于同一部位产下2—5枚卵。会留下直径1.0mm左右的穴状产卵痕，卵多靠近穴的上下部分。在东京地区附近，其第一代卵的孵化期为5月，第二代为8月—9月。

蛣蟋科（现分类为蟋蟀科）
◆成虫出现期：6月—7月，9月—11月（年2代）
◆分布：本州、四国、九州
☆成虫→p.26、p.69、p.79 若虫→p.69

黑头墨蛉蟋的卵

Homoeoxipha obliterata

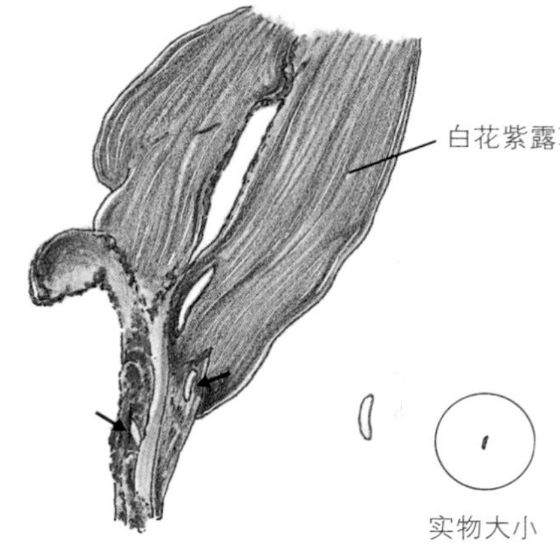

卵长约1.6mm，直径约为0.4mm，呈略弯曲的长草包形，颜色为略带黄色光泽的白色。常在柔软的草本植物的茎内，于一处产下1枚或数枚卵。用白花紫露草饲养时，雌虫会将卵产于叶鞘与茎之间。在东京地区附近，其卵的孵化期为5月—6月。若在室内饲养，会出现一年两代的情况。

蛉蟋科
◆成虫出现期：8月—10月（年1代）
◆分布：本州、四国、九州
☆成虫→p.114

小黄蛉蟋

Natula pallidula

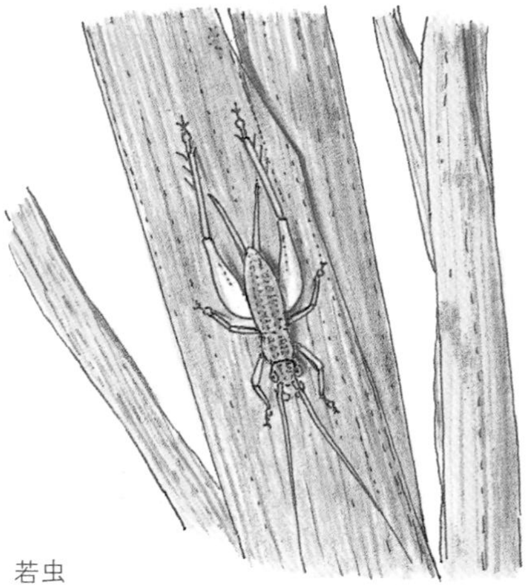
若虫

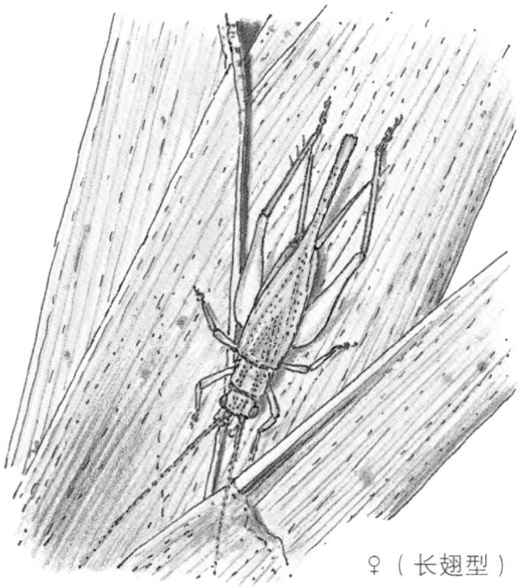
♀（长翅型）

体型与松浦氏小黄蛉蟋相似，但是略细长一些。生活在沿海岸边的土堤，以及大型芒草生长茂密的草原上。虽然以若虫越冬，但部分个体在当年秋季就已发育为成虫，因此会出现于晚秋以及早春鸣叫的个体。在枯萎倒下的芒草或是被芒草覆盖的枯萎的葛中，它们会利用重合叶片的缝隙，潜伏越冬。多以群体出现，在较为温暖的时候，虫群分布在草丛上层；到了寒冷的季节，虫群常转移至地表附近。

蛉蟋科
◆翅端长（长翅型）：♀ 10.4mm
◆成虫出现期：4月—7月（年1代—2代，若虫、部分成虫越冬）
◆分布：本州（千叶县以西）、四国、九州
☆成虫→p.27

松浦氏小黄蛉蟋的若虫

Natula matsuurai

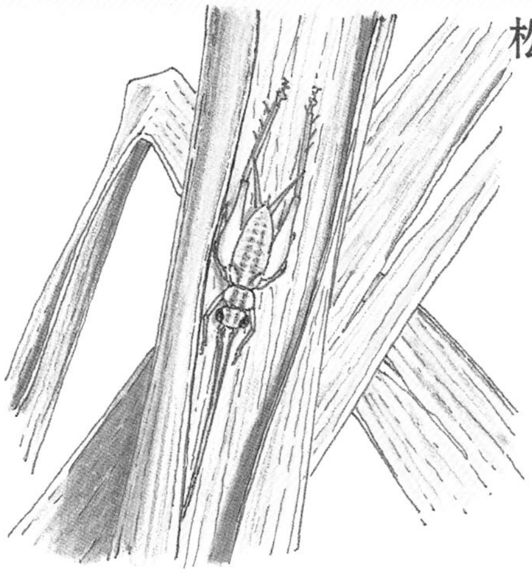

生活在长有茂密的芦苇或宽叶香蒲的湿地上，也常出没于休耕地。偶尔能听见其鸣叫声在山谷间休耕的农田里回荡。部分个体于同年秋天已发育为成虫，因此在晚秋以及早春也能听到鸣叫声。在枯萎倒下的芦苇或宽叶香蒲中，它们会利用相互重合的叶片缝隙中越冬。

蛉蟋科

◆成虫出现期：4月—7月（年1代—2代，若虫以及部分成虫越冬）

◆分布：本州（栃木·茨城县以西）、四国、九州

☆成虫→p.27

双带拟蛉蟋的卵

Svistella bifasciata

卵长约1.8mm，直径约为0.5mm，呈细长椭圆形，颜色为略带黄色光泽的白色。常在冬青卫矛、西南卫矛，以及绣球花的树皮下，于一处产下1枚或数枚卵。产卵痕是分泌液与泥土相混合后留在树皮表面凝固而成的，呈直径为3.0mm—4.0mm的盖子状。若是枝条枯萎死亡，卵也会一同干枯而死。在东京地区附近，其卵的孵化期为5月—6月。

蛉蟋科

◆成虫出现期：8月—10月（年1代）

◆分布：本州、四国、九州

☆成虫→p.114

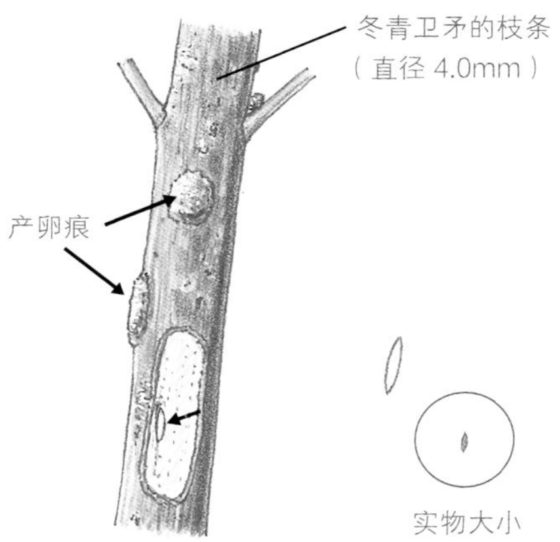

欧姆异针蟋的卵

Pteronemobius ohmachii

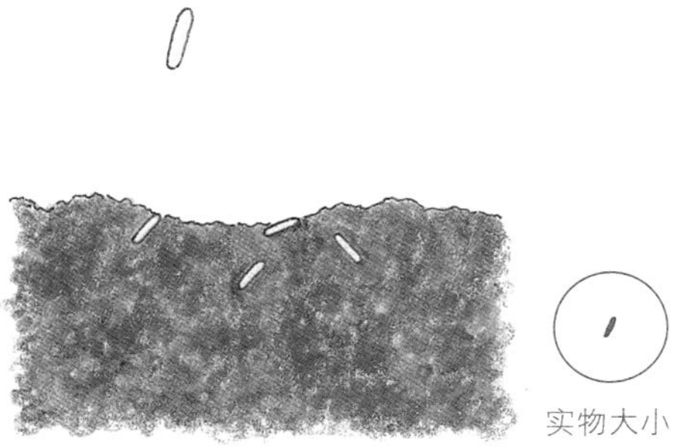

卵长约1.8mm，直径约为0.4mm，呈长草包形，颜色为略带黑色的黄褐色。在人工饲养的条件下，于潮湿的地表或地表下的浅层土壤中散产下数枚卵。在东京地区附近，第一代卵的孵化期为5月，第二代为7月—9月。

蛉蟋科

◆成虫出现期：6月—7月，9月—11月（年2代，寒冷地区年1代）

◆分布：北海道、本州、四国、九州

☆成虫→p.28、p.69

迷卡灰针蟋的卵

Polionemobius mikado

卵长约1.6mm，直径约为0.7mm，形状为带有弧度的长草包形，颜色为淡黄褐色。在人工饲养的条件下，会将产卵器插入结缕草根部的分蘖或是浅表层的土壤中，散产下数枚卵。即使不经意地踩在草坪上，也会感受到微小的虫卵中那种顽强的生命力。在东京地区附近，其第一代卵的孵化期为5月，第二代为7月—9月。

蛉蟋科
◆成虫出现期：6月—7月，9月—11月（年2代，寒冷地区年1代）
◆分布：北海道、本州、四国、九州
☆成虫→p.29、p.70、p.80

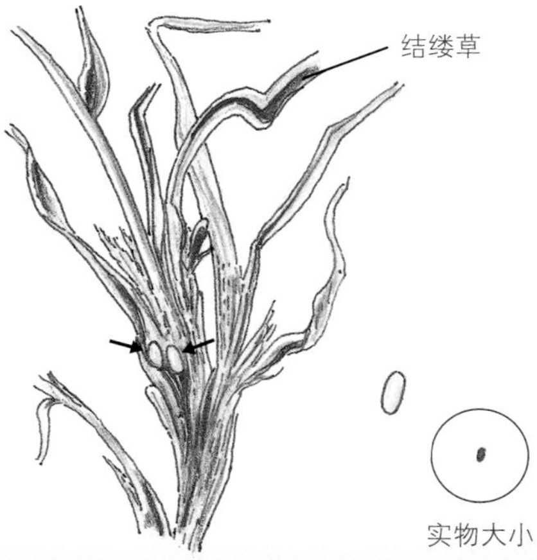

黄角灰针蟋的卵

Polionemobius flavoantennalis

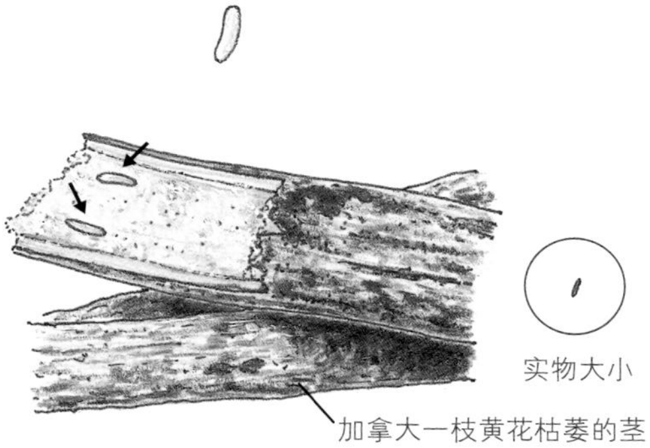

卵长约2.0mm，直径约为0.6mm，呈两端为圆弧型、略弯曲的长草包形，颜色为淡黄褐色。通常于加拿大一枝黄花枯萎的塑料泡沫状的茎中，或是其他枯萎植物的断裂处，产下数枚卵。据说是体型最小的蟋蟀之一，1龄若虫体型微小，很难饲养至成虫阶段。在东京地区附近，其卵的孵化期为6月。

蛉蟋科
◆成虫出现期：8月—10月（年1代）
◆分布：北海道、本州、四国、九州
☆成虫→p.70

凯纳奥蟋的卵

Ornebius kanetataki

卵长约2.0mm，直径约为0.3mm，呈两端为圆弧型、略弯曲的长草包形，颜色为略带黄色的乳白色。通常于加拿大一枝黄花枯萎的塑料泡沫状的茎中，或是其他枯萎植物的折断处，产下数枚卵。产在东京地区附近，其卵的孵化期为6月。

鳞蟋科
◆成虫出现期：8月—11月（年1代）
◆分布：本州、四国、九州
☆成虫→p.80、p.115

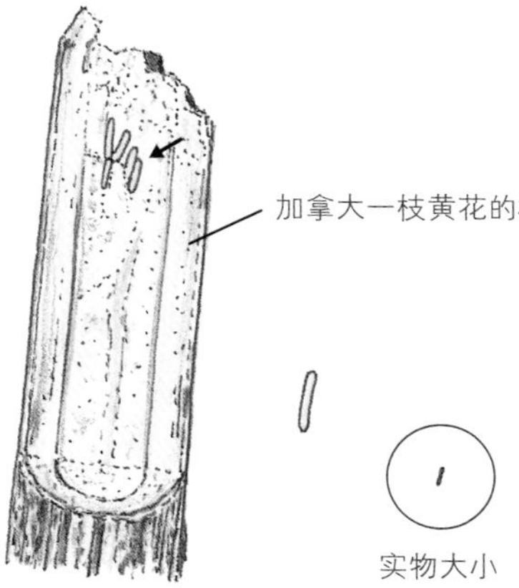

日本饰蟋螽的若虫

Prosopogryllacris japonica

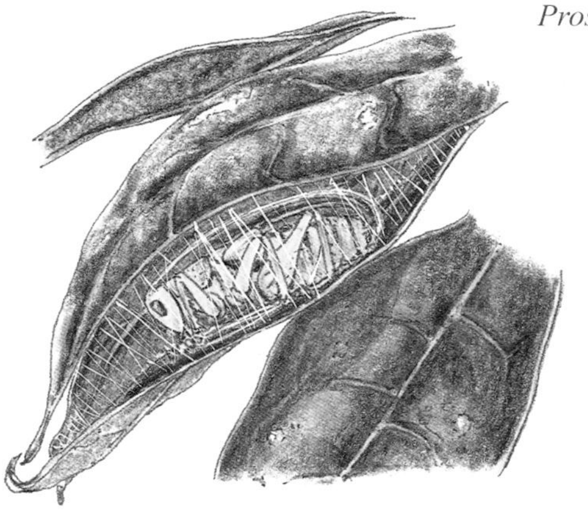

若虫呈鲜艳的绿色，接近终龄若虫时，体色转为黄色。红色的眼睛会让人觉得它个性强烈、非常凶猛。接近终龄或正处于终龄时，它们会从口中吐出丝线，灵活地在叶片之间筑巢，并在里面越冬。也能伪装在地面上的落叶中。直到终龄若虫时，雌虫的产卵器都会弯曲至腹部上方，发育为成虫之后则向后方延伸 。

蟋螽科
◆成虫出现期：7月—9月（年1代，若虫越冬）
◆分布：本州、四国、九州
☆成虫→p.116

* 实际上虫体完全隐匿在叶片中，无法从外部观测到

无翅蟋螽的若虫

Nippancistroger testaceus

若虫体色呈淡褐色，接近成虫时，体色会转为深褐色。长长的触角非常引人注目。生活在阔叶林的边缘以及草丛茂密地带。若虫中期，它们会从口中吐出丝线，灵活地在叶片之间筑巢，并在里面过冬。长长的触角能灵活地从巢的内部缝口收丝，非常有趣。

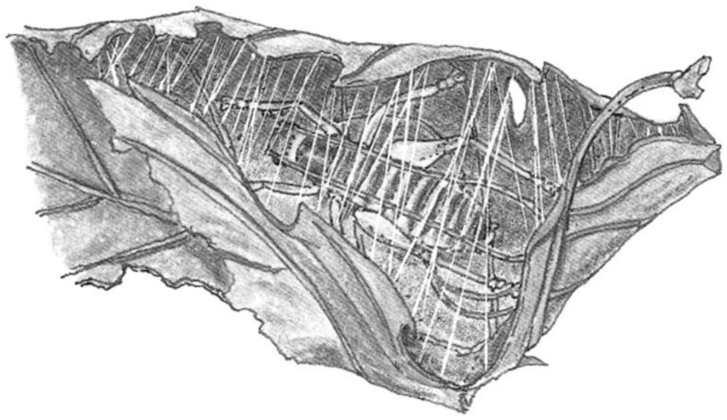

蟋螽科
◆成虫出现期：6月—9月（年1代，若虫越冬）
◆分布：北海道、本州、四国、九州
☆成虫→p.116

* 实际上虫体完全隐匿在叶片中，无法从外部观测到

东方蝼蛄

Gryllotalpa orientalis

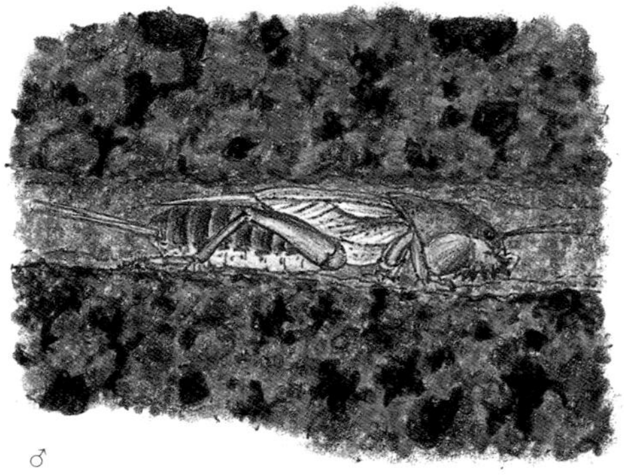

♂

以若虫或成虫越冬。春天，翻耕完田地并将水引入其中后，我们常能看到慌忙地从土地中钻出来、在积水中游泳的蝼蛄个体。若将它们抓起来包在手心里，它们会用鼹鼠前爪般的前足扒你的手指缝。它们的前足扁平而厚实，在泥土中开掘洞穴时发挥重要作用。那种强有力的感觉超乎想象，非常令人难忘。

蝼蛄科
◆体长：♀ 36.0mm
◆成虫出现期：全年（年1代，若虫或成虫越冬）
◆分布：北海道、本州、四国、九州
☆成虫→p.29 若虫→p.71 产卵室→p.29

插画讲座 Ⅲ

5 继续着色

在握彩色铅笔的手下面垫上不易滑动的纸，防止滑动手而弄脏了画。

芒草的叶和茎并不全是同样的绿色，还带有各种红褐色的污垢和污渍。

对于表达比较朦胧的部分，根据需要适当补画上线条并着色，或只用彩色铅笔上色。

涂满间隙。

为了突出葛的叶片质感，适当画上阴影。

6 完成插画

在观察画面整体布局和用色的同时，重复加深颜色，添上阴影，然后用白色颜料强调光泽，这样画作就完成了。

剩余过多描线笔绘下的黑线部分，用白色的彩色铅笔铺色后，黑线就不那么明显了。还可以用勾线毛笔蘸上白色颜料，遮掉黑线，完成画作。

最后，观察画面整体的布局用色安排，比如天空的颜色、云的形状以及排布。云是表现季节以及时间的重要因素。天空部分需要谨慎着色，像画小弧线一样地涂色。接近地表的颜色要淡，越往上颜色越浓。提前用淡蓝色勾画出轮廓。

如果昆虫或叶片上带有光泽的部分变得模糊，那么就用勾线毛笔蘸上白色颜料补画，让画作变得更加完整。

根据光照角度涂上阴影。

第6章

特殊的环境

不远万里，来到这样的地方寻找鸣虫。

为了寻找那些从没有听过、也没有见过的鸣虫。

真的有那种虫子吗？

在听到它们的叫声、找到它们的踪影之前，我绝不回去。

日本柳杉林

这里出没着被称「舞女」的鸣虫。它们只出没在天城山的这片地区。

在漆黑的日本柳杉林中，我搜寻着这种稀有的鸣虫。在一束束的手电光里，我正在一丝不苟地寻找。

今晚也没找到。正想着放弃时，听到了雄鹿回荡于林间的嘶鸣声。

鸣虫有1种1只。

竹林

一片被王瓜镶上了边的川竹林。
西西里黛眼蝶飞进飞出。叶片的摩擦声中隐藏着些许虫鸣。
在白绿交替、光影斑驳的迷彩中发现了葫芦的图案。

鸣虫有2种4只。

日本柳杉林

在昆虫种类不多的柳杉林里，生活着直翅目的鸣虫。

有一种螽斯只生活在伊豆半岛天城山的柳杉林内，名为舞娘蛩螽。

其种名是根据川端康成的名作《伊豆的舞女》中的舞女（odoriko）而来的。

很少有昆虫以柳杉、扁柏等杉科或柏科的树木为食，也很少有利用这些树木产卵的，

只有少数几种蛾以及天牛。

舞娘蛩螽是一种特殊的昆虫。除了知道它会于夜晚在植物的枝干上活动、产卵，

以及喜欢向明亮处聚集的生态习性之外，更详细的信息还待进一步观察。

与其他蛩螽相比，它的足略长。因为体色呈浓绿色，

所以可以想象，虽然它们平时就在杉树林间出没，可怎么都无法确认它们的踪迹。

每每想象它在近20米高、几乎笔直的树干上攀爬下落的样子，都觉得意犹未尽。

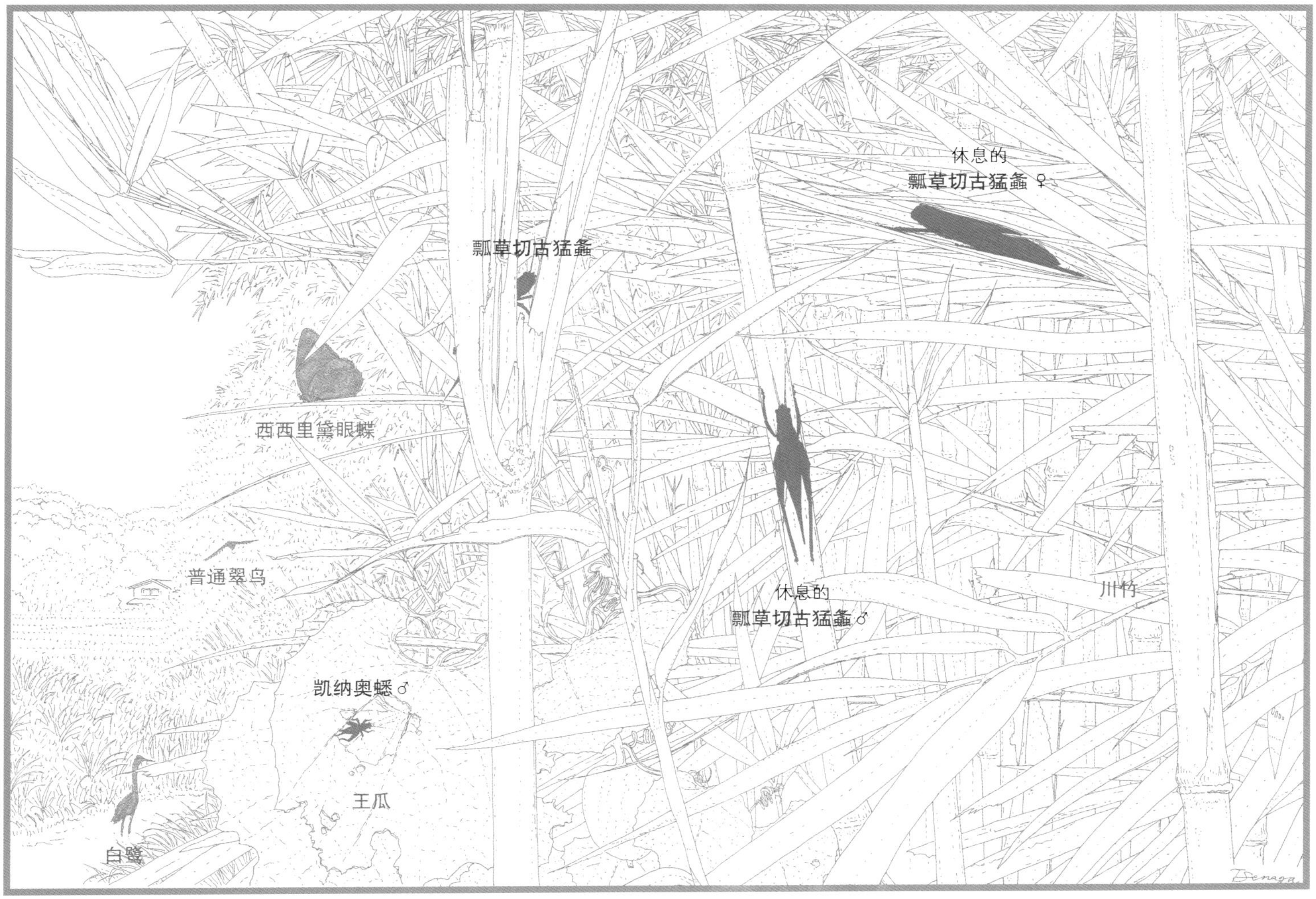

竹林

在生长有川竹和桂竹的竹林中，有适应了此生境，并特化了身体的螽斯。

一般来说，很少有昆虫会在竹林中生活。而最近，

直翅目中的瓢草切古猛螽和竹草螽都逐渐开始成为大家熟悉的种类了。

钩额螽属中的瓢草切古猛螽，白天藏匿在桂竹或川竹茂密的竹叶中，夜间活动，

会轻声地发出“唏嘁、唏嘁”的鸣叫声。主要以竹子茎秆的顶部为食，在竹竿与竹叶之间产卵。

草螽属的竹草螽，白天藏匿在桂竹或毛竹林茂密的竹叶中，

夜间活动，会轻声地发出“叽叽叽、叽叽叽叽、叽叽叽”的鸣叫声。

近年来，无人管理的山林区域越来越多，

生命力旺盛的竹林蔓延得到处都是。

随着竹林的扩张，瓢草切古猛螽和竹草螽的栖息地也正在慢慢变大。

河滩

珠光香青、茵陈蒿……还发现了委陵菜。
积蓄着热气的鹅卵石练成一列。河原飞蝗让开了道路。
秋老虎仍在河滩上徘徊。而我，为了寻找那种被称为河滩油葫芦的昆虫而来到这里。

鸣虫有2种5只。

铁路沿线

第6章 特殊的环境

在山间小小的车站听见，在行经水田的列车也听见了。
轨道铺设在没有水的河滩上。在列车与列车的发车间隔，白须双针蟋沁人心脾的鸣叫声响彻其中。
列车近了，虫不叫了。列车远了，鸣叫便又开始了。

鸣虫有2种4只。

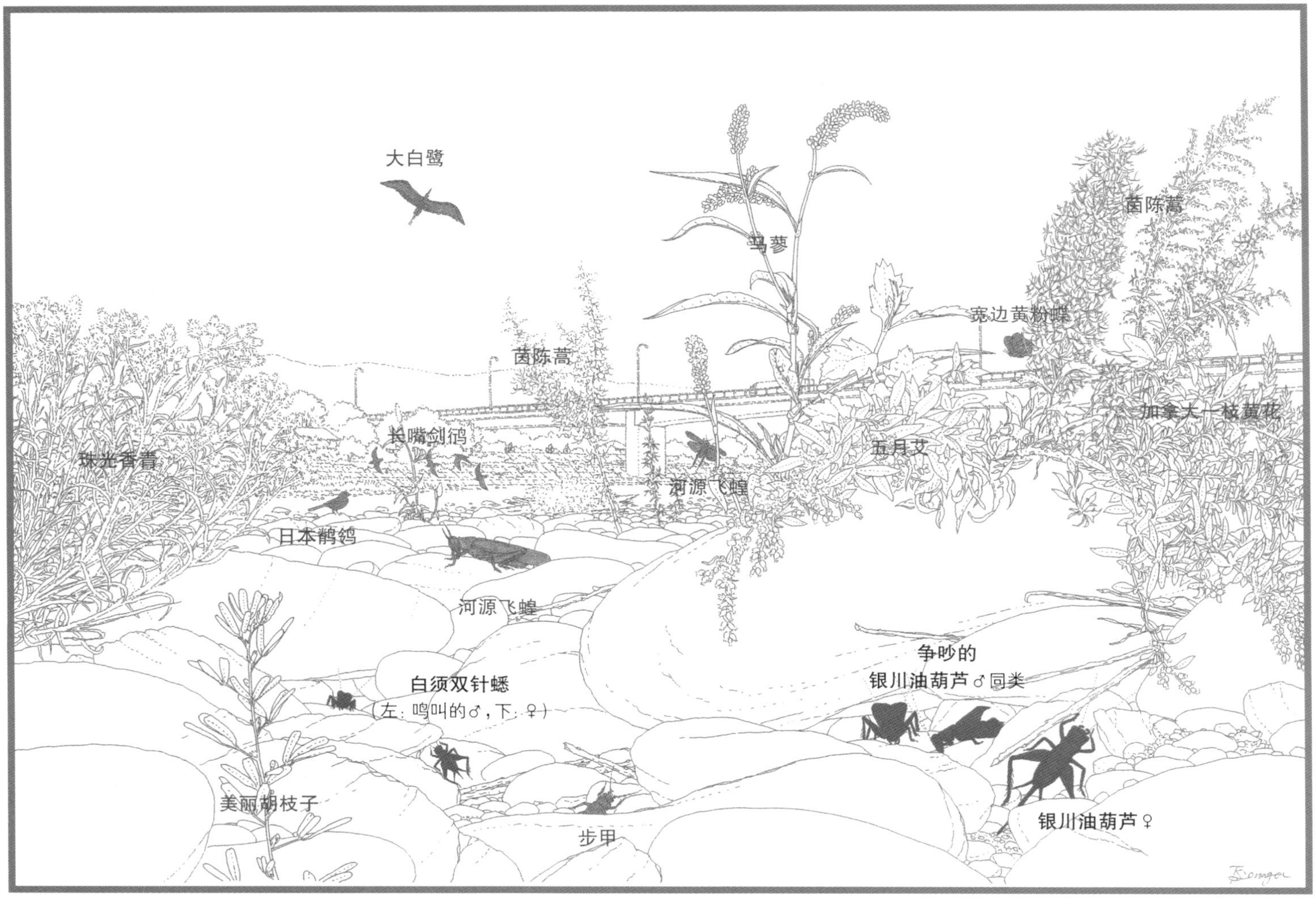

河滩

一颗卵石咕噜噜地滚过河滩，阳光直射强烈，令人倍觉干燥。

一旦洪水泛滥，这里就会被彻底淹没，水流变化改变地貌环境。

在这样严酷的环境中，生息着适应此处的蟋蟀——它们就是黄脸油葫芦的近缘种银川油葫芦，

叫声美妙且身形小巧的白须双针蟋。

白须双针蟋从白天开始发出“唏哩、唏哩、唏哩……”这样充满清凉感受的叫声。

如果河水只是偶尔适当地上涨，那么这两种昆虫生活的卵石河滩环境就能保存下来。

若是长时间不间断地涨水，河滩就会变成湿地，这些鸣虫的生境范围也会随之变小。

大洪水到来的时候会冲走所有的东西，这时往往会令人担心其个体数量急剧减少，进而引发当地种群的灭绝。

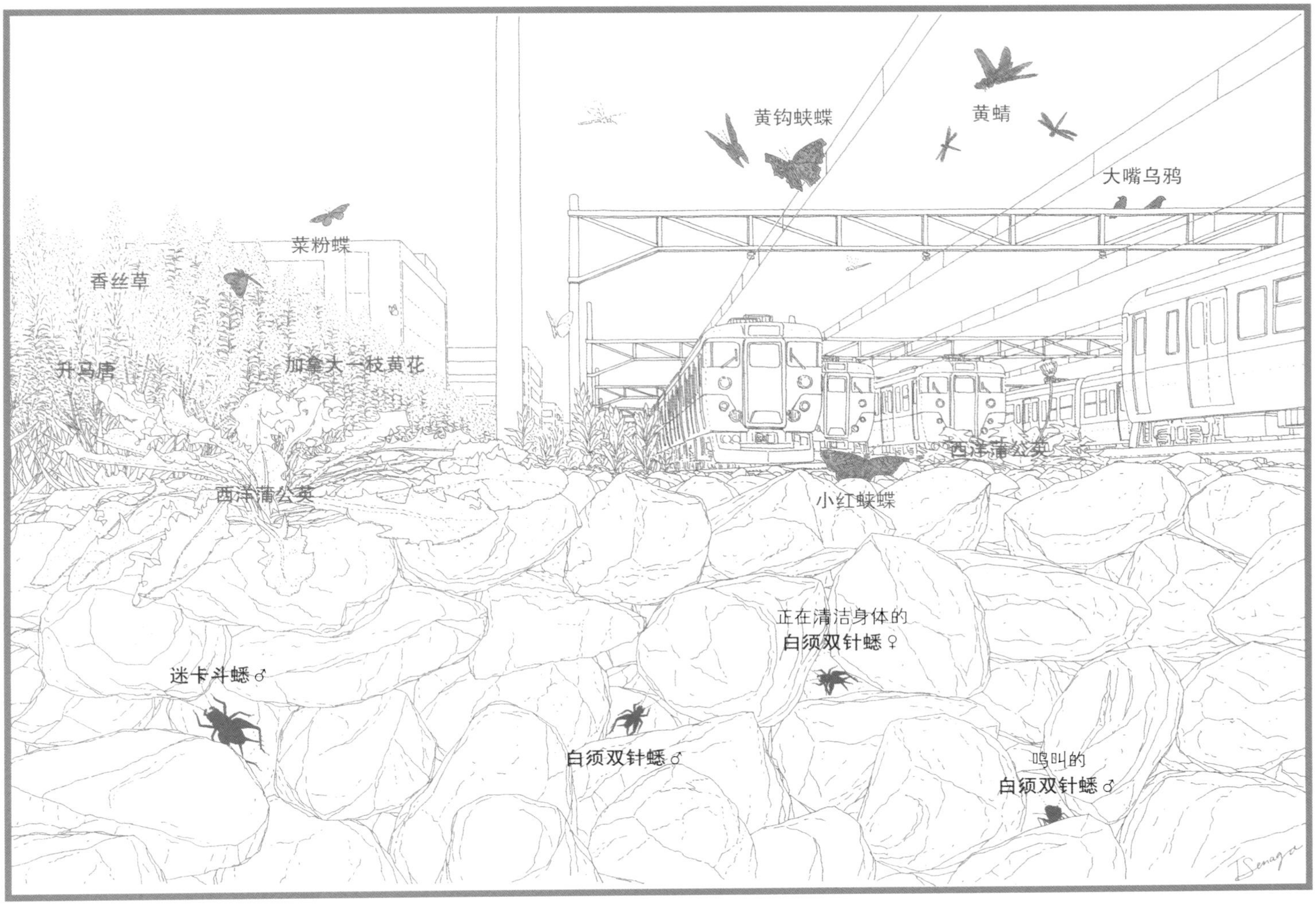

铁路沿线

有一些小型蟋蟀喜欢生活在铺垫在铁轨附近的碎石中。

从夏天到秋天，白须双针蟋连续不断地发出“唏哩、唏哩、唏哩……”的优美叫声。

原本生活在广阔河流的中部流域以及卵石河滩上，所以才有了这个名字。

之前的栖息地常因台风或大雨而被暴涨的河水淹没，因而其种群数量并不大。

于是在河流附近的相似环境中，如铁路沿线等处，能听到非常多的鸣叫声。

偶尔能在与河流相隔非常远的铁路沿线听到鸣叫声。

在东京山手线的新宿站等贯穿城市的铁路沿线，以及在山梨县、

长野县山间的中央线等沿线，都有其鸣叫声的记录。

与沿线周围土坡上的草丛相比，偏好人工环境的迷卡斗蟋也多在沿线的铺地以及月台下方鸣叫。

芦苇荡

第6章　特殊的环境

置身密密麻麻的芦苇之间。听到急匆匆飞走的水鸟拍打羽毛的声音。
与叶片摩擦的声音和螃蟹蹑手蹑脚的声音混杂在一起的，是虫子的细声鸣叫吗？
寻找晃动的触角。虫子却不现真身。

鸣虫有8种11只。

沙滩

太阳低斜，水面的波纹有些炫目。远处的暗绿背鸬鹚正在赶路回家。
风吹过沙滩上斜影渐长，筛草反射着光芒。
滨双针蟋的低音穿透潮汐。我们的视线一直注视着晃动的沙滩色迷彩。

鸣虫有2种4只。

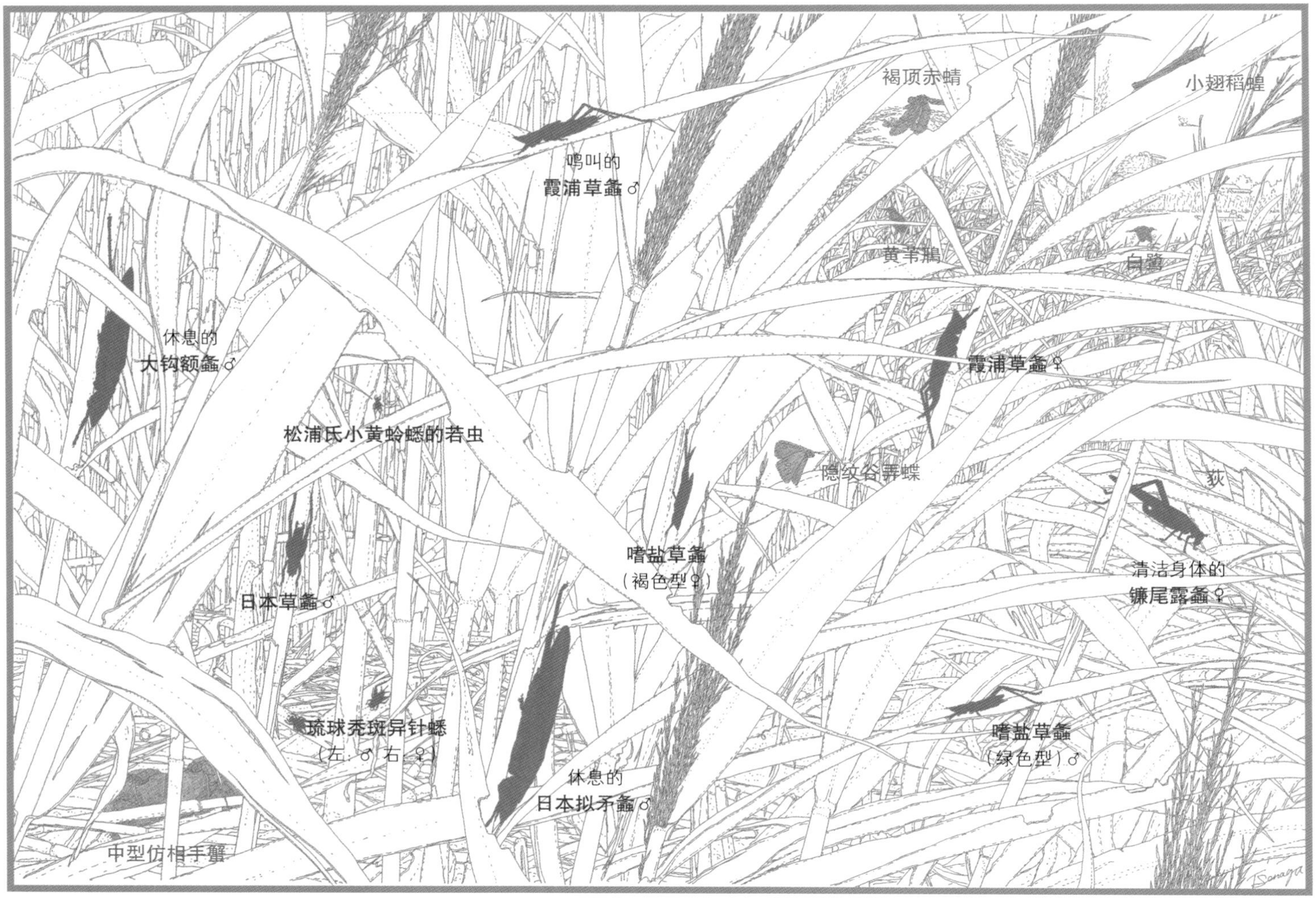

芦苇荡

在河流或者湖泊的岸边，抑或是河口干涸的芦苇荡，一眼望去，植被十分单调。
这里容易被洪水所淹没，生物难以长存。但就是在这样的环境中，也生活着与其相适应的昆虫：
有霞浦草螽和嗜盐草螽，还有琉球秃斑异针蟋。
霞浦草螽和嗜盐草螽在芦苇的叶片上生活，在芦苇的茎中产卵；
鸣叫声较轻，与风吹芦苇的声音混在一起。一旦觉察到人的动静，它们就会藏匿到茎叶的背面。
琉球秃斑异针蟋是一种生活在堆积着枯萎的芦苇茎秆中的小型蟋蟀。
这些昆虫原本生活在更加广阔的芦原中，
一般认为，芦原广泛分布的时期，它们的分布也十分广阔。
现在的芦苇荡随着河岸防护工程以及河滩填埋工程而渐渐减少，
因此，这些昆虫的栖息地也随之在减少。慢慢地就看不到它们活动的身影了，真令人忧心。

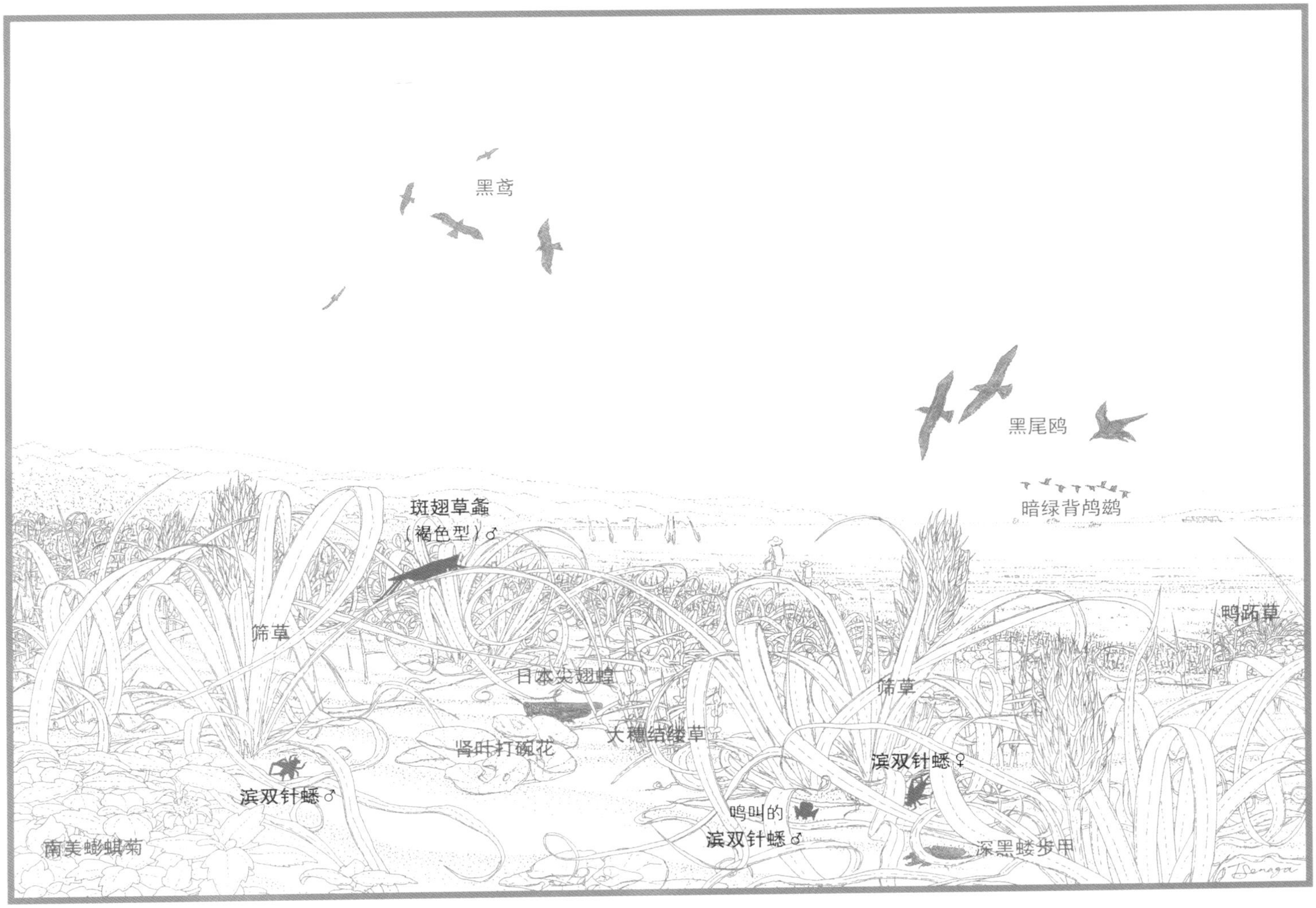

沙滩

沙滩是一种受强烈日光直射、受海风吹袭，干燥的自然环境。

强风时飞沙走石，夏天热而冬天冷。

在这样严酷的环境下，也生活着适应此处的蟋蟀，比如小型沙地性蟋蟀——滨双针蟋。

沙滩上也生长着筛草以及肾叶打碗花等植物，且只生长在环境条件较为优越的沙滩上。

与其他体色较灰暗的蟋蟀相比，

滨双针蟋有黑褐色以及白色的斑纹图案，起到保护色的作用。

雄虫以一种低沉强力的声音连续鸣叫，发出“哔——哔——哔——”的叫声，能穿透波涛声。

若雌虫也在的话，那么鸣叫声就会多一种很有识别度的“啾、啾”的叫声。

雌虫直接在湿润的沙地上产卵。

强风吹拂时，它们会向低洼地带移动，或寻找植物的庇护，躲避风沙。

卵石海滩

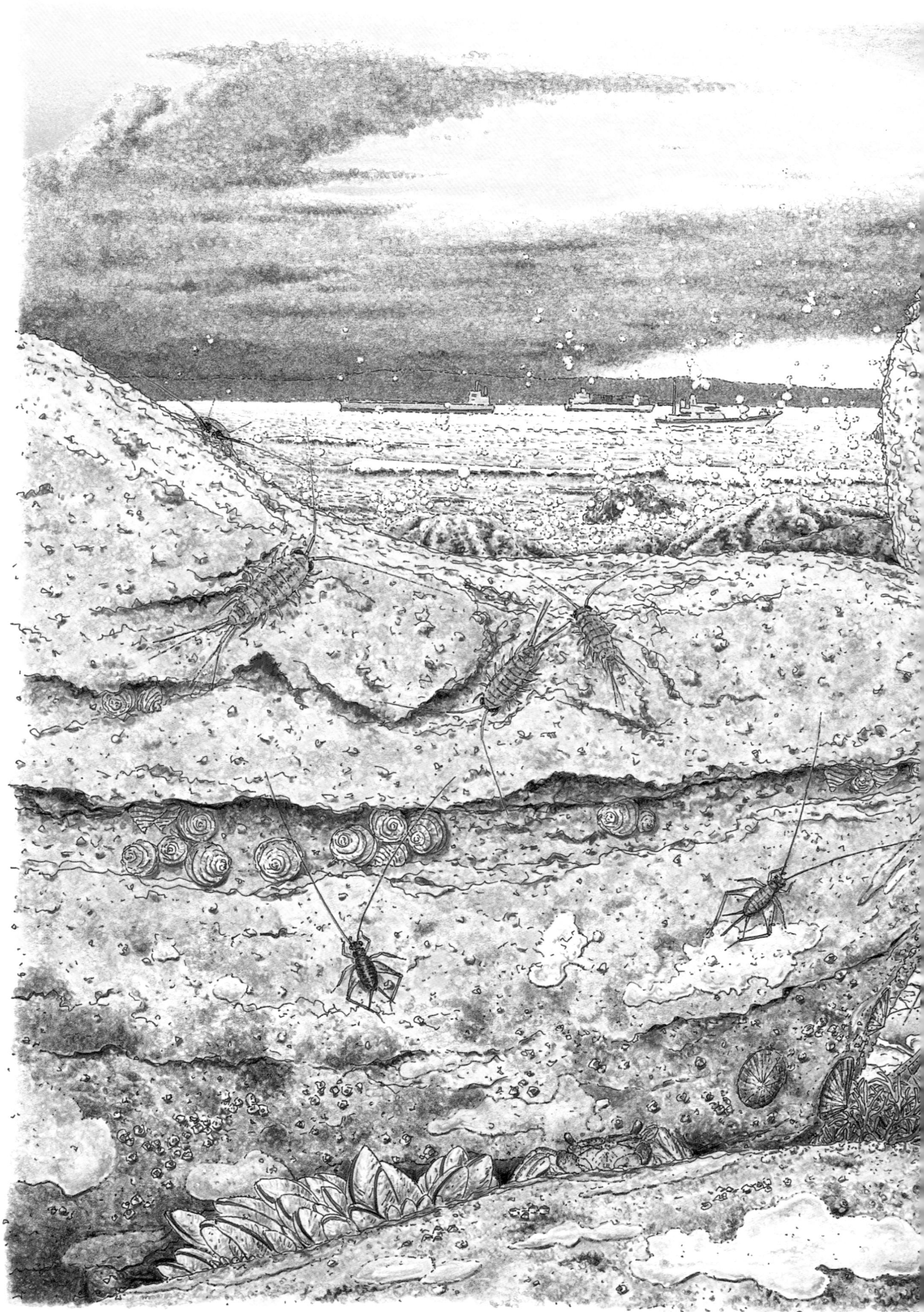

日落时分，海浪泛着朦胧的光。

涛声、水花、螃蟹、海蟑螂……蟋蟀？

湿润的岩石里，微波草蟋幽幽地鸣叫着，细微的声音此起彼伏。

鸣虫有2种9只。

温泉地区

温泉街的斜坡。夕阳斜射，人来人往热闹非凡。
周围充溢着微热的空气。地下响起了报时的虫鸣。
昏暗的下水道中，安稳地居住着短翅灶蟋。没有人注意到虫声。

鸣虫有1种9只。

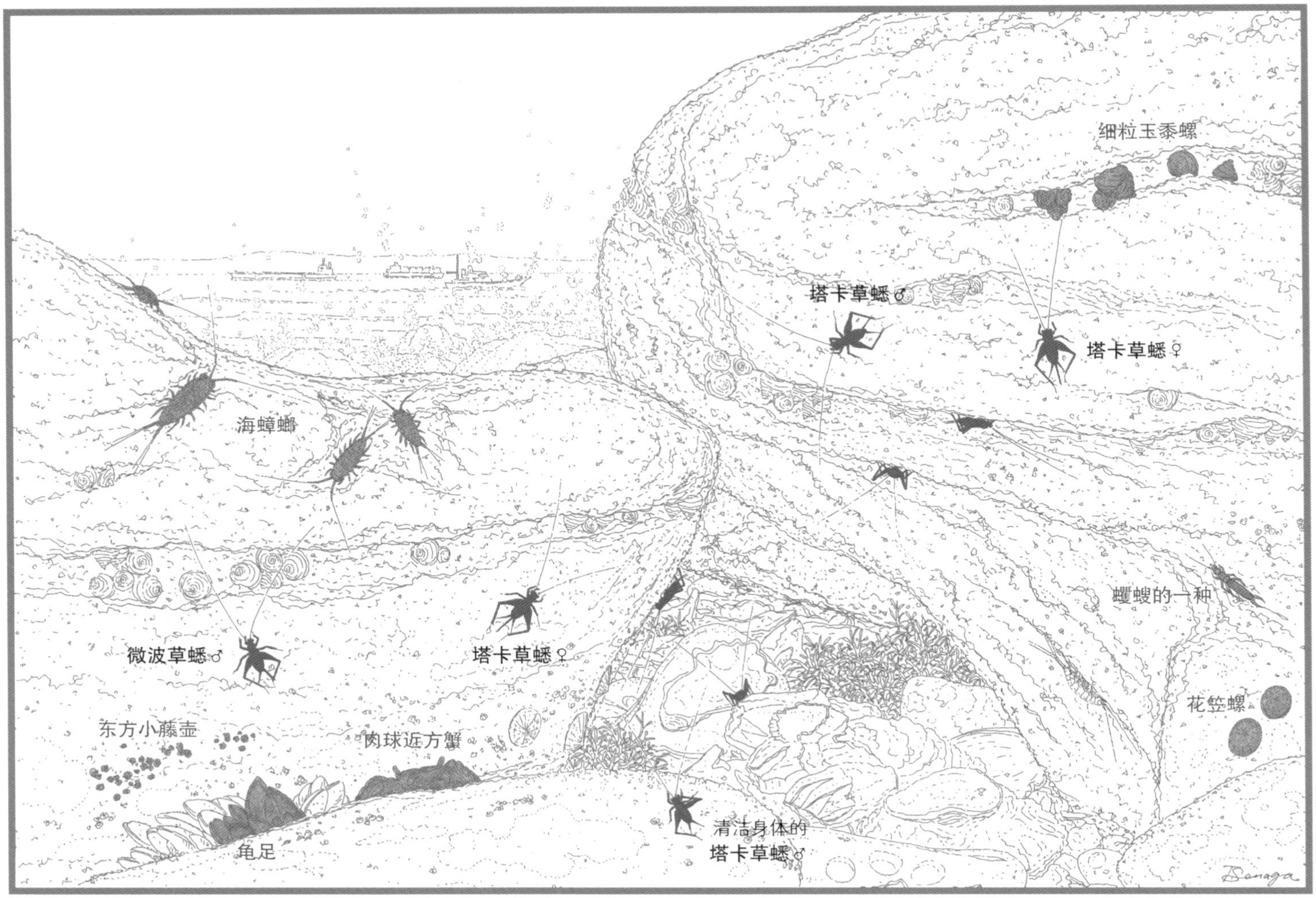

卵石海滩

拍打着沙滩的海浪激起水花，蟋蟀生活在布满礁石的海岸上。
这里生活着有“海蟋蟀”之称的微波草蟋与塔卡草蟋。
不论是礁石海岸或是布满卵石的海岸，天然石头的缝隙中都有它们的身影，
偶尔也会在防波堤混凝土块中发现它们。
它们的分布范围要比生境类似的海蟑螂更狭窄，经常能在波浪所及的潮湿地带发现它们，
而波浪较少打到的远处就看不见它们的身影了。
白天在石头的缝隙深处潜伏，夜间爬出来活动，
滑行似的快速来回游走，以死鱼或蟹肉为食。
无翅的蟋蟀并不能鸣叫，一般都群居。
对不鸣叫的蟋蟀来说，群居是一种很重要的生态学特性。

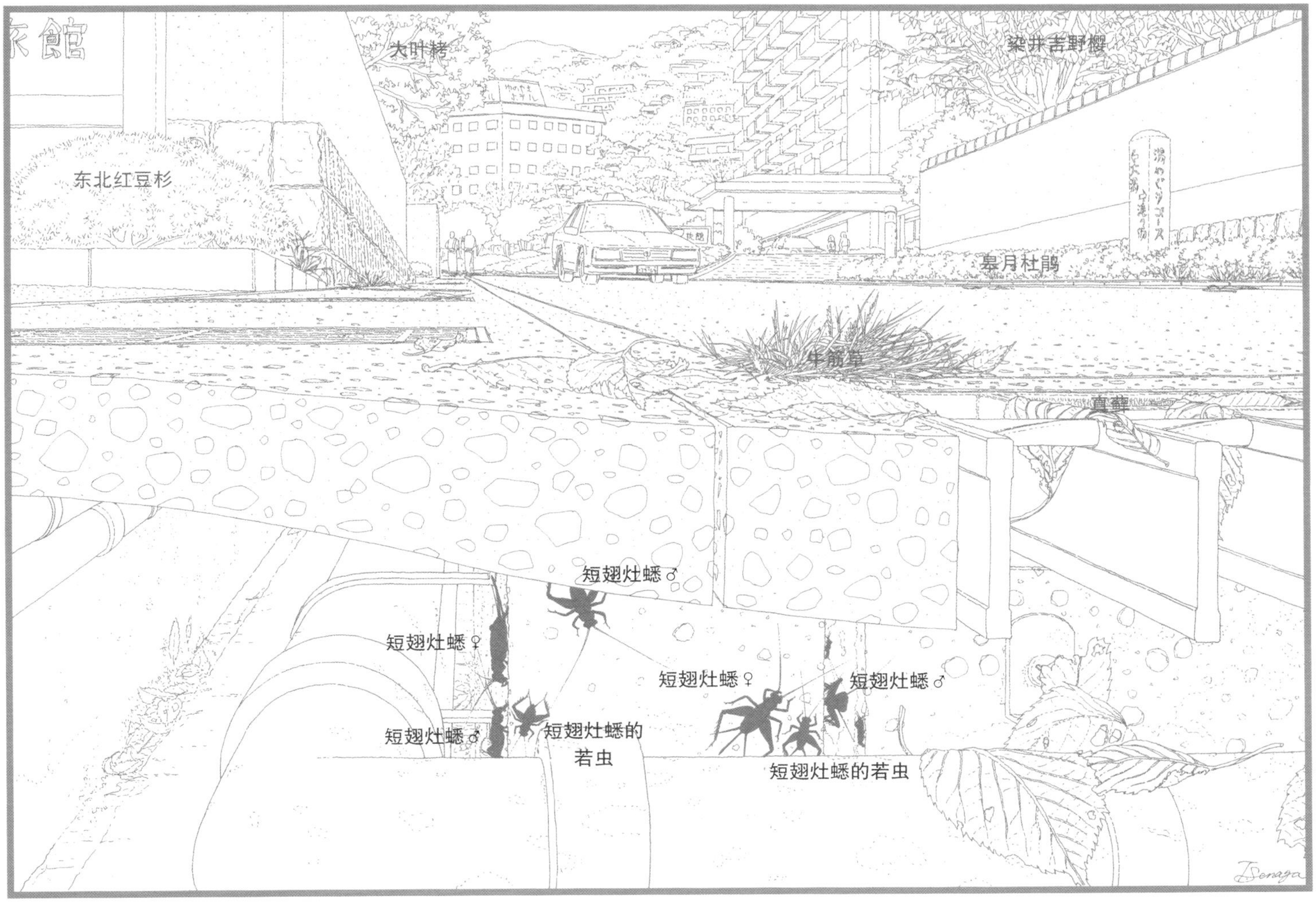

温泉地区

在温泉附近，有一种叫做短翅灶蟋的蟋蟀。它们起源于热带，
能发出带有韵律的“喊、喊、喊……”的叫声。
在温泉地区，从温泉源头输送热水的管道被装置在道路侧边的沟渠中，
因为这些沟渠全年都非常温暖，因此它们可以长久生活。
现在认为，日本与南方的国家开始贸易往来之后，短翅灶蟋才开始在日本生息的。
现在，人们早已习惯了用电和煤气的生活，但这也使得短翅灶蟋随着土灶台的淘汰而消失了，
只有在温泉地区这样温暖的地方才留有许多群体。
全年都能产卵，因此可以观察到从若虫到成虫之间的各个生长阶段。偶尔群居生活。
在温暖的季节，有些个体会到沟渠外面鸣叫，但是这些个体会在气温下降的冬天全部死去。

特殊环境的鸣虫图鉴

第6章

瓢草切古猛螽

Palaeoagraecia lutea

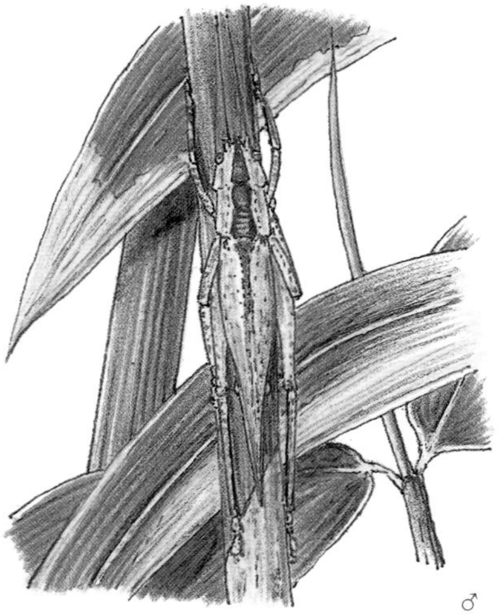

♂

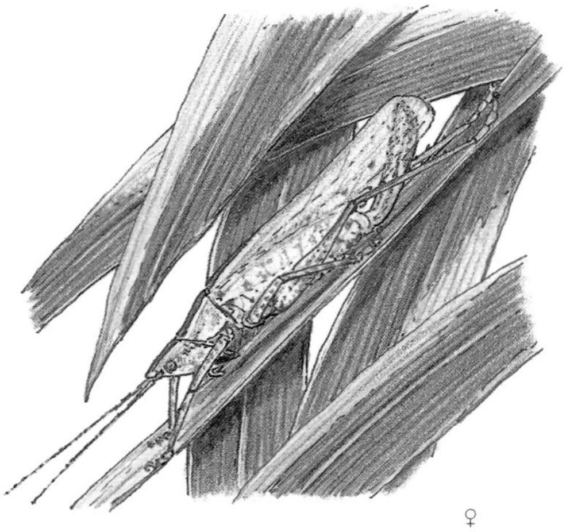

♀

生活在川竹以及桂竹中的古猛螽，一种面部有着歌舞伎演员一样的绿色脸谱。只有褐色型，其背侧的葫芦形图案是其名字的由来。白天在竹叶或竹竿上停歇，非常容易被发现。夜间活动，雄虫发出轻声的“唏嘁、唏嘁”的带有间隔的鸣叫声，混杂在叶片相互摩擦的声音之中时，不是很容易分辨。若虫背侧呈泛白的奶油色，并且背侧没有葫芦形的图案。

螽斯科
- ◆翅端长：♂ ♀ 41.0mm—52.0mm
- ◆成虫出现期：8月—10 月（年1代）
- ◆分布：本州（千叶县以西）、四国、九州

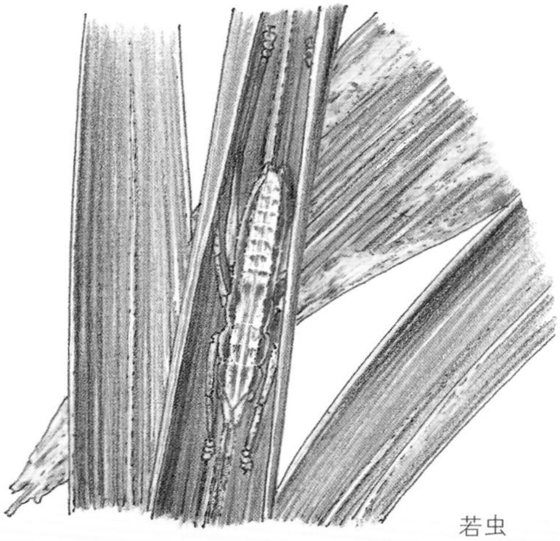

若虫

嗜盐草螽

Conocephalus halophilus

左♂（绿色型） 右♀（褐色型）

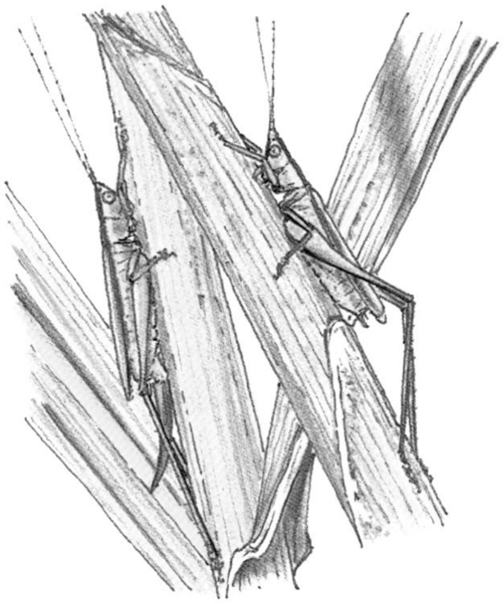

左♀（绿色型） 右♂（褐色型）

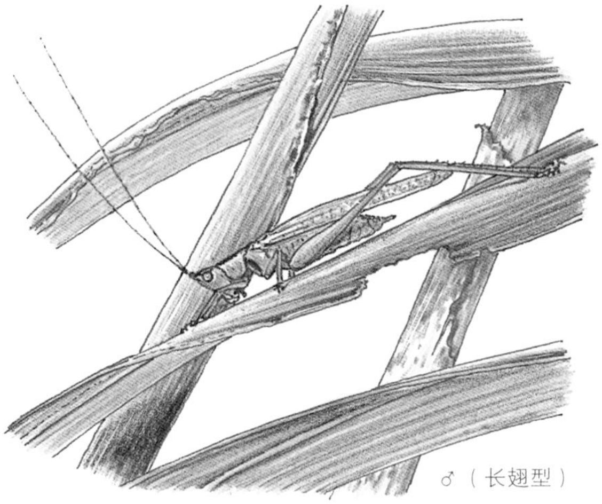

♂（长翅型）

与中华草螽很相似，区别在于该草螽的头部有黑褐色的带状小点。分布在日本的局部地区。受到潮汐的影响，常生活在河流干枯的河口或是下游生长着芦苇以及束尾草的湿地中。雄虫发出轻声的“叽、叽、叽、叽、叽、啾噜噜——”的鸣叫声，并且会以这样的小节重复。虽然在其他草螽的鸣叫声中，并没有与该草螽类似的鸣叫声。但因为其叫声会混杂在芦苇叶片的摩擦声、螃蟹爬行的声音中，所以不是很容易分辨。在没过身高的芦苇丛中寻找这样的鸣虫，的确是一件充满期待而又非常紧张的事。

螽斯科

◆翅端长：♂ 16.5mm—23.0mm ♀ 19.0mm—26.0mm ♂ 28.5mm（长翅型）
◆成虫出现期：8月—10月（年1代）
◆分布：本州（东京湾沿岸、静冈县）、四国（德岛县）、九州（奄美大岛）

竹草螽

Conocephalus bambusanus

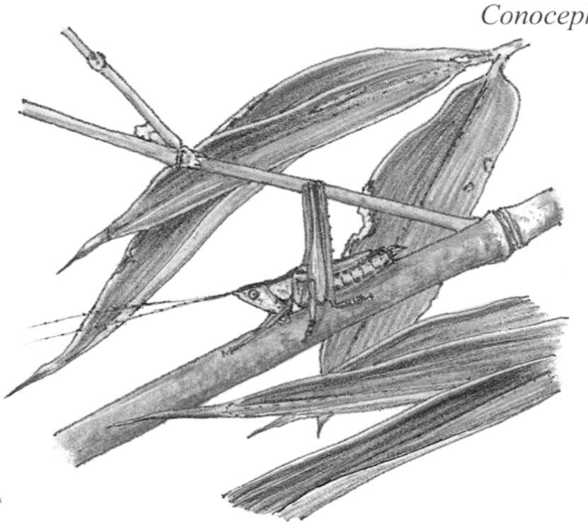

♂

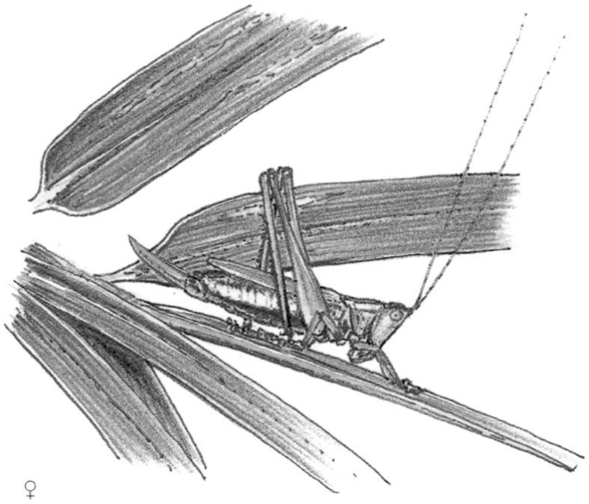

♀

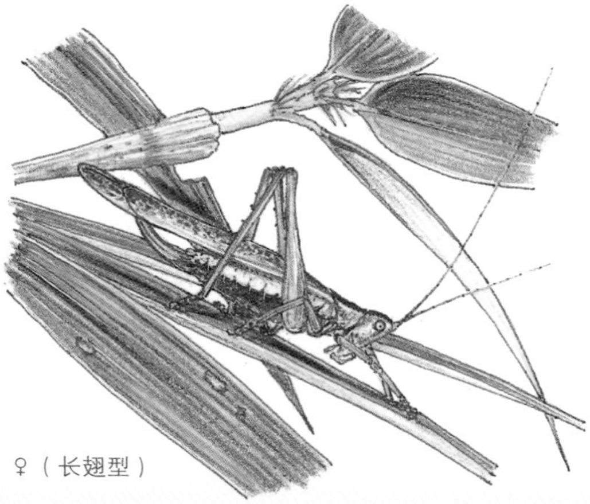

♀（长翅型）

一种生活在毛竹与桂竹中的草螽，头部较大，因此会给人留下很深的印象。分布在静冈县以西的局部丘陵地带。有绿色型、褐色型以及长翅型。夜间活动，白天在竹叶或是小枝条上停歇。雄虫反复地发出“叽、叽、叽、叽、叽、叽、叽、叽”的鸣叫声。它们不仅声音轻弱、不引人注目，而且多在高处鸣叫，所以非常难发觉。与其他草螽的长翅型相比，长翅型个体的翅给人较为结实的感觉。能进行长距离移动，并且会被光亮吸引而飞来。

螽斯科
◆体长：♂ 15.5mm ♀ 20.0mm
◆翅端长（长翅型）：♀ 33.0m
◆成虫出现期：8月—11月（年1代）
◆分布：本州（静冈县以西）、四国、九州

霞浦草螽

Orchelimum kasumigauraense

♂

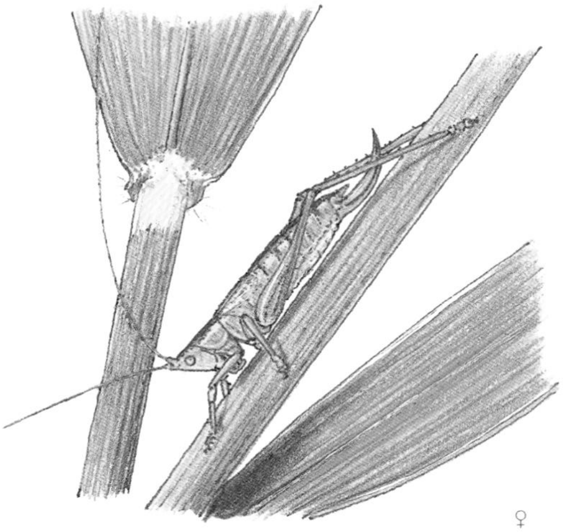

♀

一种生活在芦苇丛中的大型草螽，局部分布在东日本的河流和河口附近，或是霞浦湖的湖岸等地。虽然翅小且给人一种若虫的感觉，但长翅型却也能在夜晚向着灯火飞去。雄虫反复地发出较轻但有着强弱变化的“啾噜噜——次噜噜噜噜噜”的鸣叫声，与芦苇叶摩擦的声音混杂在一起，非常难辨别。与其他在植物的叶鞘或根部产卵的草螽有着较大的差别。该种草螽会在芦苇的茎部、穗的尖端部位啃咬出一个洞，然后将产卵器插入其中，产下数枚卵。

螽斯科

◆体长：♂ 20.0mm—28.0mm ♀ 21.0mm—30.0mm

◆成虫出现期：7月—9月（年1代）

◆分布：本州（宫城·新潟·茨城·千叶·琦玉县）

舞娘蛩螽

Gibbomeconema odoriko

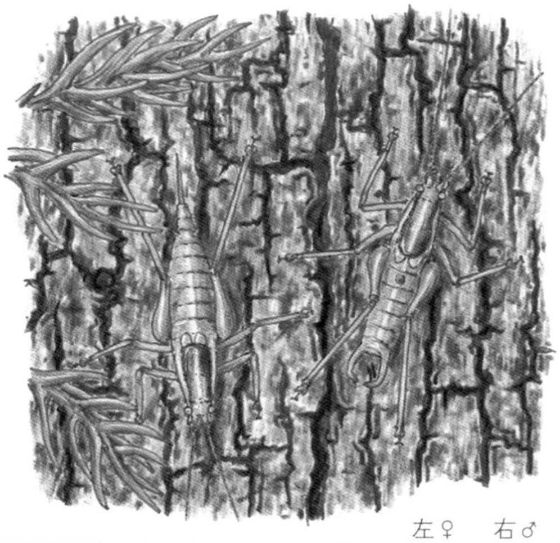

左♀　右♂

一种有着令人印象深刻的鲜红褐色前胸背板的蛩螽。只出没在伊豆半岛天城山地的日本柳杉林中。没有近缘种，其生态习性也待探究，是一种非常独特的稀有鸣虫。雄虫腹部的背面有褐色突起，会小声地发出“叽、叽、叽……”的鸣叫声。因为该种种群数量非常小，因此每次看到都会非常激动。

蛩螽科

◆体长：♂ 9.0mm—13.0mm ♀ 10.0mm—14.0mm

◆成虫出现期：8月—10月（年1代）

◆分布：本州（伊豆半岛·天城山）

银川油葫芦

Teleogryllus infernalis

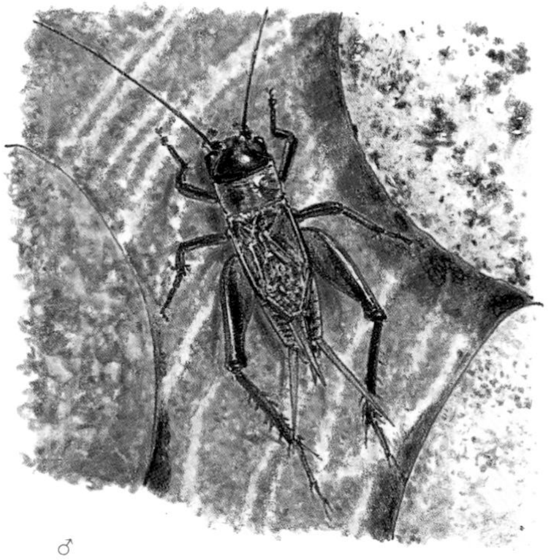

♂

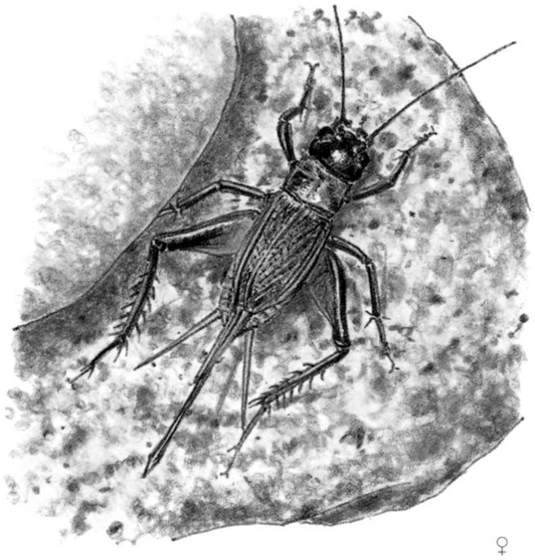

♀

与黄脸油葫芦外形相似，但整体颜色更黑，特别是面部的眉状条纹更小，或是基本没有条纹。面部呈现黑色。在北海道很不起眼；但是在本州地区，生活在大河中部流域，以及河源或海岸沙滩等较为干燥的地区，有专门的名称——“河滩油葫芦”。该种油葫芦动作缓慢，感觉到危险时不会跳跃，而是躲避到阴影处。雄虫主要在夜间鸣叫，反复发出单调的“哩——哩——”声，柔软且带有间隔。在荒凉的河滩上，个体数很少的情况下它们的叫声总令人倍感寂寥。

蟋蟀科

◆体长：♂ 26.5mm—32.9mm ♀ 25.5mm—32.7mm

◆成虫出现期：8月—10月（年1代）

◆分布：北海道、本州（东北地区—和歌山县）

短翅灶蟋

Gryllodes sigillatus

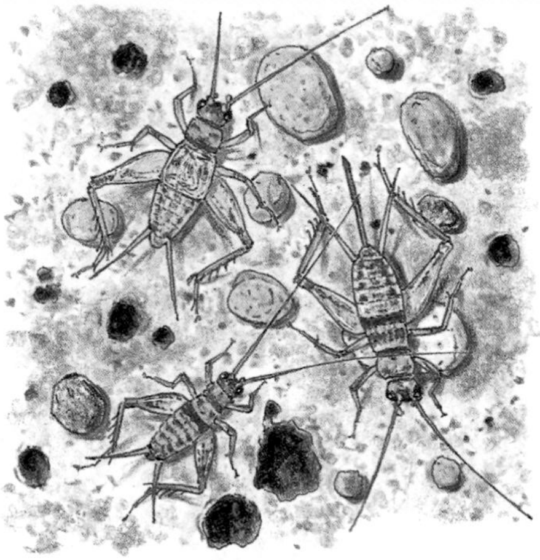

左上♂　左下 若虫　右♀

一种雄虫翅短、雌虫无翅、身形敏捷的中型蟋蟀。一年中可同时观察到成虫和若虫，有很强的群居性。仅生活在温泉或工厂等布有通热水管道的沟渠中或动物园的兽栏内。雄虫会持续地发出单调、机械般的“嘁、嘁、嘁……”的鸣叫声。在路上意外听见这样的鸣叫声，反而会让人变得紧张起来。

蟋蟀科

◆体长：♂ 14.0mm—16.5mm ♀ 16.9mm—17.5mm

◆成虫出现期：全年（仅限于全年温暖的地区）

◆分布：本州、四国、九州（来自热带的外来物种）

塔卡草蟋

Caconemobius takarai

生活在大卵石岸或石驳岸等不平整且多缝隙的海岸潮间带，是一种无翅的小型蟋蟀。夜间活动，身形敏捷。常于波浪拍打时滑行似的来回游走，以死去的螃蟹等为食。在一片只有海浪声的黑暗中，看到手电光照射下静静地来回游走的蟋蟀，感觉时间仿佛都停止了。

蛉蟋科
◆体长：♀ 9.9mm—12.7mm
◆成虫出现期：8月—10月（年1代）
◆分布：本州、四国、九州

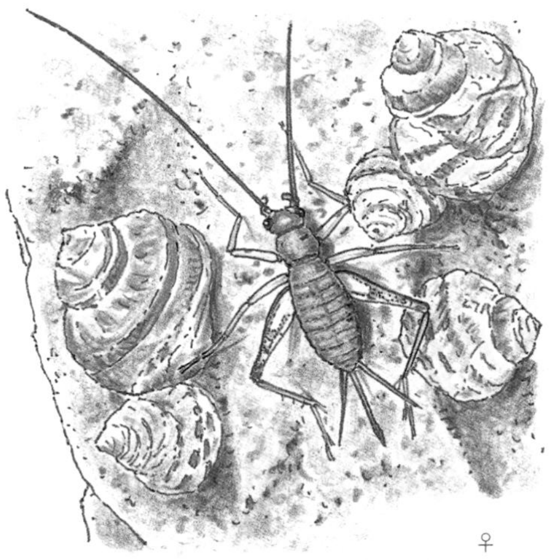

♀

微波草蟋

Caconemobius sazanami

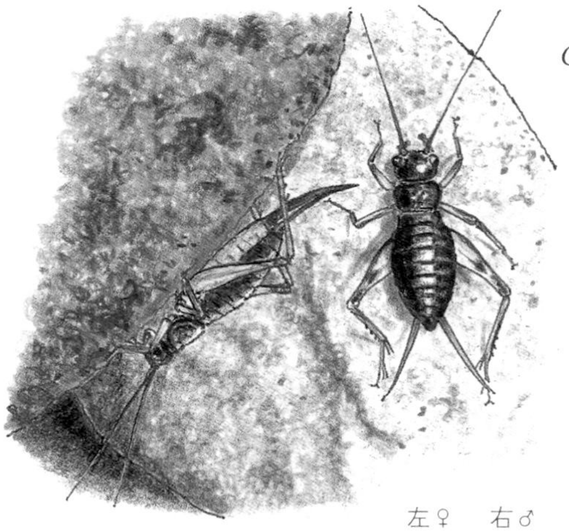

左♀　右♂

生活在有着拳头大小的圆石堆砌的大卵石岸，或立体且多缝隙的海岸潮间带地区，是一种无翅的小型蟋蟀。多与塔卡草蟋一同出没，但微波草蟋全身为黑褐色。足略短，且带有橙色。夜间活动，身形敏捷。常于波浪拍打之时滑行似的来回游走，以死去的螃蟹为食。

蛉蟋科
◆体长：♂ 9.9mm—11.0mm
◆成虫出现期：8月—10月（年1代）
◆分布：北海道、本州、四国

琉球秃斑异针蟋

Pteronemobius sulfurariae

也叫作“大和秃蛉”。与迷卡灰针蟋相似，但该异针蟋后足的白点是醒目的标志。除了分布在冲绳南西诸岛外，还分布在流入东京湾的河流河口处、霞浦湖周边等地。生活在芦苇丛的地上部分。雄虫发出的叫声为芦苇丛增添了不少荒凉感。会发出一种单调的、略拖长了的“吱——吱——”声。

蛉蟋科
◆体长：♂ 6.8mm—7.0mm ♀ 7.5mm—7.6mm
◆成虫出现期：8月—10月（年1代）
◆分布：本州（新潟·千叶·茨城县）、四国、九州（西南诸岛）

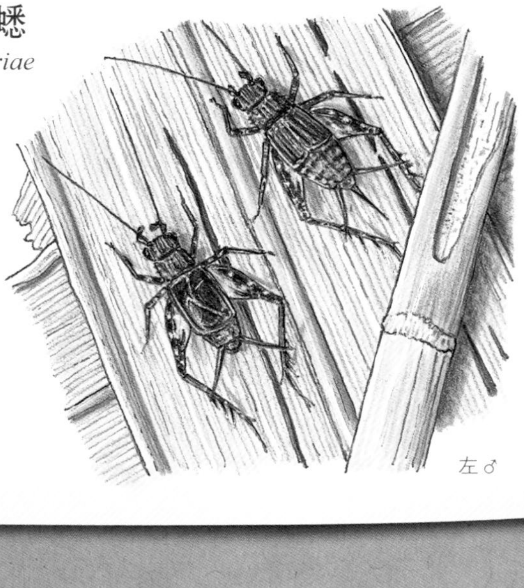

左♂　右♀

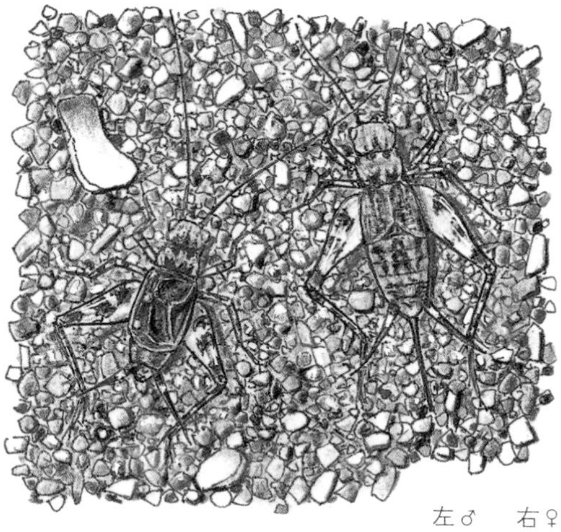

左♂　右♀

滨双针蟋

Dianemobius csikii

一种生活在海滨植物丰富的沙滩以及大河边沙地上的沙地性蟋蟀。其斑纹体色可以与栖息地中沙子颜色的明暗相混淆，着实让人感叹保护色的神奇。雄虫从傍晚开始用一种就算在波浪声中都可以清晰辨别的响亮低音，发出“哔——哔——”的鸣叫声。雌虫若是在边上，则会发出具有识别度的短促的“琼、琼”的叫声。

蛉蟋科
◆体长：♂ 6.7mm—7.6mm ♀ 7.4mm—9.4mm
◆成虫出现期：8月—10月（年1代）
◆分布：本州、四国、九州

白须双针蟋

Dianemobius furumagiensis

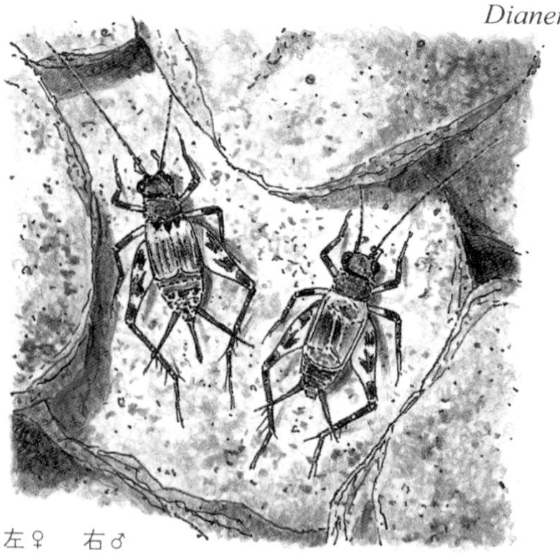

左♀　右♂

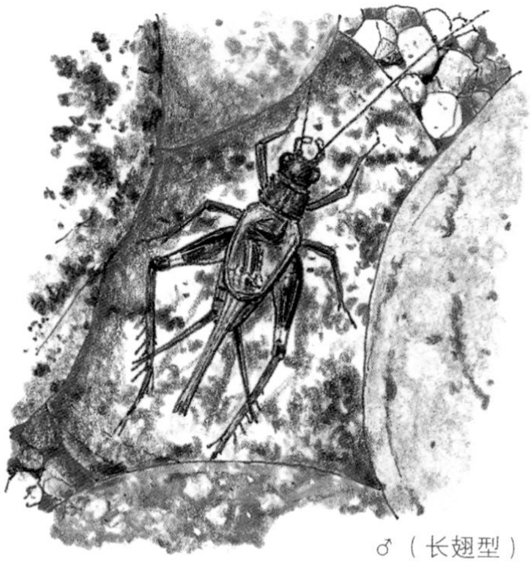

♂（长翅型）

一种身形敏捷的小型蟋蟀。生活在河流中部流域有着拳头大小石块的河滩上，也出没于与这种环境相似的铁轨路基附近。属于较难采集的一种蟋蟀。其翅的基部呈白色，雄虫的尤其明显。雄虫从白天开始鸣叫，持续地发出优美的“恰哩、恰哩、恰哩……”的鸣叫声。特别是在大石头下鸣叫时，会发出“唏哩、唏哩、唏哩……”的回声，非常吸引人。长翅型偶尔会被自动贩卖机的灯光吸引而飞过来。

蛉蟋科
◆体长：♂ 8.0mm—8.4mm ♀ 7.5mm—8.5mm
◆翅端长（长翅型）：♂ 13.0mm
◆成虫出现期：8月—10月（年1代）
◆分布：本州、四国、九州

第7章

饲养鸣虫

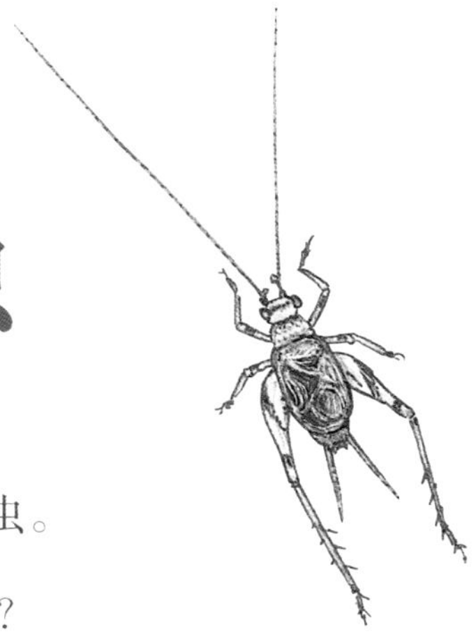

饲养那些音色很悦耳的鸣虫。

进食了吧？蜕皮还顺利吧？

产卵了吧？卵能安然越冬吗？

对来年抱有期待，却也总有操不完的心。

虫笼之中

第7章 饲养鸣虫

欣赏鸣虫的叫声。把鸣虫饲养在虫笼里，悉心照料，聆听它们的叫声。

东方螽斯和云斑金蟋被养在竹篾编制的虫笼中，双带拟蛉蟋养在桐木制的虫箱中。

感叹虫笼精巧的结构和恰当的大小，感受传统工艺中美的形态。

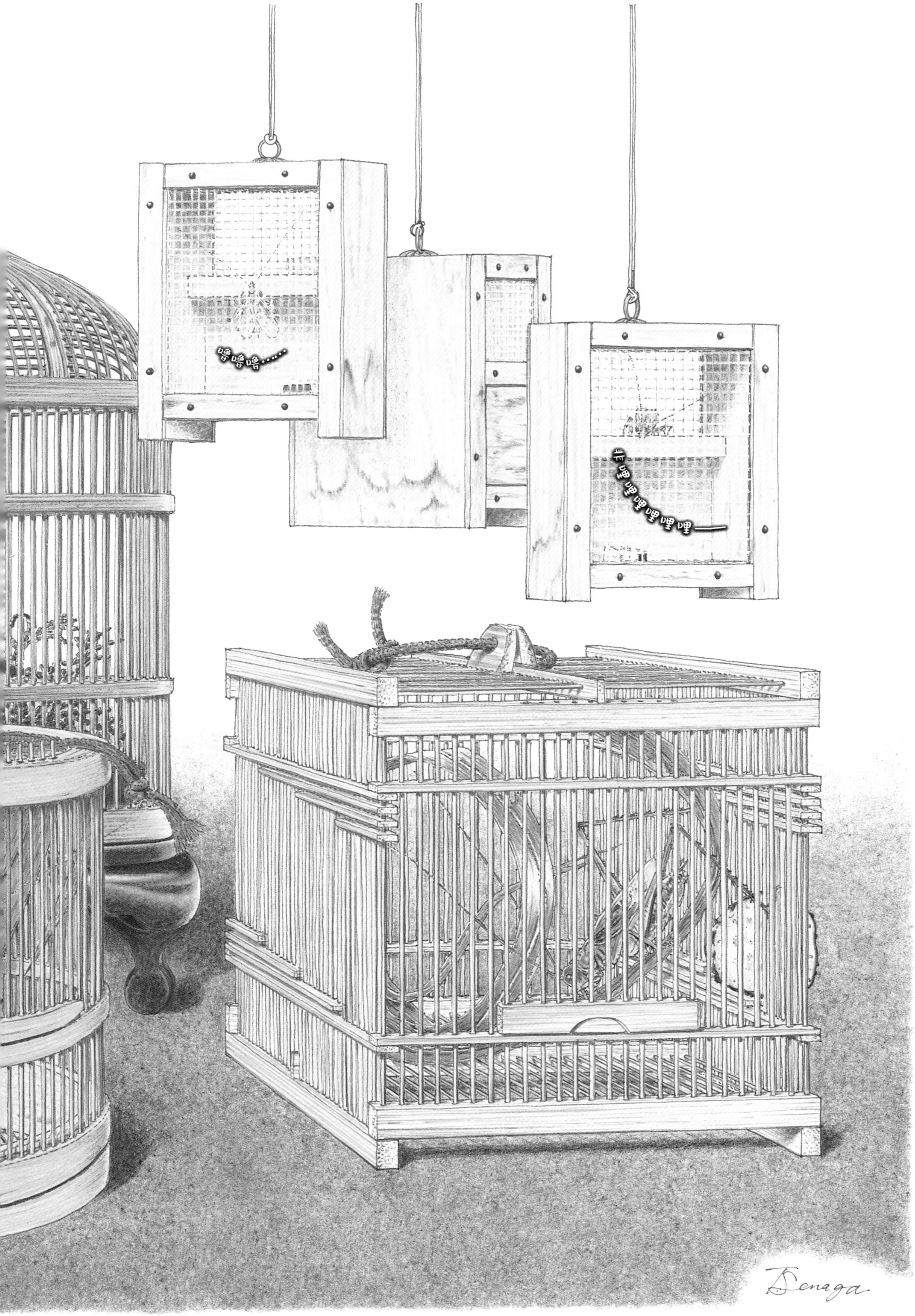

鸣虫有6种9只。

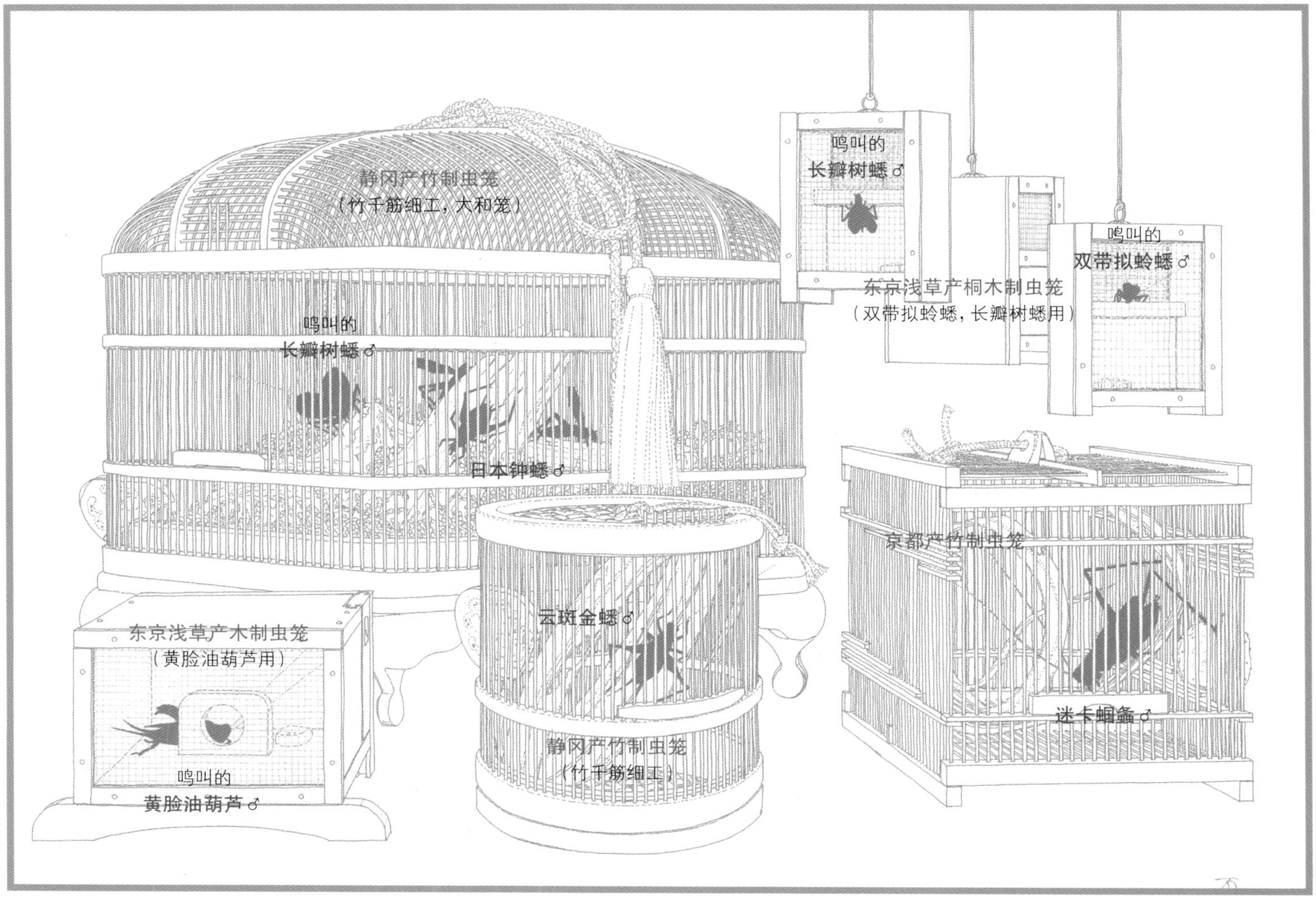

虫笼之中

从古至今，日本人就有许许多多欣赏蟋蟀和螽斯等鸣虫的方法。

奈良时代的《万叶集》中就有一些吟咏蟋蟀的诗篇。

江户时代，时兴遍访鸣虫圣地、听取鸣虫叫声的“闻虫”活动。

也有作为消遣，将鸣虫饲养在虫笼中的消遣，平安时代的《源氏物语》中就有对虫笼的描写。

江户时代的宽政年间，随着昆虫饲养技术的发展，昆虫贩卖也逐渐兴起，因此出现了各种各样的虫笼。

大名等使用虫笼时，是在上了漆的木台子上，放上精致艺术品般的竹制虫笼。

现在，静冈也有以“竹千筋细工”工艺制作的名为“大和笼”的虫笼。

有为饲养叫声优美的双带拟蛉蟋、长瓣树蟋而用桐木制成的虫笼，也有为黄脸油葫芦制成的虫笼。

各种各样的虫笼是日本人对各种鸣虫感性认识的表现。

虫笼也称得上是文化遗产了，希望它能作为鸣虫文化的一部分一直流传下去。

日本人与鸣虫文化

日本人以喜欢昆虫而闻名。特别是与蟋蟀和螽斯类的鸣虫，有很深的渊源。明治的文学家小泉八云著有《虫之音乐家》，其中与西欧欣赏金丝雀鸣叫的文化进行了比较，认为日本人对于蟋蟀和螽斯的喜爱程度，以及用富有艺术性的虫笼欣赏虫鸣的文化与西欧的不相上下，并表示了极大的赞赏。这里对《万叶集》中吟咏蟋蟀的一首，以及古人以鸣虫为乐的二则记录进行介绍。

万叶集（第十卷）二一五九

蔭草（かげくさ）の生（お）ひたるやどの夕影（ゆうかげ）に　鳴（な）くこほろぎは聞（き）けど飽（あ）かぬかも

在背阴处野草生长茂密的庭院边缘，在傍晚微暗光线下发出的蟋蟀鸣叫声，怎么听都不觉得厌倦。

选虫，配虫

平安时代，宫中的人们去京都的嵯峨野附近行乐游玩，采集云斑金蟋，装入笼中敬献给地位高上的人，这种风雅的活动便是“选虫”了。“选虫”之后便是“配虫”，即为了吟咏鸣虫的诗篇、比赛鸣虫的叫声等，而去采集鸣虫。

放虫，闻虫

江户时代后期出现了将叫声优美的鸣虫放养在庭院中，以欣赏这些叫声为乐的人。
此外，遍访鸣虫圣地、以听取鸣叫声为乐的“闻虫”活动，在风雅人士之间也十分时兴。

描绘了鸣虫生境的《东都名所 道灌山虫闻之图》（歌川广重画）（道灌山：现在东京都荒川区西日暮里附近）
“此地多草药，采药人常来。特别是秋季松虫铃虫披上了露，清音四溢”。就这样雅客幽人般地对风而咏，对月而歌，爱怜鸣虫。

选自《江户百景 北斋与广重 5》

南方与北方的鸣虫

日本列岛自北海道至冲绳，南北细长；从亚寒带纵跨至亚热带，气候、自然环境与风土人情都非常迥异，生物多样性也极为丰富。只在北海道或冲绳就有很多种鸣虫。这里将介绍其中的一部分。

北海道

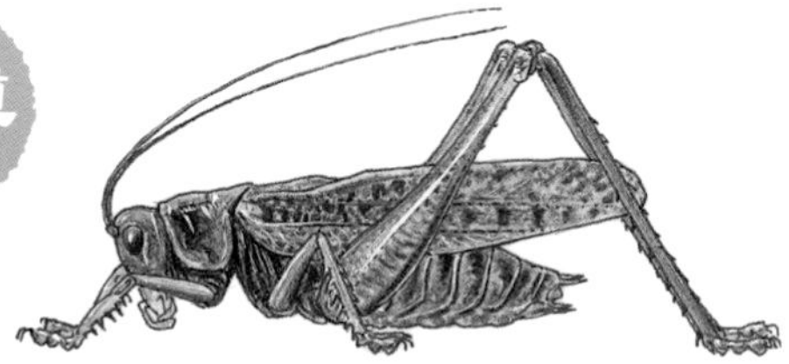

疣谷盾螽 ♂

Decticus verrucivorus

一种生活在北海道鄂霍次克海沿岸的草原上的螽斯，陆栖性。

螽斯科

◆体长：♂ 52.2mm—53.6mm ◆成虫出现期：8月—9月

◆鸣叫声：叽、叽……

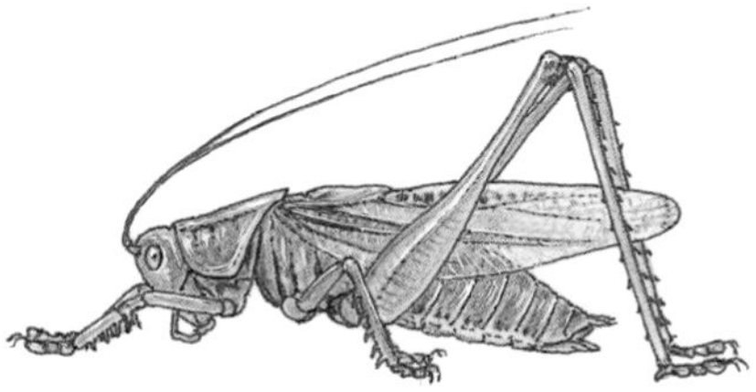

乌苏里盾螽 ♂

Gampsocleis ussuriensis

一种生活在北海道草原上的螽斯，翅长，身形苗条。

螽斯科

◆翅端长：♂ 27.5mm—30.0mm

◆成虫出现期：8月—10月

◆鸣叫声：琼、叽嘶……

奄美 冲绳

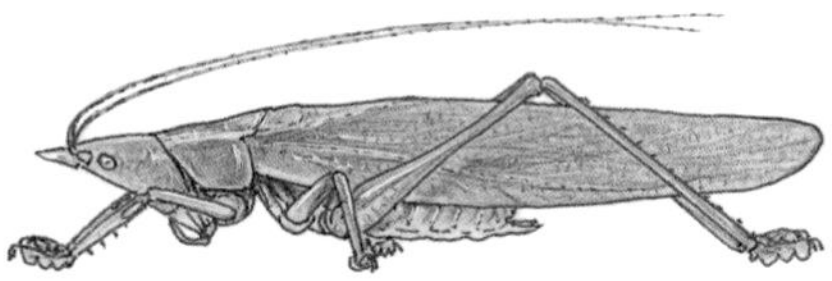

钻状锥头螽 ♂

Pyrgocorypha subulata

一种生活在奄美大岛以南的岛屿上的大型钩额螽，在茂密竹林高处发出嘈杂的鸣叫声。

螽斯科

◆翅端长：♂ 64.0mm—69.0mm ◆成虫出现期：4月—7月

◆鸣叫声：嘁、嘁、嘁、嘁……

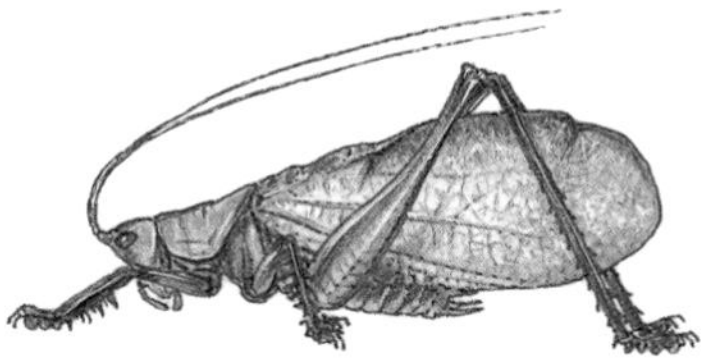

球翅螽斯 ♂

Hexacentrus fuscipes

一种生活在奄美大岛以南的岛屿和小笠原诸岛和母岛上的褐色螽斯，雄虫的翅可以像风帆一样鼓起来。

螽斯科 ◆体长：♂ 17.0mm—23.0mm

◆成虫出现期：7月—10月

◆鸣叫声：叽叽叽，啾噜噜噜——

红树蛩螽 ♂

Neophisis iriomotensis

一种生活在石垣岛和西表岛红树林中的蛩螽，前足和后足均长有长刺。

蛩螽科

◆体长：♂ 15.0mm—24.0mm

◆成虫出现期：6月—11月 ◆鸣叫声：次次次

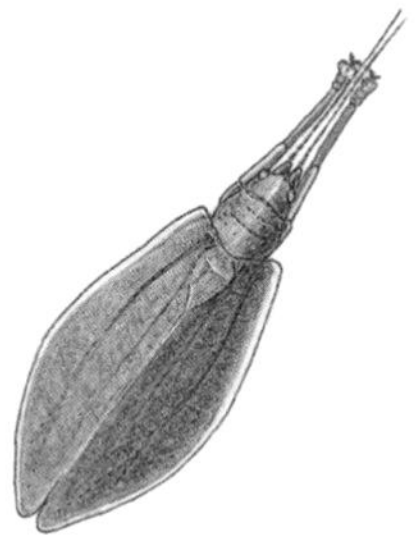

中华翡螽 ♂

Togona unicolor

一种生活在奄美大岛以南的岛屿树林中的翡螽，静止时可以横着张开翅膀，从而拟态树叶。

翡螽科

◆翅端长：♂ 43.0mm—57.0mm

◆成虫出现期：9月—1月 ◆鸣叫声：嘁——

双斑蟋 ♂

Gryllus bimaculatus

一种生活在冲绳以南岛屿的蟋蟀，常作为爬虫类宠物饲料而被饲养、贩卖。

蟋蟀科

◆体长：♂ 35.8mm左右 ◆成虫出现期：全年

◆鸣叫声：噼哩哩、噼哩哩……

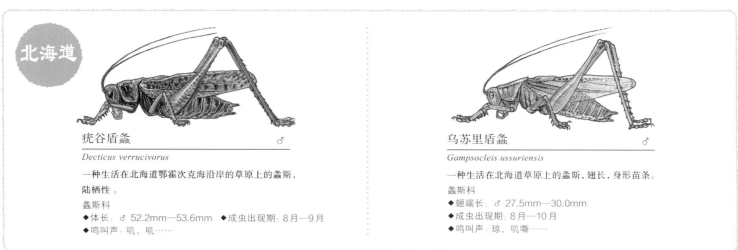

对马

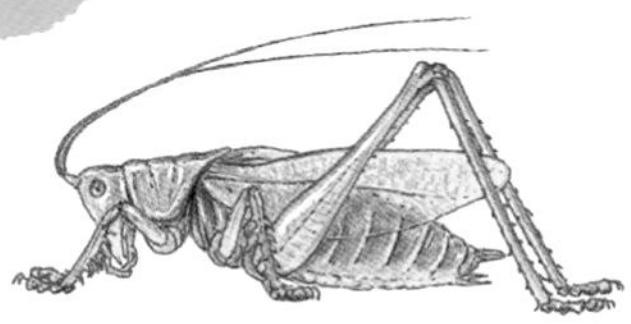

乌苏里螽斯 ♂

Tettigonia ussuriana

一种生活在对马树林边缘开阔地带的小型螽斯，陆栖性。

螽斯科 ◆翅端长：♂ 31.0mm—38.0mm
◆成虫出现期：6月—8月
◆鸣叫声：叽哩叽哩叽哩叽哩……

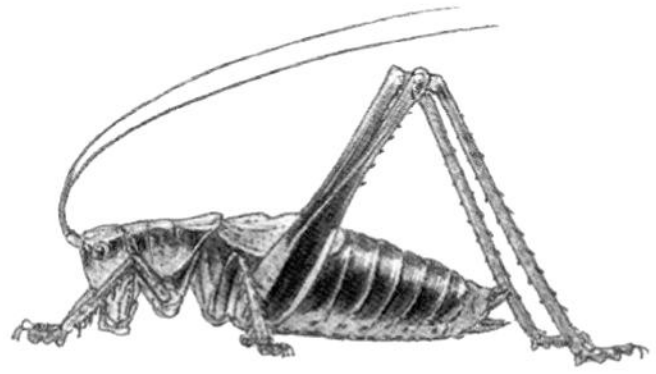

对马大螽斯 ♂

Paratlanticus tsushimensis

一种生活在对马的陆栖性螽斯，躯体粗壮断翅的大陆性螽斯。

螽斯科
◆体长：♂ 33.0mm左右 ◆成虫出现期：6月—8月
◆鸣叫声：叽、嘶——叽、嘶——叽、嘶……

小笠原

邦尼油葫芦 ♂

Teleogryllus boninensis

“无人”是小笠原古时候的名称。这是一种生活在小笠原诸岛的油葫芦。

蟋蟀科
◆体长：♂ 21.7mm左右 ◆成虫出现期：全年
◆鸣叫声：哩——哩——哩——

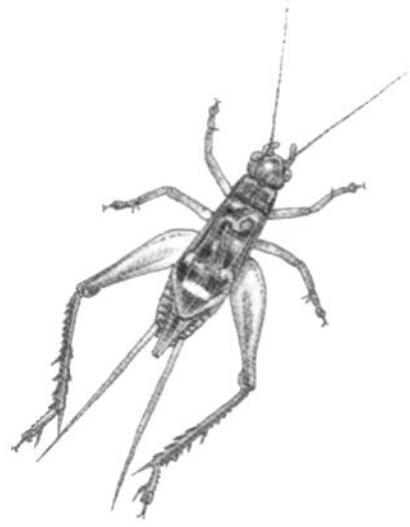

斑弯翅蟋 ♂

Cardiodactylus guttulus

一种生活在奄美大岛以南岛屿昏暗树林中的蛞蟋，带有斑纹图案。

蛞蟋科（现为蟋蟀科）
◆体长：♂ 37.1mm左右 ◆成虫出现期：8月—1月
◆鸣叫声：唏、唏、唏……

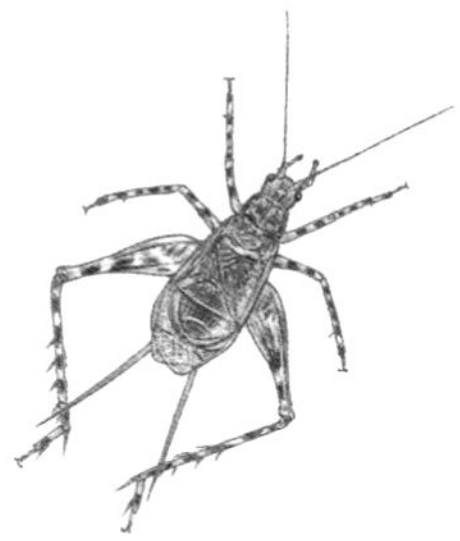

比尔亮蟋 ♂

Vescelia pieli ryukyuensis

一种在奄美大岛以南岛屿的亚热带照叶林中，沿着溪水生活的蛞蟋，鸣叫声优美。

蛞蟋科（现为蟋蟀科）
◆体长：♂ 18.4mm左右 ◆成虫出现期：5月—12月
◆鸣叫声：噼、噼、噼、噼、哩哩哩哩——

赤胸墨蛉蟋 ♂

Homoeoxipha lycoides

一种生活在冲绳岛、渡嘉敷岛和八丈岛的草原中的蟋蟀，是黑头墨蛉蟋的近缘种，体色华丽。

蛉蟋科
◆体长：♂ 5.0mm—6.0mm ◆成虫出现期：全年
◆鸣叫声：溜溜溜溜……

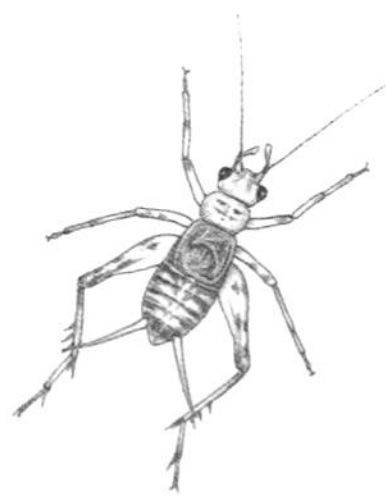

礁石蛉蟋 ♂

Thetella elegans

一种生活在奄美大岛以南岛屿海岸地带的小型蟋蟀，常于夜晚在有海浪拍打的地方出没。

蛉蟋科
◆体长：♂ 7.0mm—8.5mm ◆成虫出现期：全年
◆鸣叫声：叽、叽、叽……

长翅奥蟋 ♂

Ornebius longipennis ryukyuensis

一种生活在西南诸岛树林中的鳞蟋，可能是日本最大的一种有着美丽、秀长的尾须。

鳞蟋科
◆体长：♂ 11.0mm—14.0mm
◆成虫出现期：7月—11月 ◆鸣叫声：嘁、嘁、嘁……

西表鳞蟋 ♂

Tubarama iriomotejimana

一种生活在冲永岛以南岛屿的鳞蟋，生活在海岸林地表的落叶下。

鳞蟋科
◆体长：♂ 5.0mm—6.5mm ◆成虫出现期：全年
◆鸣叫声：叽、叽、叽、叽叽叽叽……

参考文献

『バッタ・コオロギ・キリギリス大図鑑』日本直翅類学会編 北海道大学出版会 2006

『日本動物大百科 第 8 巻 昆虫 I 』平凡社 1996

『鳴く虫・はねる虫 湘南の直翅類』特別展図録 平塚市博物館 1995

『ばったりぎす』日本直翅類学会連絡誌

『鳴く虫セレクション』大阪市立自然史博物館・大阪自然史センター 編著　東海大学出版会 2008

『鳴く虫たち』加納康嗣・岡田正哉・河合正人　保育社 1982

『鳴く虫の博物誌』松浦一郎　文一総合出版 1989

『虫はなぜ鳴く』松浦一郎 著　正木進三 監修　文一総合出版 1990

『鳴く虫を楽しむ 松浦一郎著作集』日本直翅類研究会編　日本直翅類研究会 1989

『鳴く虫の飼い方』小野公男　ニュー・サイエンス社 1969

『日本の秋の虫』小林正明　築地書館 1985

『秋に鳴く虫』小林正明　信濃毎日新聞社 1990

『信州の秋に鳴く虫とそのなかま』 小林正明　秋の虫の会 1981

『鳴く虫観察事典』小田英智 構成・文　松山史郎 写真　偕成社 2007

『近所の虫の飼いかた(2)』海野和男・筒井学・高嶋清明　偕成社 1999

『鳴く虫の世界』佐藤有恒 写真、小田英智 文　あかね書房 2002

『秋の鳴く虫』安富和男　講談社 1980

『沖縄の鳴く虫』佐々木健志・山城照久・村山望　新星出版 2009

『セミ・バッタ』宮武頼夫・加納康嗣 編著　保育社 1992

『カリバチ観察事典』小田英智 構成・文　小川宏 写真　偕成社 1996

『里山の博物誌』盛口満　木魂社 1993

『昆虫の生活史と進化』正木進三　中公新書 1974

『アニマ No.165』　平凡社 1986

『自然を守るとはどういうことか』守山弘　農山漁村文化協会 1988

『雑木林の植生管理』亀山章 編集　ソフトサイエンス社 1996

『鳥かご・虫かご 風流と美のかたち』INAX 出版 1996

『虫の音楽家 小泉八雲コレクション』池田雅之 編訳　筑摩書房 2005

『江戸百景 北斎と広重 5』楢崎宗重　講談社 1965

『萬葉集釋注 四および五』伊藤博　集英社 1996

『源氏物語四季賀絵巻』安西剛 編集　学習研究社 1996

『絵でよむ江戸のくらし風俗大事典』棚橋正博・村田裕司　柏書房 2004

『サライ 第18号』小学館 1998

◎お薦めの CD

『声の図鑑 虫しぐれ』蒲谷鶴彦 録音 栗林慧 写真　山と溪谷社 1994

『Symphony of The Insect 虫のシンフォニー』NSG-008 Della 1995

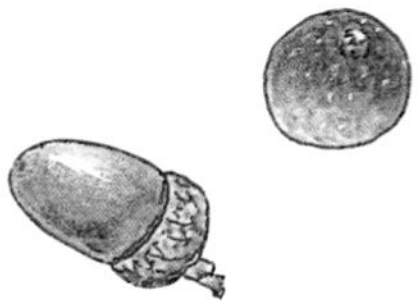

出版后记

18年前，本书的作者濑长刚先生，在参加完观音崎自然博物馆的志愿者活动后，深深地为鸣虫所吸引。慢慢地，他一边跟着行走的耳朵去探寻荒野生趣，一边执起画笔，用生动的笔触记录下在野外遇到的音乐精灵。他心怀聆听更多样虫鸣的渴望，同时也想将自己探觅虫踪的种种野趣分享给更多的人，于是便有了这本书。

本书以季节轮转顺序排列各章，每章以鸣虫可能出现的生境地点组织成文：从远离人烟的海边、山地，到比邻人类而居的操场、庭院，鸣虫的分布、迁移，乃至微小的生活习性，都与人类活动有着千丝万缕的联系；而反过来，人类介入自然也一直是我们每个人都无法回避的重要环境议题。

声音生态学家戈登·汉普顿（Gordon Hempton）在美国多山地带的角落中聆听到大自然真实的寂静之声。没有人为噪音的干扰，毫无繁碌的嘈杂渗入，戈登·汉普顿在华盛顿州奥林匹克国家公园的霍河雨林中，用一小块卵石标记出一平方英寸的土地，并立誓要捍卫这一方小天地中的自然之声。本书同样着眼于声景（soundscape）：以直翅目昆虫的多样鸣叫为主角，用丰富的拟声词尽可能还原鸣虫的真实鸣叫频率。作者通过详实的客观记录，力图带领读者通过声音辨识各种鸣虫的生息状态、行为模式。正如北美洲有人可以通过窗外树蟋蟀的鸣叫判断外界气温（因为蟋蟀的鸣叫频率与气温紧密相关），作者通过晓畅的语言与精湛的画笔，为我们搭建起一个更广阔的自然场域：通过妙趣横生的视觉观察——因为很多鸣虫都躲藏在草叶之中、有待读者细心发现，以及借助一定想象就能聆听到的鸣虫多重奏，读者朋友可以通过多层感官认知自己所处的生态空间。

自然观察的逐步深入会引导观察者以整体视角关注环境，作者本人便是极佳的例子：昆虫凭借敏感的生存智慧，在草坪修剪的高峰期来临之前，就迁移到安全的地方产卵；外来的梨片蟋叫声嘹亮，并通过大量繁殖占据路旁的行道树，进而导致越来越难听到本地鸣虫的叫声；更有意思的是短翅灶蟋，它们随贸易航船而来，偏好温暖的生境，在土灶台逐渐淡出日本人的日常生活后，最终在温泉地区输送热水的管道附近找到了新的宜居地。

阅读本书，读者朋友可以通过听觉感官体察之前不曾注意到的自然生息。我们可以进一步了解自二叠纪起就开始用声音交流的直翅目昆虫，发现更多与自己共享同一生境的物种，重新重视人类与一方土地的联结。希望读者朋友可以通过阅读本身，从“聆听”再“见到”更丰富的大自然。

服务热线：133-6631-2326　188-1142-1266

服务信箱：reader@hinabook.com

后浪出版公司

2017年9月

图书在版编目（CIP）数据

野外鸣虫图鉴 /（日）濑长刚著；金弘渊译. -- 北京：文化发展出版社，2017.9（2022.2 重印）
ISBN 978-7-5142-1875-6

Ⅰ. ①野… Ⅱ. ①濑… ②金… Ⅲ. ①直翅目—图集
Ⅳ. ①Q969.26-64

中国版本图书馆 CIP 数据核字（2017）第 199697 号

Noyama no Naku Mushi Zukan

First published in Japan in 2010 by KAISEI-SHA Publishing Co., Ltd., Tokyo
Simplified Chinese translation rights arranged with KAISEI-SHA Publishing CO., Ltd., Tokyo
through Japan Foreign-Rights Centre/Bardon-Chinese Media Agency
版权登记号图字 01-2017-5869

野外鸣虫图鉴

［日］濑长刚 / 著　金弘渊 / 译　三蝶纪 / 审校

选题策划：后浪
筹划出版：银杏树下　出版统筹：吴兴元
特约编辑：费艳夏　责任编辑：肖贵平　罗佐欧
营销推广：ONEBOOK　装帧制造：墨白空间 · 黄海

出　版：文化发展出版社（北京市翠微路 2 号　邮编：100036）
网　址：www.wenhuafazhan.com
经　销：各地新华书店
印　刷：天津图文方嘉印刷有限公司
开　本：965mm × 1194mm　1/16
字　数：181 千字
印　张：11.5
版　次：2018 年 1 月第 1 版　2022 年 2 月第 2 次印刷
定　价：138.00 元
I S B N：978-7-5142-1875-6

特殊的环境

鸣虫的生活环境